新一代

重磅回歸！

Keras

3.x

跨 TensorFlow 與 PyTorch
建構 Transformer、CNN、
RNN、LSTM 深度學習模型

感謝您購買旗標書,
記得到旗標網站
www.flag.com.tw
更多的加值內容等著您…

<請下載 QR Code App 來掃描>

● FB 官方粉絲專頁: 旗標知識講堂

● 旗標「線上購買」專區:您不用出門就可選購旗標書!

● 如您對本書內容有不明瞭或建議改進之處,請連上
旗標網站,點選首頁的 [聯絡我們] 專區。

若需線上即時詢問問題,可點選旗標官方粉絲專頁
留言詢問,小編客服隨時待命,盡速回覆。

若是寄信聯絡旗標客服 email,我們收到您的訊息
後,將由專業客服人員為您解答。

我們所提供的售後服務範圍僅限於書籍本身或內
容表達不清楚的地方,至於軟硬體的問題,請直接
連絡廠商。

學生團體　　訂購專線: (02)2396-3257 轉 362
　　　　　　傳真專線: (02)2321-2545

經銷商　　　服務專線: (02)2396-3257 轉 331
　　　　　　將派專人拜訪
　　　　　　傳真專線: (02)2321-2545

國家圖書館出版品預行編目資料

新一代 Keras 3.x 重磅回歸: 跨 TensorFlow 與 PyTorch
建構 Transformer、CNN、 RNN、LSTM 深度學習模型 /
陳會安 著. -- 初版. -- 臺北市 : 旗標科技股份有限公司,
2024.04　面;　公分

ISBN 978-986-312-787-1(平裝)

1.CST: 人工智慧　　2.CST: 機器學習

312.83　　　　　　　　　　　　　113003088

作　　者/陳會安

發 行 所/旗標科技股份有限公司

　　　　　台北市杭州南路一段15-1號19樓

電　　話/(02)2396-3257(代表號)

傳　　真/(02)2321-2545

劃撥帳號/1332727-9

帳　　戶/旗標科技股份有限公司

監　　督/陳彥發

執行企劃/黃馨儀

執行編輯/黃馨儀

美術編輯/林美麗

封面設計/林美麗、周籽涵

校　　對/黃馨儀

新台幣售價: 750 元

西元 2024 年 4 月 初版

行政院新聞局核准登記-局版台業字第 4512 號

ISBN 978-986-312-787-1

序

PREFACE

深度學習（Deep Learning）的定義很簡單：「一種實現機器學習的技術。」所以，深度學習就是一種機器學習，深度學習是使用模仿人類大腦功能的「**類神經網路**」（Artificial Neural Networks，ANNs），或稱為人工神經網路，來處理所有**感知問題**（Perceptual Problems），例如：聽覺和視覺問題。

Keras 3.0 版是 Keras 的重磅回歸，這是架構在 TensorFlow 和 PyTorch 等後台框架上的高階前端函式庫，可以讓使用者以更人性化方式來建構統一的深度學習模型，輕鬆取得不同後台框架的優點來打造出你最佳的神經網路模型。

本書是一本使用 Python 3 + Keras 3 實作深度學習的入門學習手冊，可以作為大專院校、科技大學和技術學院的人工智慧、機器學習或深度學習相關課程教材，在內容上，本書是圖解與實務並重，不只使用大量圖例，技術含量少的白話文來詳細解說深度學習的理論基礎，更強調實作的重要性，能夠讓讀者實際使用 Keras 實作常見的深度學習應用。

對於初學者來說，深度學習的最大障礙是數學理論和眾多相關的技術名詞，所以筆者在撰寫本書時，希望讓讀者在不涉及傷腦筋的數學（只需了解一些最基礎的數學即可），也能夠從大量的圖解說明來了解深度學習一定需要了解的神經網路類型，包含：**多層感知器**（Multilayer Perceptron, MLP）、**卷積神經網路**（Convolutional Neural Network, CNN）、**循環神經網路**（Recurrent Neural Network, RNN）三種基礎神經網路，以及當紅的 **Transformer 模型**。

不只如此，為了讓擁有基礎 Python 程式設計的初學者都能夠學會深度學習的實作，所以本書採用高階 Keras 來建構各種 MLP、CNN 和 RNN

神經網路模型，這是架構在 TensorFlow 或 PyTorch 上的高階函式庫，並且考量讀者的電腦配備可能不足，所以，本書 Python 深度學習實作都可以在 Google Colab 免費雲端服務上來測試執行。

本書前四篇的內容是從圖解說明 MLP、CNN 和 RNN 神經網路開始，然後實際撰寫 Python 程式使用 Keras 3 實作神經網路來進行**分類、圖片識別和語意分析**，並且提供更多應用實務的範例，讓讀者能夠真正了解這些最基礎的神經網路類型和實作。

等到讀者學會深度學習需要了解的各種神經網路類型後，在第五篇詳細說明多種方式的訓練資料載入、資料預處理層、資料增強、調校神經網路、KerasTuner 的 AutoML、Keras / KerasCV / KerasNLP 預訓練模型與遷移學習，最後使用 Functional API 客製化神經網路，幫助你建構出自己的 Transformer 模型，並且調校 KerasNLP 的 GPT-2 大型語言模型。

如何閱讀本書

本書架構上是循序漸進，從三種主要神經網路類型開始，先圖解、再實作、最後提供更多的實務應用，不只可以讓讀者實際使用 Python 語言來實作深度學習，更可以了解各種神經網路的來龍去脈，深入且真正了解神經網路的理論基礎。

第一篇：人工智慧與深度學習的基礎

第一篇是人工智慧與深度學習的基礎，在第 1 章說明什麼是人工智慧與機器學習；第 2 章使用 Python 語言的 Anaconda 套件建構跨 TensorFlow 和 PyTorch 的 Keras 開發環境，以及 Google Colab 的使用；第 3 章是深度學習的基礎，詳細說明 ANN 種類、神經元、方向圖、基礎數學和張量。

第二篇：多層感知器 – 迴歸與分類問題

第二篇是最基礎的神經網路 – 多層感知器（MLP），在第 4 章圖解多層感知器（MLP），筆者是從線性不可分問題開始，逐步說明如何從單一感知器建構出多層感知器，並且詳細說明神經網路的學習過程（正向與反向傳播）、啟動函數與損失函數，接著學習神經網路一定需要了解的反向傳播演算法與梯度下降法，最後是訓練神經網路的樣本和標籤資料。

第 5 章實際使用 Keras 打造多層感知器的糖尿病和波士頓房價預測。第 6 章是多層感知器的鳶尾花資料集的多元分類、鐵達尼號資料集的生存分析和加州房價預測的迴歸問題。

第三篇：卷積神經網路 – 電腦視覺

第三篇是電腦視覺的卷積神經網路 CNN，在第 7 章是從影像資料的穩定性問題開始，詳細說明卷積與池化運算，然後使用一個完整實例來詳細說明卷積神經網路（CNN）的影像識別過程，接著分層詳細解說卷積層、池化層與 Dropout 層。

第 8 章是分別使用 MLP 和 CNN 打造 MNIST 手寫辨識。第 9 章是卷積神經網路的實作案例，包含：辨識 CIFAR-10 資料集的彩色圖片，和使用自編碼器去除圖片雜訊。

第四篇：循環神經網路 – 自然語言處理

第四篇是自然語言處理的循環神經網路 RNN，在第 10 章是從序列資料和自然語言處理開始，使用圖解來詳細說明循環神經網路（RNN）、長短期記憶神經網路（LSTM）和閘門循環單元神經網路（GRU），最後是文字資料向量化。

第 11 章在說明文字資料預處理與 Embedding 層後，首先使用 MLP 和 CNN 打造 IMDb 情緒分析，然後使用 RNN、LSTM 和 GRU 打造 IMDb 情緒分析。第 12 章是循環神經網路的實作案例，包含：MNIST 手寫辨識、預測 Google 股價和路透社資料集的新聞主題分類。

第五篇：建構出你自己的深度學習模型

第五篇說明如何活用這些神經網路類型來建構出你自己的深度學習模型，在第 13 章是多種方式的訓練資料載入、預處理層與神經層資訊，詳細說明 PyTorch 和 TensorFlow 的批次資料載入、從資料夾檔案來載入訓練資料、Keras 資料預處理層的文字向量層和圖片增強層，並且說明取得神經層資訊與 CNN 中間層視覺化。第 14 章說明如何調整參數和超參數來優化神經網路，與加速神經網路訓練，最後使用 KerasTuner 的 AutoML 來自動調校模型超參數。

第 15 章說明如何讓讀者使用已訓練神經網路來解決其他問題，包含 Keras 的 MobileNet 與 ResNet50、KerasCV 的 YOLO 與 StableDiffusion，以及 KerasNLP 的 BERT 與 GPT-2，然後直接使用預訓練模型來實作遷移學習。最後在第 16 章詳細說明模型視覺化、Functional API 的共享層模型與多輸入 / 多輸出模型和客製化神經網路，接著在認識 Seq2Seq 模型與 Transformer 模型後，使用客製化神經網路來打造 Transformer 模型的 IMDb 情感分析與英譯中翻譯模型，最後說明如何微調 KerasNLP 的 GPT-2 大型語言模型來生成唐詩。

附錄 A 說明 Python 程式語言和如何安裝 Anaconda 開發環境，附錄 B 說明如何在 Windows 作業系統使用 GPU 來加速模型訓練。編著本書雖力求完美，但學識與經驗不足，謬誤難免，尚祈讀者不吝指正。

陳會安 於 台北

hueyan@ms2.hinet.net

2024.2.29

書附檔案

ABOUT RESOURCES

為了方便讀者學習本書 Python ＋ Keras 3 深度學習模型，筆者已將本書的 Python 範例程式和相關檔案收錄在書附檔案中，檔案請讀者自行下載（大小寫須符合）：

https://www.flag.com.tw/bk/st/F4744

依照網頁指示輸入關鍵字即可取得檔案，下載並解壓縮後方可使用，其中包含各章節程式碼與附錄 A、B 電子書：

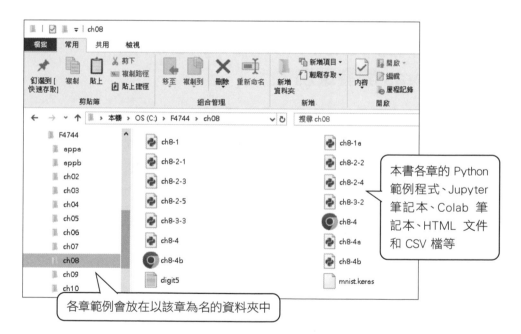

各章範例會放在以該章為名的資料夾中

本書各章的 Python 範例程式、Jupyter 筆記本、Colab 筆記本、HTML 文件和 CSV 檔等

目錄
CONTENTS

第二篇　多層感知器 - 迴歸與分類問題

CHAPTER 4　圖解神經網路 - 多層感知器 (MLP)

CHAPTER 5　打造你的神經網路 - 多層感知器

CHAPTER 6　多層感知器的實作案例

第三篇　卷積神經網路 - 電腦視覺

CHAPTER
7

圖解卷積神經網路 (CNN)

CHAPTER
8

打造你的卷積神經網路

CHAPTER
9

卷積神經網路的實作案例

第四篇 循環神經網路 - 自然語言處理

第五篇　建構出你自己的深度學習模型

CHAPTER 13　訓練資料、預處理層與神經層資訊

CHAPTER 14　調校你的深度學習模型

CHAPTER

15 預訓練模型與遷移學習

CHAPTER

16 Functional API、客製化神經網路與 Transformer 模型

電子書

CHAPTER A   Python 程式語言與開發環境建立

CHAPTER B   使用 WSL 2 安裝支援 GPU 的 Keras 與 KerasNLP 開發環境

CHAPTER

1

認識人工智慧與機器學習

- 1-1／人工智慧概論
- 1-2／認識機器學習
- 1-3／機器學習的種類

1-1　人工智慧概論

隨著資料科學的興起，人工智慧和機器學習成為資訊科學界火紅的研究項目，事實上，人工智慧本身只是一個泛稱，所有能夠讓電腦有如人類般智慧的技術都可以稱為「**人工智慧**」（Artificial Intelligence，簡稱 AI）。

1-1-1　人工智慧簡介

人工智慧在資訊科技並不能算是一個很新的領域，因為早期電腦的運算效能不佳，人工智慧受限於電腦運算能力，實際應用也非常的侷限，直到 CPU 效能大幅提昇和繪圖 GPU 成為人工智慧中的運算能力，再加上深度學習的重大突破，才讓人工智慧的夢想逐漸成真。

認識人工智慧

人工智慧（Artificial Intelligence，AI）也稱為人工智能，這是讓機器變得更聰明的一種科技，也就是讓機器具備和人類一樣的思考邏輯與行為模式。簡單的說，人工智慧就是讓機器能展現出人類的智慧，像人類一樣的思考，基本上，人工智慧是一個讓電腦執行人類工作的廣義名詞術語，其衍生的應用和變化至今仍然沒有定論。

人工智慧基本上是計算機科學領域的範疇，其發展過程包括**學習**（大量讀取資訊和判斷何時與如何使用該資訊）、**感知**、**推理**（使用已知資訊來做出結論）、**自我校正**和**操縱或移動物品**等。

「**知識工程**」（Knowledge Engineering）是過往人工智慧主要研究的核心領域，能夠讓機器大量讀取資料後，機器就能夠自行判斷物件、進行歸類、分群和統整，並且找出**規則**來判斷資料之間的關聯性，進而建立知識，在知識工程的發展下，人工智慧可以讓機器具備專業知識。

事實上，我們現在開發的人工智慧系統大都屬於「**弱人工智慧**」（Narrow AI）的形式，機器擁有能力做一件或幾件事情，而且做這些事的智慧程度與人類相當，甚至可能超越人類（但只限於這些事），例如：自駕車、人臉辨識、下棋和自然語言處理等，當然，我們在電腦遊戲中加入的人工智慧或機器學習，也都屬於弱人工智慧。

從原始資料轉換成智慧的過程

人工智慧是在研究如何從原始資料轉換成智慧的過程，這是需要經過多個不同層次的處理步驟，如下圖所示：

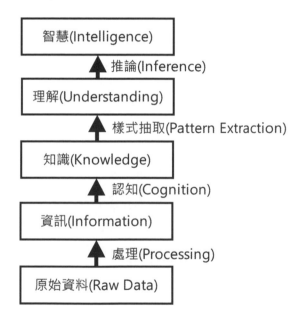

上述圖例可以看出原始資料經過處理後成為資訊；資訊在認知後成為知識，知識在樣式抽取後，即可理解；最後進行推論，就成為智慧。

圖靈測試

圖靈測試（Turing Test）是計算機科學和人工智慧之父 - **艾倫圖靈**（Alan Turing）在 1950 年提出，一個定義機器是否擁有智慧的測試，能夠判斷機器是否能夠思考的著名試驗。

圖靈測試提出了人工智慧的概念，讓我們相信機器是有可能具備智慧的能力，簡單的說，圖靈測試是在測試機器是否能夠表現出與人類相同或無法區分的智慧表現，如下圖所示：

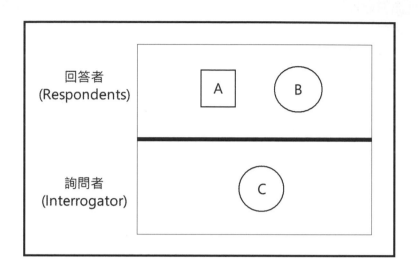

　　上述正方形 A 代表一台機器，圓形 B 代表人類，這兩位是回答者（Respondents），人類 C 是一位詢問者（Interrogator），展開與 A 和 B 的對話，對話是透過文字模式的鍵盤輸入和螢幕輸出來進行，如果 A 不會被辨別出是一台機器，就表示這台機器 A 具有智慧。

　　很明顯的！建造一台具備智慧的機器 A 並不是一件簡單的事，因為在整個對話的過程中會遇到很多情況，機器 A 至少需要擁有下列能力，如下所示：

- **自然語言處理**（Natural Language Processing）：機器 A 因為需要和詢問者進行文字內容的對話，需要將輸入文字內容進行句子剖析、抽出內容進行分析，然後組成合適且正確的句子來回答詢問者。

- **知識表示法**（Knowledge Representation）：機器 A 在進行對話前需要儲存大量知識，並且從對話過程中學習和追蹤資訊，讓程式能夠處理知識達到如同人類一般的回答問題。

1-1-2　人工智慧的應用領域

目前人工智慧在真實世界應用的領域有很多，一些比較普遍的應用領域，如下所示：

● **手寫辨識**（Handwriting Recognition）：這是大家常常使用的人工智慧應用領域，想想看智慧型手機或平板電腦的手寫輸入法，這就是手寫辨識，系統可以辨識寫在紙上、或觸控螢幕上的筆跡，依據外形和筆劃等特徵來轉換成可編輯的文字內容。

● **語音識別**（Speech Recognition）：這是能夠聽懂和了解語音說話內容的系統，還能分辨出人類口語的不同音調、口音、背景雜訊或感冒鼻音等，例如：Apple 公司智慧語音助理系統 Siri 等。

● **電腦視覺**（Computer Vision）：一個處理多媒體圖片或影片的人工智慧系統，能夠依需求抽取特徵來了解這些圖片或影片的內容是什麼，例如：Google 搜尋相似圖片、人臉辨視犯罪預防或公司門禁管理等。

● **專家系統**（Expert Systems）：這是使用人工智慧技術提供建議和做決策的系統，通常是使用資料庫儲存大量財務、行銷、醫療等不同領域的專業知識，以便依據這些資料來提供專業的建議。

● **自然語言處理**（Natural Language Processing）：能夠了解自然語言（即人類語言）的文字內容，我們可以輸入自然語言的句子和系統直接對談，例如：Google 搜尋引擎和 ChatGPT。

● **電腦遊戲**（Game）：人工智慧早已應用在電腦遊戲，只需是擁有電腦代理人（Agents）的各種棋類遊戲，都屬於人工智慧的應用，最著名的當然是 AlphaGo 人工智慧圍棋程式。

● **智慧機器人**（Intelligent Robotics）：機器人基本上涉及多種領域的人工智慧，才足以完成不同任務，這是依賴安裝在機器人上的多種感測器來偵測外部環境，可以讓機器人模擬人類的行為或表情等。

1-1-3 人工智慧的研究領域

人工智慧的研究領域非常的廣泛，一些主要的人工智慧研究領域，如下所示：

● **機器學習和樣式識別**（Machine Learning and Pattern Recognition）：這是目前人工智慧最主要和普遍的研究領域，可以讓我們使用機器學習演算法來設計軟體，在送入資料進行訓練來建立模型後，使用此模型來預測未知的資料，其最大限制是資料量，機器學習需要大量資料來進行學習，如果資料量不大，相對的預測準確度就會大幅下降。

● **邏輯基礎的人工智慧**（Logic-based Artificial Intelligence）：邏輯基礎的人工智慧程式是針對特別問題領域的一組邏輯格式的事實和規則描述，簡單的說，就是使用數學邏輯來執行電腦程式，特別適用在**樣式比對**（Pattern Matching）、**語言剖析**（Language Parsing）和**語法分析**（Semantic Analysis）等。

● **搜尋**（Search）：搜尋技術也常常應用在人工智慧，可以在大量可能的結果中找出一條最佳路徑，例如：下棋程式找到最佳的下一步、最佳化網路資源配置和排程等。

● **知識表示法**（Knowledge Representation，KR）：這個研究領域是在研究世界上圍繞我們的各種資訊和事實是如何來表示，以便電腦系統可以了解和看得懂，如果知識表示法有效率，機器將會變的聰明且有智慧來解決複雜的問題。例如：診斷疾病情況，或進行自然語言的對話。

● **AI 規劃**（AI Planning）：正式的名稱是**自動化規劃和排程**（Automated Planning and Scheduling），規劃（Planning）是一個決定動作順序的過程來成功執行所需的工作；排程（Scheduling）是在特定日期時間限制下，組成充足的可用資源來完成規劃。自動化規劃和排程是專注在使用**智慧代理人**（Intelligent Agents）來最佳化動作順序，簡單的說，就是建立最小成本和最大回報的最佳化規劃。

- **啟發法**（Heuristics）：啟發法是應用在快速反應，可以依據有限知識（不完整資料）在短時間內找出問題可用的解決方案，但不保證是最佳方案，例如：搜尋引擎和智慧型機器人。

- **基因程式設計**（Genetic Programming，GP）：一種能夠找出最佳化結果的程式技術，使用基因組合、突變和自然選擇的進化方式，從輸入資料的可能組合，經過如同基因般的進化後，找出最佳的輸出結果，例如：超市找出最佳的商品上架排列方式，以便提昇超市的業績。

1-2　認識機器學習

　　機器學習（Machine Learning）是應用**統計學習技術**（Statistical Learning Techniques）來自動找出資料中隱藏的規則和關聯性，可以建立預測模型來準確的進行預測。

1-2-1　機器學習簡介

　　機器學習的定義是：「**從過往資料和經驗中自我學習並找出其運行的規則，以達到人工智慧的方法。**」而機器學習就是目前人工智慧發展的核心研究領域。

什麼是機器學習

　　機器學習是一種人工智慧，可以讓電腦使用現有資料來進行訓練和學習，以便建立預測模型，當成功建立模型後，我們就可以使用此模型來預測未來的行為、結果和趨勢，如下圖所示：

上述機器學習的核心概念是資料處理、訓練和最佳化，透過機器學習的幫助，我們可以處理常見的分類和迴歸問題（屬於監督式學習，詳見第 1-3-1 節的說明），如下所示：

● **分類問題**：將輸入資料區分成不同類別，例如：垃圾郵件過濾可以區分哪些是垃圾郵件、哪些不是。

● **迴歸問題**：從輸入資料找出規律，並且使用統計的迴歸分析來建立對應的方程式，藉此可以做出準確的預測，例如：預測假日的飲料銷售量等。

 請注意！ 機器學習是透過資料來訓練機器可以自行辨識出運作模式，並不是將這些規則寫死在程式碼之中，而機器學習是一種弱人工智慧（Narrow AI），可以從資料得到複雜的函數或方程式來學習建立出演算法的規則，然後透過預測模型來幫助我們進行未來的預測。

從資料中自我訓練學習

機器學習主要目的是預測資料，其厲害之處在於可以自主學習，和找出資料之間的關係和規則，如下圖所示：

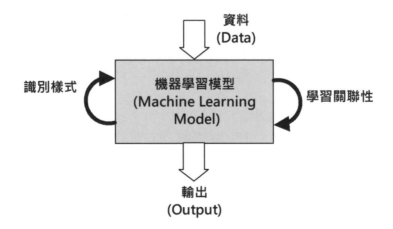

上述圖例當資料送入機器學習模型後，就會自行找出資料之間的**關聯性**（Relationships）和識別出**樣式**（Pattern），其輸出結果是已經學會的模型。機器學習主要是透過下列方式來進行訓練，如下所示：

● 需要大量資料訓練模型。

● 從資料中自行學習來找出關聯性和識別出樣式。

● 根據自行學習和識別出樣式獲得的經驗,即可替我們將未來的新資料做分類,
並且推測其行為、結果和趨勢。

1-2-2　機器學習可以解決的問題

　　機器學習在實務上可以幫助我們解決五種問題:分類、異常值判斷、預測性
分析、分群和協助決策。

分類

　　分類演算法是用來解決只有二種或多種結果的問題。**二元分類**(Two-class
Classification)演算法是區分成 A 或 B 類、是或否、開或關、抽煙或不抽煙
等二種結果。一些常見範例,如下所示:

● 客戶是否會續約?

● 圖片是貓,還是狗?

● 回饋 10 元或打 75 折,哪一種促銷方法更能提昇業積?

　　多元分類(Multi-class Classification)是二元分類的擴充,可以用來解決
有多種結果的問題,例如:哪種口味、哪間公司或哪一位參選人等。一些常見範
例,如下所示:

● 哪種動物的圖片?哪種植物的圖片?

● 雷達訊號來自哪一種飛機?

● 錄音裡的說話者是誰?

異常值判斷

異常值判斷演算法是用來偵測異常情況（Anomaly Detection），簡單的說，就是辨認出不正常資料，找出奇怪的地方。基本上，異常值判斷和二元分類看起來好像十分相似，不過，二元分類一定有兩種結果，異常值判斷不一定，可以只有一種結果。一些常見範例，如下所示：

- 偵測信用卡盜刷？

- 網路訊息是否正常？

- 這些消費和之前消費行為是否落差很大？

- 管路壓力大小是否有異常？

預測性分析

預測性分析演算法解決的問題是**數值**而非分類，也就是預測量有多少？需要多少錢？未來是漲價還是跌價等，此類演算法稱為**迴歸**（Regression）。一些常見範例，如下所示：

- 下星期四的氣溫是幾度？

- 在台北市第二季的銷售量有多少？

- 下周 Facebook 臉書會新增幾位追蹤者？

- 下周日可以賣出多少個產品？

分群

分群演算法是在解決資料是如何組成的問題，屬於第 1-3-2 節的非監督式學習，其基本作法是測量資料之間的距離或相似度，即**距離度量**（Distance Metric），例如：智商的差距、相同基因組的數量、兩點之間的最短距離，然後根據這些資訊來分成均等的群組。一些常見範例，如下所示：

● 哪些消費者對水果有相似的喜好？

● 哪些觀眾喜歡同一類型的電影？

● 哪些型號的手機有相似的故障？

● 部落格訪客可以分成哪些不同類別的群組？

協助決策

　　協助決策演算法是在決定下一步是什麼，屬於第 1-3-4 節的強化學習，其基本原理是源於大腦對懲罰和獎勵的反應機制，可以決定獎勵最高的下一步，和避開懲罰的選擇。一些常見範例，如下所示：

● 網頁廣告放置於哪一個位置，才最容易吸引消費者點選？

● 看到黃燈時，應該保持目前速度、煞車還時加速通過？

● 溫度是調高、調低，還是維持現狀？

● 下圍棋時，下一步棋的落子位置應該在哪裡？

1-3 　機器學習的種類

　　機器學習根據訓練方式的不同，區分成需要答案的監督式學習、不需答案的非監督式學習、半監督式學習和強化學習。

1-3-1 　監督式學習 Supervised Learning

　　監督式學習是一種機器學習方法，可以從**訓練資料**（Training Data）建立**學習模型**（Learning Model），並且依據此模型來推測新資料是什麼。

基本上,在監督式學習的訓練過程中,我們需要告訴機器答案,也就是在輸入資料上標上標籤,稱為「**有標籤資料**」(Labeled Data),因為仍然需要老師提供答案,所以稱為**監督式學習**,例如:垃圾郵件過濾的機器學習,在輸入1000 封電子郵件且告知每一封為是(Y)或不是(N)垃圾郵件後,即可從這些訓練資料建立出學習模型,然後我們可以詢問模型一封新郵件是否是垃圾郵件,如下圖所示:

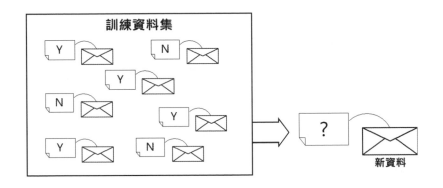

　　監督式學習主要可以分成兩大類,其主要差異是在預測的回應資料不同,如下所示:

分類(Classification)

　　分類問題是在嘗試預測可分類的回應資料,這是一些**有限集合**,例如:

● **是非題**:只有 True 或 False 兩種類別,例如:上述垃圾郵件過濾只有是垃圾或不是垃圾兩種類別,人臉辨視的結果是他或不是他等。

● **分級**:雖然不只 2 種類別,但仍然是有限集合,例如:癌症分成第 1~4 期,滿意度分成 1~10 級等。

迴歸(Regression)

　　迴歸問題是在嘗試預測連續的回應資料,一種數值資料,這是在一定範圍之間擁有**無限個數的值**,如下所示:

- **價格**：預測薪水、價格和預算等，例如：給予二手車一些基本資料，即可預測其車價。

- **溫度**（單位是攝氏或華氏）。

- **時間**（單位是秒或分）。

以二手車估價系統來說，我們只需提供車輛**特徵**（Features），例如：廠牌、哩程和年份等資訊，稱為**預報器**（Predictors）。當使用迴歸來訓練機器，下圖是使用多台現有二手車輛的特徵和標籤（即價格）來找出符合的方程式，如下所示：

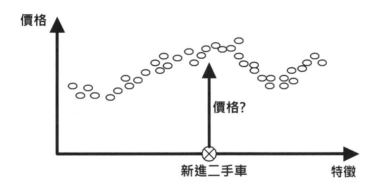

當機器從訓練資料找出規律，和成功的使用統計的迴歸分析建立對應的方程式後，只需輸入新進的二手車特徵，就可以幫助我們預測二手車的價格。

1-3-2　非監督式學習 Unsupervised Learning

非監督式學習和監督式學習的最大差異是訓練資料不需有答案，也就是不用標籤，所以，機器是在沒有老師告知答案的情況下進行學習，例如：部落格訪客的訓練資料集只有特徵，但是沒有屬於哪一類的標籤資料，如右圖所示：

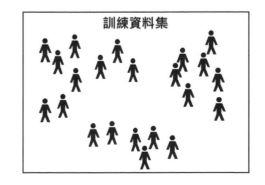

訓練資料集

上述訓練資料集是部落格的多位
訪客，並沒有標準答案，也沒有任何
標籤，在訓練時只需提供上述輸入資
料，機器就會自動從這些特徵資料中
找出潛在規則和關聯性，例如：使用
分群（Clustering）演算法將部落格訪
客分成幾個相似的群組，如右圖所示：

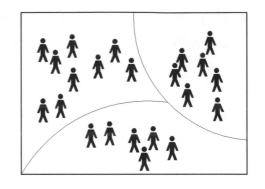

簡單來說，如果訓練資料有標籤，需要老師提供答案，就是監督式學習；訓
練資料沒標籤，不需要老師，機器能夠自行摸索出資料的規則和關聯性，稱為非
監督式學習。

1-3-3　半監督式學習 Semisupervised Learning

半監督式學習是介於監督式學習與非監督式學習之間的一種機器學習方法，
此方法使用的訓練資料大部分是沒有標籤的資料，只有少量資料有標籤。

因為機器學習的研究者發現如果同時使用少量標籤資料和大量的無標籤資料
時，可以大幅改善機器學習的正確度，如下圖所示：

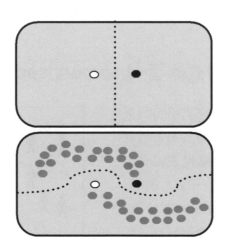

　　上述圖例先使用少量有標籤資料分割切出一條分界的分隔線來分成群組，然後將大量無標籤資料依整體分佈來調整成 2 個群組，建立出新分界的分隔線，如此，我們只需透過少量的有標籤資料，就可以大幅增加分群的正確度。

　　Google 相簿就是半監督式學習的實作，當我們上傳家庭全部成員的照片後，Google 相簿就會學習分辨相片，例如：1、2、5、11 擁有成員 A，相片 4、5、11 有成員 B，相片 3、6、9 有成員 C 等，這是使用第 1-3-2 節非監督式學習的分群結果，等到我們輸入成員 A 的姓名後（有標籤資料），Google 相簿馬上就可以在有此成員的照片上標示姓名，這就是一種半監督式學習。

1-3-4　強化學習 Reinforcement Learning

　　機器學習並沒有明確的答案，而是一序列（一連串有順序性）的連續決策，決定下一步做什麼，例如：下棋需要依據對手的棋路來決定我們的下一步棋，和是否需改變戰略，也就是說，我們需要因應環境的變動來改變我們的作法，此時使用的是**強化學習**。

　　強化學習基本上就是在邊作邊學，和使用嘗試錯誤方式來進行學習，如同玩猜數字遊戲，會亂數產生一個 0~100 之間的整數，玩家輸入數字後，系統會回應太大、太小或猜中，當太大或太小時，機器需要依目前的情況來改變猜測策略，如下所示：

● **猜測值太大**：因為值太大，機器需要調整策略，決定下一步輸入一個更小的值。

● **猜測值太小**：因為值太小，機器需要調整策略，決定下一步輸入一個更大的值。

　　最後機器可以在猜測過程中累積輸入值的經驗，學習建立猜數字的最佳策略，這就是強化學習的基本原理。

人類作決策的方式

事實上,強化學習是在模擬人類作決策的方式,當人類進行決策時,我們會根據目前環境的狀態來執行所需的動作,其流程如下圖所示:

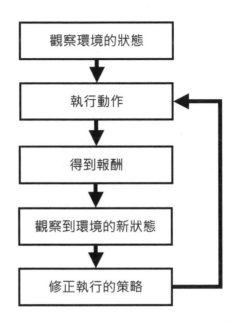

上述流程首先根據目前環境的狀態執行第 1 次動作,在得到環境的回饋,即**報酬**(Reward)後,因為執行動作已經改變目前環境,成為一個新環境,我們需要觀察新環境的新狀態,並且修正執行策略後,執行下一次動作,這個流程會重複執行直到滿足預期報酬,人類決策的主要目的就是在試圖極大化預期的報酬。

強化學習的代理人

強化學習是讓**代理人**(Agents)模擬人類的決策,採用邊作邊學的方式,在獲得報酬後,更新自己的策略模型,然後使用目前模型來決定下一步動作,下一步動作獲得報酬後,再次更新模型,不斷重複直到這個模型建立完成。

　　在強化學習的一序列決策過程中，一位好的代理人需要具備三項元素，如下所示：

● **政策**（Policy）：代理人執行動作的依據，例如：執行此動作可以將價值函數最大化。

● **價值函數**（Value Function）：評估我們執行動作後目前環境的價值，實際上，價值函數是一個未知函數，我們需要透過不斷地執行動作來取得報酬，也就是收集資料，然後使用這些資料來重新估計價值函數。

● **模型**（Model）：模型是在預測環境的走勢，以下棋來說，就是下一步棋的走法，因為代理人在執行動作後，就會發生兩件事：一是環境狀態的改變、一是報酬，我們的模型就是在預測這個走勢。

　　不只如此，強化學習還有兩個非常重要的概念：

● **探索**（Exploration）：如果是從未執行過的動作，可以讓機器進而探索出更多的可能性。

● **開發**（Exploitation）：如果是已經執行過的動作，可以從已知動作來更新模型，以便開發出更完善的模型。

　　例如：小朋友學走路時可能有多種不同的走法，小步走、大步走、滑步走、顛起腳尖走、轉左走、轉右走、直行和往後退等不同的動作，當練習走路是在馬路上、樓梯、山坡和有障礙環境時，這些環境因為有不同的狀態，小朋友在學習走路時，需要探索環境來試看看不同的動作，但是不能常常跌倒，我們需要開發出一種走路方法，讓小朋友走得順利，這就是機器學習中的強化學習。

學習評量

1 請簡單說明什麼人工智慧？何謂知識工程？

2 請請舉例說明什麼是圖靈測試？

3 請請問人工智慧的應用領域和研究領域有哪些？

4 請簡單說明什麼是機器學習？機器學習可以解決的問題有哪些？

5 請問機器學習的種類有哪些？

2

建構跨 TensorFlow 和 PyTorch 的 Keras 開發環境

- 2-1 ／認識 TensorFlow、PyTorch 與 Keras
- 2-2 ／建立與管理 Python 虛擬環境
- 2-3 ／建構 Python 深度學習的開發環境
- 2-4 ／使用 Spyder 整合開發環境
- 2-5 ／Jupyter Notebook 基本使用
- 2-6 ／使用 Google Colaboratory 雲端服務

2-1 認識 TensorFlow、PyTorch 與 Keras

Keras 在 3.0 之後的版本可以建立統一的前端神經網路模型,讓你無縫接軌 JAX、TensorFlow 或 PyTorch 後台框架來訓練你的模型,輕鬆跨框架實作你的深度學習神經網路。而本書是使用 TensorFlow 或 PyTorch 後台框架。

2-1-1 TensorFlow

TensorFlow 是由 Google Brain Team 開發,在 2005 年底開放專案後,2017 年推出第一個正式版本。之所以稱為 TensorFlow,是因為其輸入 / 輸出的運算資料是向量、矩陣等多維度的數值資料,稱為**張量**(Tensor);而我們建立的機器學習模型需要使用流程圖來描述訓練過程的所有數值運算操作,稱為**計算圖**(Computational Graphs),這是一種低階運算描述的圖形,Tensor 張量就是經過這些流程 Flow 的數值運算來產生輸出結果,稱為:Tensor + Flow = TensorFlow,其主要特點如下所示:

● **靜態計算圖**:TensorFlow 需要先定義好整個計算圖的結構後,再執行模型訓練,靜態計算圖可以幫助我們進行模型優化和提高執行效率。

● **豐富的 API 和工具**:TensorFlow 可以使用低階 TensorFlow API 或高階 API 的 Keras,依據使用者不同需求來靈活定義模型與進行訓練。

● **多種硬體支援**:支援 CPU、GPU 和 TPU(Tensor Processing Unit),TensorFlow 提供良好的硬體擴展性來滿足不同的計算需求。

● **TensorBoard 與社群支援**:擁有龐大的開發者社群,可以讓我們輕鬆從線上獲得支援和解決開發問題,並且提供 TensorBoard 視覺化工具,幫助我們監控和分析模型的訓練過程、性能和結果。

2-1-2　PyTorch

　　PyTorch 是 Facebook 人工智慧研究小組所開發的開源 Python 機器學習庫，其底層是使用 C++ 語言來實作，主要是使用在深度學習領域。PyTorch 提供靈活且功能強大的工具來建構和訓練各種深度學習模型，目前已經廣泛應用在學術研究和工業應用，其主要特點如下所示：

● **動態計算圖**：PyTorch 計算圖是動態的，每次執行時，計算圖都會依據實際輸入資料來建構計算圖，可以讓模型的定義、調校和修改更加的靈活。

● **強大的自動微分運算**：提供強大的自動微分，讓梯度計算和反向傳播變得更加容易。

● **多種硬體支援**：PyTorch 支援在多種硬體上運行，包含 CPU 和 GPU。

● **豐富的函式庫、工具與社群支援**：PyTorch 提供豐富的 Python 函式庫，可以讓 PyTorch 更容易應用在不同的任務需求，其活躍的開發者和研究者社群，可以讓使用者輕鬆獲得即時的線上支援。

2-1-3　Keras

　　TensorFlow 在 2.0 版已經內建 Keras 高階函式庫 tf.keras 模組，我們不只可以使用低階 TensorFlow API 來建立深度學習的計算圖，還可以使用高階 Keras APIs，直接堆砌預建神經層來建構高階計算圖的各種神經網路結構，輕鬆建立深度學習所需的神經網路。

　　Keras 3.0 版是在 2023 年底推出，這是 Keras 的重磅回歸，其跨框架支援 JAX、TensorFlow 和 PyTorch 後台框架的優點，可以一統深度學習的前端模型，讓開發團隊更有效率的進行團隊協作，開發各種複雜的深度學習模型。

什麼是 Keras

Keras 是 Google 工程師 Franois Chollet 使用 Python 開發的一套開放原始碼的高階神經網路函式庫，支援多種後台的神經網路計算框架。基本上，Keras 最初的目的是讓初學者也能夠方便且快速建構和訓練各種深度學習模型，其特點如下所示：

● Keras 能夠使用相同的 Python 程式碼在 CPU 或 GPU 上執行。

● Keras 提供高階 APIs 來快速建構深度學習模型的神經網路。

● Keras 預建全連接、卷積、池化、RNN、LSTM 和 GRU 等多種神經層，可以如同烘焙多層蛋糕，輕鬆堆砌出每一層蛋糕來建立多層感知器、卷積神經網路和循環神經網路等各種神經網路模型。

Keras 3.0 版

Keras 3.0 版是架構在 JAX、TensorFlow 和 PyTorch 後台框架上的高階前端函式庫，可以讓使用者以更人性化方式來建構統一的深度學習模型。Keras 3.0 版不需更改任何的 Python 程式碼，就可以切換使用特定的後台框架，輕鬆取得不同後台框架的優點來打造出你最佳的神經網路模型，如右圖所示：

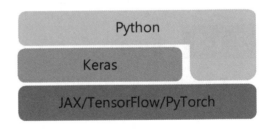

上述圖例的 Keras 函式庫是架構在 JAX、TensorFlow 和 PyTorch 神經網路計算函式庫之上，稱為後台框架（Backend Framework），我們可以自由切換使用的後台框架，換句話說，Keras 可以幫助我們建構統一的前端深度模型，其特點如下所示：

● **多種後端框架的支援**：Keras 3.0 版如同是一個連接器，可以無縫接軌連接使用 JAX、TensorFlow 或 PyTorch 後台框架，針對不同任務來自由搭配最佳的後台框架，而無需更改前端的 Python 程式碼。

● **性能的全面優化**：Keras 3.0 版使用 XLA 加速線性代數編譯來優化數學計算，可以全面加速 GPU 和 TPU 等硬體上的執行效能。

● **擴大生態系的覆蓋面**：Keras 3.0 版的前端模型可以取得不同後台框架的優勢，整合聚多 TensorFlow 和 PyTorch 使用者來擴大生態系統。換句話說，開發者不再需要鎖定單一 TensorFlow 或 PyTorch 生態系統，透過 Keras 的幫助，可以跨 TensorFlow 或 PyTorch 生態系統來找出最佳的解決方案。

● **跨框架深度學習的低階 API**：Keras 3.0 版新增 keras_core.ops 命名空間，這是完整實作 NumPy API 和神經網路所需特殊函數的命名空間，可以跨後台框架來幫助開發者客製化你的神經層、優化器和損失函數等元件。也就是說，Keras 的客製化元件可以提供低階 API 的兼容性，跨框架使用在 JAX、TensorFlow 和 PyTorch，大幅提高程式碼的重複使用，幫助開發團隊協作開發深度學習模型。

● **從入門到進階統一深度學習框架**：Keras 3.0 版適用入門到進階不同階段的深度學習開發者，對於初學者，可以使用 Keras 3.0 版的高階 API 建構你的神經網路，在熟悉神經網路模型後，即可使用低階 API 來客製化你的神經網路元件，和定義你的訓練流程來建構客製化的複雜深度學習模型。

2-2　建立與管理 Python 虛擬環境

　　Anaconda 是 Python 語言著名的整合安裝套件，內建 Spyder 整合開發環境和 Jupyter Notebook，除了標準模組外，還包含 Scipy、NumPy、Pandas 和 Matplotlib 等資料科學和機器學習的相關套件。Anaconda 整合安裝套件的下載與安裝步驟，以及 Python 語法說明請參閱附錄 A。

　　Keras 3.0 版因為支援多種後台框架，建議使用 Python 虛擬環境來建立第 2-3 節的 Python 深度學習開發環境，以便搭配不同後台框架。

建立 Python 虛擬環境

Python 虛擬環境可以針對不同 Python 專案建立專屬的開發環境,例如:特定 Python 版本和不同套件的需求,特別是哪些需要特定版本套件的 Python 專案,我們可以針對此專案建立專屬的虛擬環境,而不會因為特別版本的套件而影響其他 Python 專案的開發環境。

在 Anaconda 是使用 **conda** 指令來建立、啟動、刪除與管理 Python 虛擬環境。現在,我們準備新增名為 keras_tf 的虛擬環境,請執行「開始 / Anaconda3 (64-bits) / Anaconda Prompt」命令開啟「Anaconda Prompt」命令提示字元視窗後,輸入 **conda create** 指令來建立虛擬環境,如下所示:

```
(base) C:\Users\hueya>conda create --name keras_tf anaconda  Enter
```

上述指令的 --name 參數指定虛擬環境名稱 keras_tf,而最後的 anaconda 參數表示預設安裝 Anaconda 資料科學套件,如下圖所示:

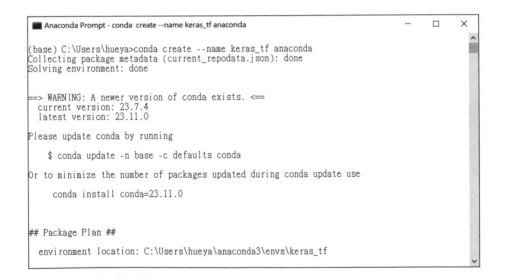

在解析環境後,可以顯示套件計劃 Package Plan,如果沒有問題,請按 Y 鍵再按 Enter 鍵以建立虛擬環境,如下圖所示:

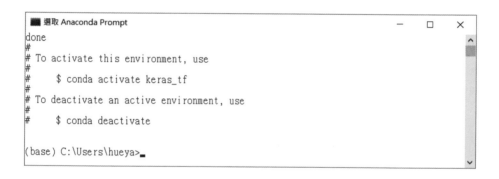

請耐心等待套件的下載與安裝，這需花些時間，等到完成建立後，就可以在最後顯示啟動 keras_tf 虛擬環境的指令說明，如下圖所示：

如果建立的是空白沒有安裝額外套件的 Python 虛擬環境，就不需要在最後加上 anaconda 參數，其指令如下所示：

```
(base) C:\Users\hueya>conda create --name keras_bk Enter
```

當成功建立 keras_tf 和 keras_bk 虛擬環境後，我們可以輸入 **conda env list** 指令，顯示目前已經建立的虛擬環境清單，如下所示：

```
(base) C:\Users\hueya>conda env list Enter
```

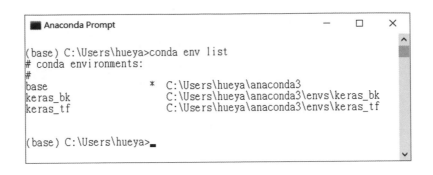

上述清單的 base 是預設環境，可以看到我們已經新增 keras_tf 和 keras_bk 虛擬環境。

啟動與使用 Python 虛擬環境

當成功新增 keras_tf 虛擬環境後，在使用前我們需要使用 **conda activate** 指令來啟動虛擬環境，在指令後是虛擬環境名稱 keras_tf，如下所示：

(base) C:\Users\hueya>conda activate keras_tf Enter

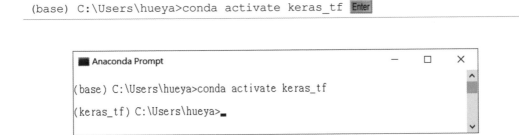

在成功啟動 keras_tf 虛擬環境後，可以看到前方 (base) 已經改成虛擬環境名稱 (keras_tf)，然後，請輸入 **conda list** 指令來檢視虛擬環境已經安裝了哪些套件，如下所示：

(keras_tf) C:\Users\hueya>conda list Enter

上述指令的執行結果可以看到虛擬環境安裝的套件清單，如下圖所示：

```
Anaconda Prompt                                        —    □    ×

(base) C:\Users\hueya>conda activate keras_tf

(keras_tf) C:\Users\hueya>conda list
# packages in environment at C:\Users\hueya\anaconda3\envs\keras_tf:
#
# Name                    Version                   Build  Channel_anaco
nda_depends               2023.09                 py311_mkl_1
abseil-cpp                20211102.0                 hd77b12b_0
aiobotocore               2.7.0                  py311haa95532_0
aiohttp                   3.9.0                  py311h2bbff1b_0
aioitertools              0.7.1                    pyhd3eb1b0_0
aiosignal                 1.2.0                    pyhd3eb1b0_0
alabaster                 0.7.12                   pyhd3eb1b0_0
anaconda                  custom                       py311_2
```

當 Anaconda 成功建立虛擬環境後，因為在指令後有加上 anaconda 參數，在虛擬環境預設就會安裝 Spyder 和 Jupyter Notebook，同時在開始功能表的 Anaconda 選單也會新增啟動 keras_tf 虛擬環境的 Spyder 和 Jupyter Notebook 命令來啟動這些應用程式，如下圖所示：

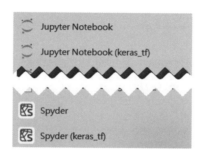

在成功啟動 Python 虛擬環境 keras_tf 後，我們就可以使用第 2-3-1 節的 **pip install** 指令來安裝 Keras。接著，請再建立名為 keras_torch 的 Python 虛擬環境。

Tips　**請注意！**在 Anaconda 建立 Python 虛擬環境，如果是沒有安裝任何額外套件的虛擬環境，請使用 **conda install** 指令來安裝套件，並不能使用 pip install（因為空白的虛擬環境並沒有安裝 pip）。

關閉與移除 Python 虛擬環境

關閉 Python 虛擬環境就是直接在啟動的 Python 虛擬環境下，執行 **conda deactivate** 指令，例如：首先在 (base) 啟動 keras_bk 虛擬環境後，關閉 keras_bk 虛擬環境，如下所示：

```
(base) C:\Users\hueya>conda activate keras_bk Enter
(keras_bk) C:\Users\hueya>conda deactivate Enter
```

上述指令可以關閉 keras_bk 虛擬環境回到 (base)，如下圖所示：

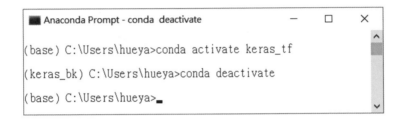

在 Anaconda 移除 Python 虛擬環境的指令是 **conda env remove**，如下所示：

```
(base) C:\Users\hueya>conda env remove --name keras_bk Enter
```

上述指令的 --name 參數是移除的 Python 虛擬環境名稱，以此例是 keras_bk，如下圖所示：

```
Anaconda Prompt - conda deactivate                           —    □    ✕
(base) C:\Users\hueya>conda env remove --name keras_bk
Remove all packages in environment C:\Users\hueya\anaconda3\envs\keras_bk:
(base) C:\Users\hueya>
```

2-3 建構 Python 深度學習的開發環境

Python 深度學習的開發環境需要使用多種套件,為了方便管理各種套件和虛擬環境,在本書是使用 Anaconda 整合安裝套件和 Python 虛擬環境來建構 Python 深度學習的開發環境。

2-3-1 使用 Anaconda 建立深度學習的開發環境

當成功安裝 Anaconda 整合安裝套件和新增第 2-2 節名為 keras_tf 和 keras_torch 的 Python 虛擬環境後,就可以依序安裝 Keras 和後台框架。

安裝 Keras

請執行「開始 / Anaconda3 (64-bits) / Anaconda Prompt」命令開啟「Anaconda Prompt」命令提示字元視窗,首先輸入 conda activate 指令啟動 keras_tf 虛擬環境後,輸入 pip install 指令安裝 Keras 套件,如下所示:

```
(base) C:\Users\hueya>conda activate keras_tf Enter
(keras_tf) C:\Users\hueya>pip install keras Enter
```

```
Anaconda Prompt                                    —    □    ×

(base) C:\Users\hueya>conda activate keras_tf

(keras_tf) C:\Users\hueya>pip install keras
Collecting keras
  Downloading keras-3.0.4-py3-none-any.whl.metadata (4.8 kB)
Collecting absl-py (from keras)
  Downloading absl_py-2.1.0-py3-none-any.whl.metadata (2.3 kB)
```

然後,請使用 conda activate 指令啟動 keras_torch 虛擬環境後,再次安裝 Keras,其指令如下所示:

```
(base) C:\Users\hueya>conda activate keras_torch Enter
(keras_torch) C:\Users\hueya>pip install keras Enter
```

安裝後台框架

Keras 3.0 版的後台框架支援 JAX、TensorFlow 和 PyTorch，**請注意！我們一定需要安裝一種後台框架**。首先在 keras_tf 虛擬環境使用 pip install 指令安裝 TensorFlow 套件，如下所示：

```
(keras_tf) C:\Users\hueya>pip install tensorflow  Enter
```

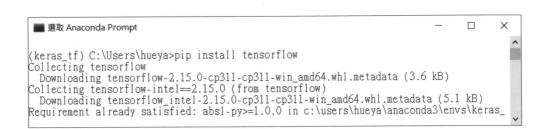

 請注意！ 如果 TensorFlow 是安裝 2.15 之前版本（2.16 之後版本沒有此問題），因為其預設安裝的是 Keras 2.0 版，在安裝後，我們需要使用 --upgrade 參數再次重新升級安裝成 Keras 3.0 版，其指令如下所示：

```
(keras_tf) C:\Users\hueya>pip install --upgrade keras  Enter
```

接著，我們準備在 keras_torch 虛擬環境安裝 PyTorch，請先進入 PyTorch 官方網址來找出安裝 PyTorch 的指令，如下所示：

https://pytorch.org/

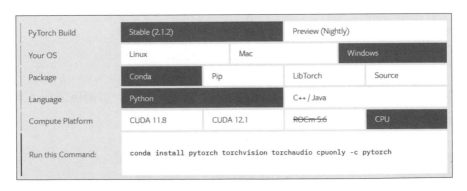

因為是 Anaconda，請在 Package 選 **Conda**、Compute Platform 選 CPU，就可以在下方看到安裝 PyTorch 的 conda install 指令。

然後啟動 keras_torch 虛擬環境（已經安裝 Keras 3.0 版），就可以使用上述指令來安裝 PyTorch，其指令如下所示：

```
(keras_torch) C:\Users\hueya>conda install pytorch torchvision
torchaudio cpuonly -c pytorch Enter
```

在解析環境後，可以顯示套件計劃 Package Plan，如果沒有問題，請按 Y 鍵安裝 PyTorch。

設定 Keras 使用的後台框架

在 Python 開發環境設定 Keras 使用的後台框架有多種方式，如果是使用「Anaconda Prompt」命令提示字元視窗，在執行 Python 程式前，可以使用 **set** 指令來設定 Keras 使用的後台框架，如下所示：

```
(keras_torch) d:\DL\ch05>set KERAS_BACKEND=torch Enter
```

上述 set 指令指定 KERAS_BACKEND 環境變數值是 torch（變數值不需引號），即 PyTorch，（如果指定成 tensorflow 就是 TensorFlow），然後就可以使用此後台框架來執行 Python 程式，如下圖所示：

```
Anaconda Prompt - conda  activate keras_torch          —    □    ×

(keras_torch) d:\DL\ch05>set KERAS_BACKEND=torch

(keras_torch) d:\DL\ch05>python ch5-2-2.py
Model: "sequential"
```

Layer (type)	Output Shape	Param #
dense (Dense)	(None, 10)	90
dense_1 (Dense)	(None, 8)	88
dense_2 (Dense)	(None, 1)	9

如果是使用 Spyder 或 Jupyter Notebook 開發環境，我們需要修改 keras.json 檔案來設定使用的後台框架。請在檔案總管開啟「C:\Users\hueya\.keras」（hueya 是使用者名稱）路徑下的 keras.json 檔案，如下圖所示：

　　當 Keras 後台框架使用 TensorFlow，請將 "backend" 鍵的值改為 "tensorflow"，如右圖所示：

```
1 {
2     "floatx": "float32",
3     "epsilon": 1e-07,
4     "backend": "tensorflow",
5     "image_data_format": "channels_last"
6 }
```

　　當 Keras 後台框架使用 PyTorch，請將 "backend" 鍵的值改為 "torch"，如右圖所示：

```
1 {
2     "floatx": "float32",
3     "epsilon": 1e-07,
4     "backend": "torch",
5     "image_data_format": "channels_last"
6 }
```

　　請在修改後，再啟動 Spyder 或 Jupyter Notebook 開發環境，就可以在 Keras 使用指定的後台框架。

檢查 Keras 的版本

在設定好後台框架後，我們就可以執行 Python 程式：ch2-3-1.py，在匯入 keras 套件後，使用 __version__ 檢查安裝的版本，如下所示：

```
import keras

print(keras.__version__)
```

上述程式的執行結果，可以顯示 Keras 版本 3.0.2 版，如下圖所示：

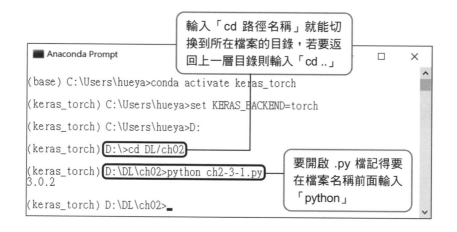

2-3-2　使用 Anaconda 編輯執行本書的 Python 程式

當成功安裝 Keras 開發環境和設定後台框架後，我們有兩種方式來編輯與執行本書 Python 程式和 Keras 深度學習的程式範例，如下所示：

● **使用 Spyder 整合開發環境**：我們可以啟動 Spyder 整合開發環境，並開啟書附範例檔案的 Python 程式範例來測試執行深度學習程式，詳見第 2-4 節的說明。

- 使用 **Jupyter Notebook**：Jupyter Notebook 是網頁介面的文件編輯器，我們可以在瀏覽器撰寫和逐行執行 Python 程式碼，不只可以輸出程式的執行結果，還可以加上文字描述、表格和資料視覺化圖表等豐富文件內容，詳見第 2-5 節的說明。

> **請注意！**對於本書 Keras 深度學習的 Python 程式範例來説，Windows 電腦並非一定需要有 GPU，如果讀者電腦的執行效能不佳，執行本書的範例程式都需等待十分長的時間，請改用第 2-6 節的 Google Colaboratory 雲端服務，別忘了啟用免費的 GPU / TPU 硬體加速。

2-4　使用 Spyder 整合開發環境

　　Spyder 是一套開放原始碼且跨平台的 Python 整合開發環境（Integrated Development Environment，IDE），這是功能強大的互動開發環境，支援程式碼編輯、互動測試、偵錯和執行 Python 程式。

啟動與結束 Spyder

　　我們可以從 Anaconda Navigator 啟動 Spyder，也可以直接從開始功能表來啟動 Spyder，其步驟如下所示：

Step
1 　請開啟「C:\Users\hueya\.keras」路徑的 keras.json 檔案，指定後台框架是 TensorFlow，如下所示：

```
{
    "floatx": "float32",
    "epsilon": 1e-07,
    "backend": "tensorflow",
    "image_data_format": "channels_last"
}
```

Step 2　執行「開始 / Anaconda3 (64-bit) / Spyder (keras_tf)」命令啟動 Spyder（keras_tf 是虛擬環境），會看到歡迎畫面，請按 **Dismiss** 鈕。

Step 3　可以看到 Spyder 執行畫面（如果有更新訊息，請不要自行升級，建議隨著 Anaconda 套件來更新 Spyder）。

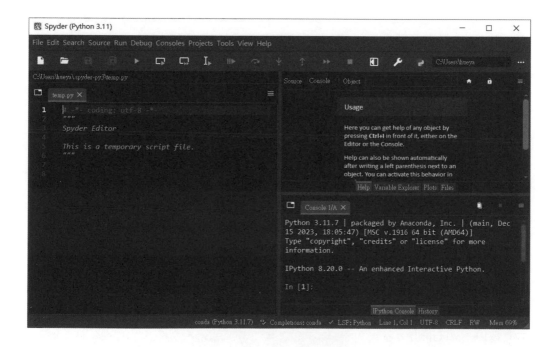

上述執行畫面上方是功能表和工具列，下方左邊是程式碼編輯區域的標籤頁，右下方是 IPython console 的 IPython Shell。結束 Spyder 請執行「File / Quit」命令。

使用 IPython console

Spyder 整合開發環境內建 IPython，這是功能強大的互動運算和測試環境，在啟動 Spyder 後，可以在右下方看到 IPython console 視窗，這就是 IPython Shell，如下圖所示：

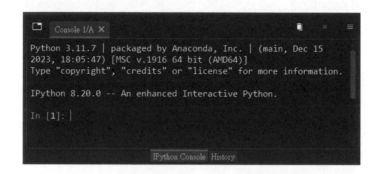

Python 是直譯語言，在 IPython Shell 提供互動模式，可以讓我們在「In [?]:」提示文字輸入 Python 程式碼來測試執行，例如：輸入 5+10，按 Enter 鍵，可以馬上看到執行結果 15，如右圖所示：

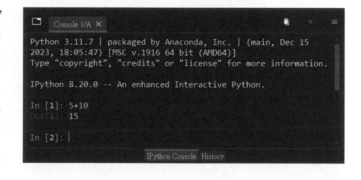

不只如此，我們還可以定義變數 num=10，然後執行 print() 函式來顯示變數值，如右圖所示：

同理，我們一樣可以測試 if 條件，在輸入 if num>=10: 後，按 `Enter` 鍵，就會自動縮排 4 個空白字元，按二次 `Enter` 鍵，可以看到執行結果，如下圖所示：

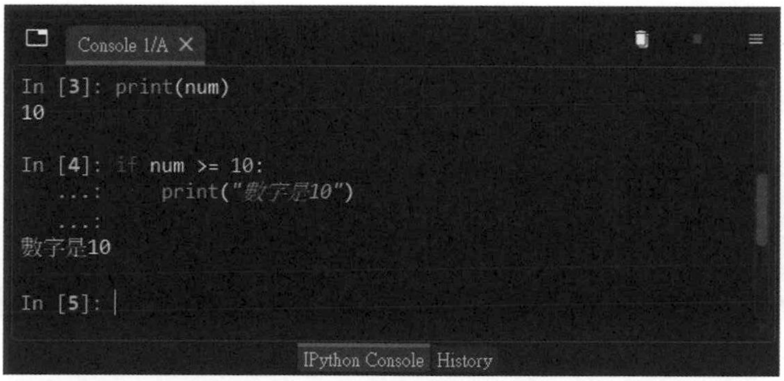

使用 Spyder 新增、編輯和執行 Python 程式檔

在 Spyder 整合開發環境可以新增和開啟存在的 Python 程式檔案來編輯和執行，請執行「File / New file」命令新增 Python 程式檔，可以看到名為「untitled?.py*」的 Python 程式碼編輯器的標籤頁。

請在上述程式碼編輯標籤頁輸入之前 IPython Shell 輸入的 Python 程式碼，在完成 Python 程式碼的編輯後，執行「File / Save」命令，在「Save file」對話方塊切換路徑，按**存檔**鈕儲存成名為 ch2-4.py 的 Python 程式檔案。

在 Spyder 執行 Python 程式，請執行「Run / Run」命令或按 F5 鍵，可以在右下方 Python console 看到 Python 程式 ch2-4.py 的執行結果，如下圖所示：

對於本書的 Python 程式範例，請執行「File / Open」命令開啟 Python 程式檔案後，即可編輯和直譯執行 Python 程式。

2-5 Jupyter Notebook 基本使用

Jupyter Notebook 是在 Web 伺服器執行的 Web 應用程式，可以讓我們透過瀏覽器在筆記本（Notebook）上編輯程式碼和建立豐富文件內容，包含程式碼、段落、方程式、標題文字、圖片和超連接等。

筆記本就是 Jupyter 產生的一份包含程式碼和豐富文件內容的可執行文件，副檔名是 .ipynb，可以方便我們呈現和分享資料科學、機器學習或深度學習等資料分析的圖表和訓練結果。

啟動 Jupyter 建立第一份筆記本

我們可以從 Anaconda Navigator 啟動 Jupyter，也可以直接從開始功能表啟動 Jupyter，其步驟如下所示：

Step 1　請開啟「C:\Users\hueya\.keras」路徑的 keras.json 檔案，指定後台框架
是 TensorFlow，如下所示：

```
{
    "floatx": "float32",
    "epsilon": 1e-07,
    "backend": "tensorflow",
    "image_data_format": "channels_last"
}
```

Step 2　執行「開始 / Anaconda3 (64-bit) / Jupyter Notebook (keras_tf)」命令
（keras_tf 是虛擬環境），可以看到在「命令提示字元」視窗啟動 Jupyter
Notebook 的 Web 伺服器。

```
Jupyter Notebook (keras_tf)                                            —   □   ×
[I 2024-01-19 09:03:03.253 ServerApp] Serving notebooks from local directory: C:\Users\hueya
[I 2024-01-19 09:03:03.253 ServerApp] Jupyter Server 2.10.0 is running at:
[I 2024-01-19 09:03:03.253 ServerApp] http://localhost:8888/tree?token=f2f93f98d5adf6c6aab57092ab7adeeeca0b8c1d0e936a8
2
[I 2024-01-19 09:03:03.254 ServerApp]     http://127.0.0.1:8888/tree?token=f2f93f98d5adf6c6aab57092ab7adeeeca0b8c1d0e9
36a82
[I 2024-01-19 09:03:03.254 ServerApp] Use Control-C to stop this server and shut down all kernels (twice to skip confi
rmation).
[C 2024-01-19 09:03:03.355 ServerApp]

    To access the server, open this file in a browser:
        file:///C:/Users/hueya/AppData/Roaming/jupyter/runtime/jpserver-21740-open.html
    Or copy and paste one of these URLs:
        http://localhost:8888/tree?token=f2f93f98d5adf6c6aab57092ab7adeeeca0b8c1d0e936a82
        http://127.0.0.1:8888/tree?token=f2f93f98d5adf6c6aab57092ab7adeeeca0b8c1d0e936a82
[I 2024-01-19 09:03:03.517 ServerApp] Skipped non-installed server(s): bash-language-server, dockerfile-language-serve
r-nodejs, javascript-typescript-langserver, jedi-language-server, julia-language-server, pyright, python-language-serv
er, r-languageserver, sql-language-server, texlab, typescript-language-server, unified-language-server, vscode-css-lan
guageserver-bin, vscode-html-languageserver-bin, vscode-json-languageserver-bin, yaml-language-server
0.01s - Debugger warning: It seems that frozen modules are being used, which may
0.00s - make the debugger miss breakpoints. Please pass -Xfrozen_modules=off
0.00s - to python to disable frozen modules.
0.00s - Note: Debugging will proceed. Set PYDEVD_DISABLE_FILE_VALIDATION=1 to disable this validation.
```

Step 3　等到成功啟動 Web 伺服器後（**請注意！不可關閉此視窗**），其預設網址
是：http://localhost:8888/，然後自動啟動瀏覽器進入此網址，預設顯示
Jupyter 文件管理介面，其內容是「C:\Users\hueya」目錄下的檔案清單，
如下圖所示：

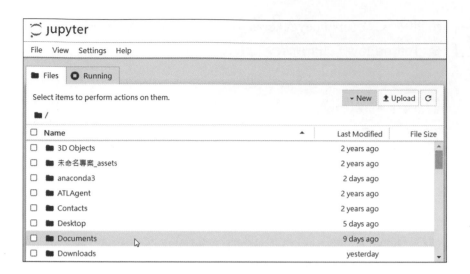

Step 4

雙擊 **Documents** 開啟此資料夾，這就是 Windows 的「文件」資料夾（Desktop 是桌面），然後在右方按 **New** 鈕，執行 **Notebook** 命令來新增筆記本文件。

Step 5

選擇 Kernel 是 Python 3，按 Select 鈕。

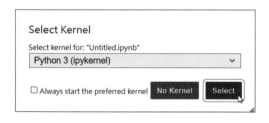

Step 6

可以看到建立名為 Untitled 的筆記本，如下圖所示：

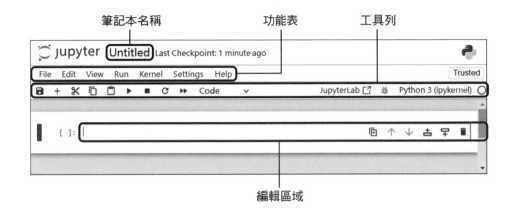

上述圖例上方位在 jupyter 之後的是此筆記本名稱，在下方依序是功能表和工具列按鈕，接著是編輯區域，可以看到藍色框線的編輯框，這是取得焦點作用中的編輯框，稱為**儲存格**（Cell），這就是 Jupyter 文件的基本編輯單位。

Step
7　請點選 Untitled 更改文件名稱，輸入新檔名 **ch2-5**，按 Rename 鈕更名文件。

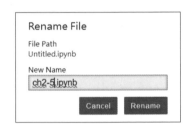

Step
8　可以看到上方文件名稱已經改成 ch2-5，如下圖所示：

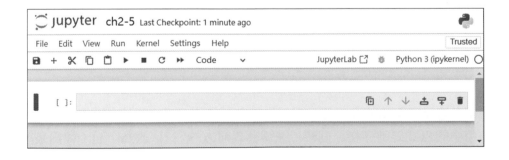

因為 Jupyter 文件管理的 **Documents** 資料夾是對應 Windows 的**文件**資料夾，在 Windows 開啟此資料夾，就可以看到我們建立的筆記本文件 ch2-5.ipynb。

同理，只需將筆記本文件 .ipynb 複製至**文件**資料夾，再從 Jupyter 的文件管理介面切換至「Documents」目錄，就可以雙擊檔名來開啟筆記本文件。

在 Jupyter 編輯和執行 Python 程式碼

當成功新增第一份筆記本文件後，點選左上角 **jupyter** 圖示可以回到文件管理介面，在目錄和檔案清單雙擊 **Documents**，可以看到新建的筆記本檔案 ch2-5.ipynb，如下圖所示：

雙擊 **ch2-5.ipynb** 再次開啟 Jupyter 筆記本，我們可以在藍色框作用中的儲存格（Cell）輸入內容，這是輸入文件內容的編輯框，預設是程式碼儲存格；如果輸入的內容超過一行，請按 Enter 鍵換行。例如：在 [ ] 提示文字後的程式碼儲存格輸入運算式 5+10 ，如下圖所示：

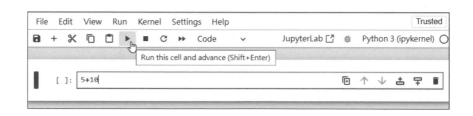

按上方三角箭頭的執行鈕，可以看到執行結果 15，並且在下方自動新增一個作用中的程式碼儲存格。同時，在運算式前方的 [?] 改為 [1]；輸出是計算結果 [1]，如下圖所示：

```
[1]: 5+10

[1]: 15

[ ]: |                              □ ↑ ↓ ≛ ⸸ 🗑
```

接著，請在新增的程式碼儲存格輸入 2 行程式碼，依序是定義變數 num=10，和 print() 函式顯示變數 num 值，因為程式碼有 print() 函式，所以執行結果沒有之前的 [ ]，只顯示 10，如下圖所示：

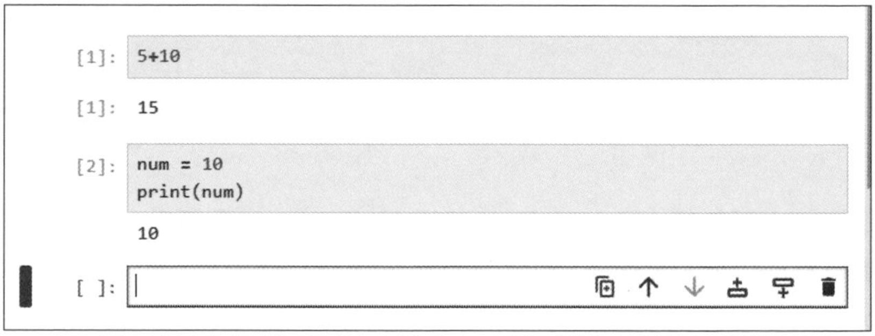

```
[1]: 5+10

[1]: 15

[2]: num = 10
     print(num)

     10

[ ]: |                              □ ↑ ↓ ≛ ⸸ 🗑
```

同理，我們可以在新增的程式碼儲存格輸入 if 條件，在輸入 if num>=10: 後，按 Enter 鍵，就會自動縮排 4 個空白字元，然後輸入 print() 函式的程式碼，除了使用工具列按鈕來執行，我們也可以按 Shift + Enter 鍵來執行作用中的儲存格，並且在下方自動新增一個儲存格，如下圖所示：

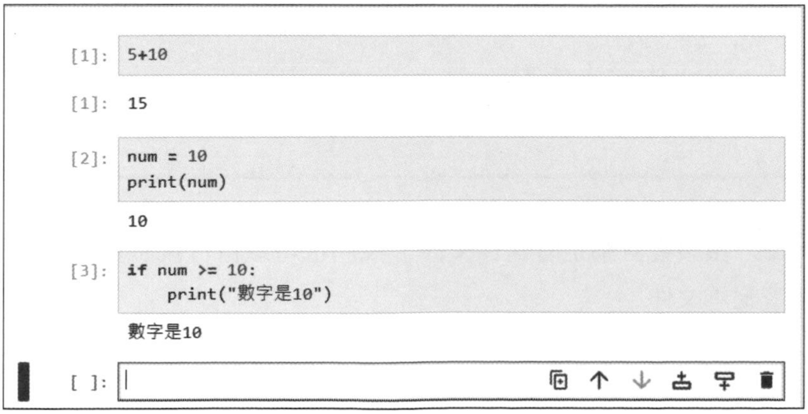

```
[1]: 5+10

[1]: 15

[2]: num = 10
     print(num)

     10

[3]: if num >= 10:
         print("數字是10")

     數字是10

[ ]: |                              □ ↑ ↓ ≛ ⸸ 🗑
```

不只如此，Jupyter 還可以隨時修改 Python 程式碼來重複執行，例如：點選第 2 個程式碼儲存格成為作用中的儲存格後，將 num 變數的值改為 9，如下圖所示：

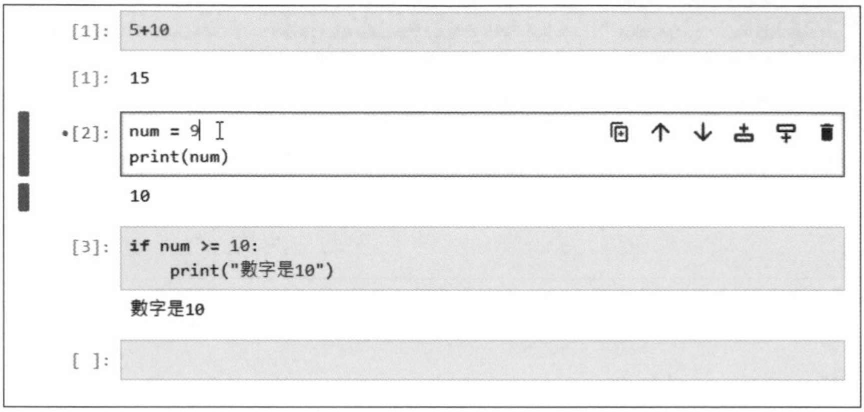
[1]: 5+10
[1]: 15
•[2]: num = 9
print(num)
10
[3]: if num >= 10:
print("數字是10")
數字是10
[ ]:

在更改後，請執行「Run / Run All Cells」命令重新執行全部程式碼，可以顯示執行整份文件 Python 程式碼的執行結果，輸出從 10 改為 9，此時的 if 條件不成立，所以沒有顯示任何訊息文字，如下圖所示：

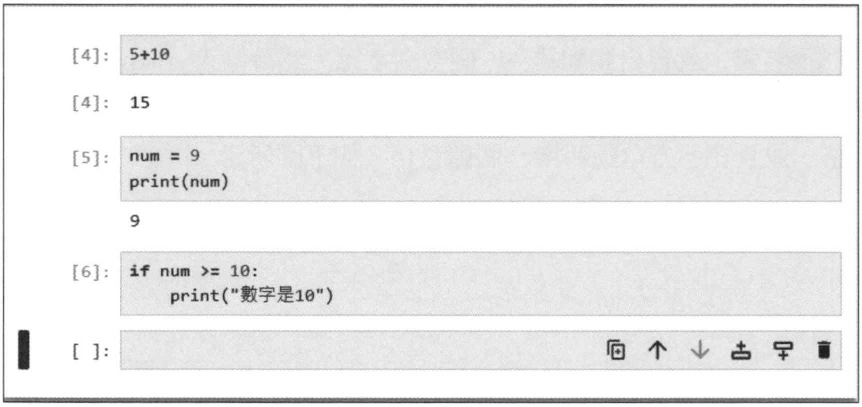
[4]: 5+10
[4]: 15
[5]: num = 9
print(num)
9
[6]: if num >= 10:
print("數字是10")
[ ]:

Jupyter 預設會自動定時儲存文件，我們也可以自行按工具列的第 1 個按鈕來儲存筆記本文件。

Jupyter 編輯和命令模式與常用按鍵

不知你是否有注意到！當在作用中的儲存格輸入 Python 程式碼時，儲存格的外框是藍色，這是編輯模式（Edit Mode）；執行命令時，外框會改為灰色，這是命令模式（Command Mode）。在 Jupyter 切換模式的按鍵說明，如下所示：

● **切換至編輯模式**：在命令模式點選指定儲存格成為作用中儲存格或按 `Enter` 鍵。

● **切換成命令模式**：在編輯模式按 `Esc` 鍵。

Jupyter 命令模式常用按鍵的說明（完整按鍵說明請執行「Help / Show Keyboard Shortcuts」命令），如下表所示：

按鍵	說明
`Up` 或 `Down`	移至上一個儲存格或下一個儲存格
`A` 或 `B`	在上方或下方新增一個作用中的儲存格
`M`	將作用中的儲存格轉換成 Markdown 儲存格，這是用來建立豐富內容的儲存格，可以輸入 HTML 標籤
`Y`	設定作用中的儲存格是 Code 程式碼儲存格
`D` + `D`	連按二次字母 D 可以刪除作用中的儲存格
`Z`	回復刪除的儲存格
`Shift` + `Enter`	執行作用中的儲存格，並移至下一個儲存格
`Ctrl` + `Enter`	執行選擇的儲存格
`Alt` + `Enter`	執行作用中的儲存格，並在下方新增一個新儲存格
`Ctrl` + `S`	儲存筆記本文件

當儲存格在作用中的編輯模式時，在右上方提供快速工具列的相關功能，如下圖所示：

上述快速工具列圖示的說明，從左至右如下所示：

● 第 1 個圖示：在下方新增一個複製的儲存格。

● 第 2 個圖示：將儲存格向上移。

● 第 3 個圖示：將儲存格向下移。

● 第 4 個圖示：在上方新增一個儲存格。

● 第 5 個圖示：在下方新增一個儲存格。

● 第 6 個圖示：刪除儲存格。

在 Jupyter 顯示 Matplotlib 圖表

Jupyter 筆記本可以如同 Word 文件般，在文件中顯示 Matplotlib 繪製的圖表，請執行 Jupyter 功能表的「File / New / Notebook」命令新增筆記本，選 Python 3 的 Kernel 後，更名成 ch2-5a.ipynb。**請注意！此方法新增的文件檔案是新增在 Jupyter 檔案管理的根目錄（使用者目錄）。**

接著，請使用 Windows 記事本或 Spyder 開啟書附 ch2-5a.py 檔案，複製和貼上 Python 程式碼至目前作用中的程式碼儲存格（在複製後，請按 Ctrl + V 鍵貼上程式碼），可以看到貼上筆記本的 Python 程式碼，如下圖所示：

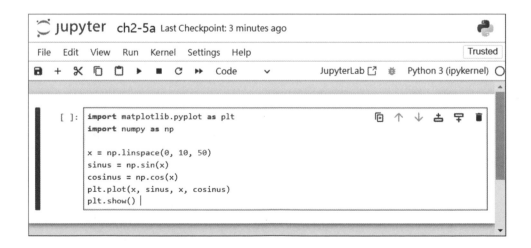

請按 `Ctrl` + `Enter` 鍵執行選擇儲存格，（若 Python 程式需要開啟 CSV 檔案，請將 CSV 檔案也複製至 .ipynb 文件的相同目錄），就可以顯示 Matplotlib 圖表，如下圖所示：

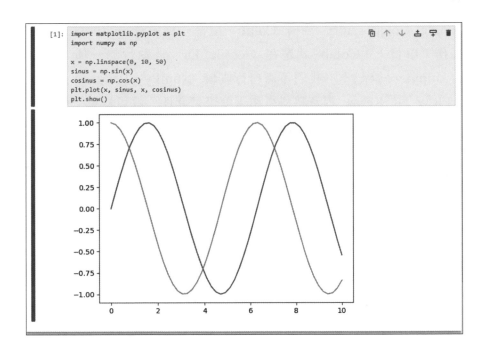

同理，我們只需將本書 Python 程式碼貼入筆記本的程式碼儲存格和複製相關檔案，就可以改用 Jupyter 來測試本書的 Python 範例程式。

關閉筆記本和結束 Jupyter 伺服器

對於編輯中的筆記本文件，我們可以直接關閉瀏覽器標籤，或執行「File / Close and Shut Down Notebook」命令，再按 **OK** 鈕，即可關閉編輯中的筆記本；而「File / Shut Down」命令是停止 Jupyter 伺服器。

2-6 使用 Google Colaboratory 雲端服務

Google Colaboratory 簡稱 **Colab**，這是一種免費 Python 開發環境的雲端服務，事實上，Colab 就是在 Google Drive 執行的一種 Google 定製版的 Jupyter 筆記本，我們不需自行安裝 NumPy、Pandas、Matplotlib、TensorFlow 和 Keras 等資料科學和深度學習套件，就可以馬上使用 Colab 開發 Python 深度學習專案或應用。

不只如此，Colab 支援 GPU / TPU 加速運算，就算你沒有足夠效能的工作電腦，也一樣可以使用 Colab 雲端服務來入門 Python 深度學習。

使用 Colab 雲端服務

在 Colab 雲端服務新增的筆記本是儲存在 Google 雲端硬碟，我們需要先登入雲端硬碟後，才能新增 Colab 筆記本，其步驟如下所示：

Step 1 請啟動 Chrome 瀏覽器進入 Google Drive 雲端硬碟，第 1 次使用請先新增和切換至指定資料夾，例如：「Python」資料夾後，在空白處執行**右鍵**快顯功能表的「更多 / 連結更多應用程式」命令。

Step 2 然後在對話方塊上方欄位輸入 **Colaboratory**，按 Enter 鍵搜尋應用程式，在找到 **Colaboratory** 後，點選此應用程式。

Step 3 然後按**安裝**鈕，再按**繼續**鈕開始安裝，在選擇 Google 帳戶後，請稍等一下，等到成功安裝後，可以看到訊息視窗顯示已經連接至雲端硬碟，請按**確定**鈕。

Step 4 按**完成**鈕完成 Colab 安裝後，按 ☒ 鈕關閉視窗。

Step 5 現在，就可以執行**右鍵**快顯功能表的「更多 / Google Colaboratory」命令來新增 Colab 筆記本。

Step

6 可以建立一份全新的 Colab 筆記本（Notebook），如下圖所示：

筆記本名稱

　　上述圖例上方位在圖示後的是筆記本名稱，預設名稱是 Untitled?.ipynb，點選即可更改名稱，請更名為 ch2-6.ipynb。因為 Colab 筆記本就是 Jupyter 筆記本定制版，其基本使用說明請參閱第 2-5 節。

啟用 Colab 的 GPU 加速運算

　　Colab 雲端服務預設並沒有啟用 GPU / TPU 加速運算，請在 Colab 筆記本執行「執行階段 / 變更執行階段類型」命令來啟用 GPU / TPU，如右圖所示：

在上方選擇 Python 3 語言後，在下方預設是 CPU，可以選 T4 GPU 或 Google 的 TPU 硬體加速，（A100 GPU 和 V100 GPU 需付費購買），在選好後，按**儲存**鈕儲存設定。

使用 Colab 執行 Keras 的 Python 程式範例

現在，我們已經成功新增 Colab 筆記本 ch2-6.ipynb 和設定使用 GPU 加速，接著，我們需要在 Colab 安裝 Keras 3.0 版（目前預設安裝的是 2.x 版），請在 Colab 筆記本的程式碼儲存格輸入 **!pip install** 指令來升級安裝 Keras 3.0 版（使用 --upgrade 參數），如下所示：

```
!pip install --upgrade keras
```

在輸入後，按程式碼儲存格前方的向右箭頭圖示，就可以執行程式碼儲存格的指令，等到完成 Keras 3.0 版 的 安 裝， 請 按 RESTART SESSION 鈕，再按**是**鈕重啟執行階段，如右圖所示：

接著，請按上方 **+ 程式碼**鈕新增儲存格，然後複製 / 貼上 Python 程式範例 ch2-3-1.py 的程式碼，其執行結果可以顯示目前 Keras 版本是 3.0.4，如下圖所示：

然後，我們需要設定 KERAS_BACKEND 環境變數的後台框架，請按上方 **+ 程式碼**鈕新增儲存格後，就可以匯入 os 模組，指定 Keras 後台框架環境變數是 "tensorflow" 或 "torch"。以此例是 TensorFlow，請執行程式碼儲存格設定後台框架，如下所示：

```
import os
os.environ["KERAS_BACKEND"] = "tensorflow"
```

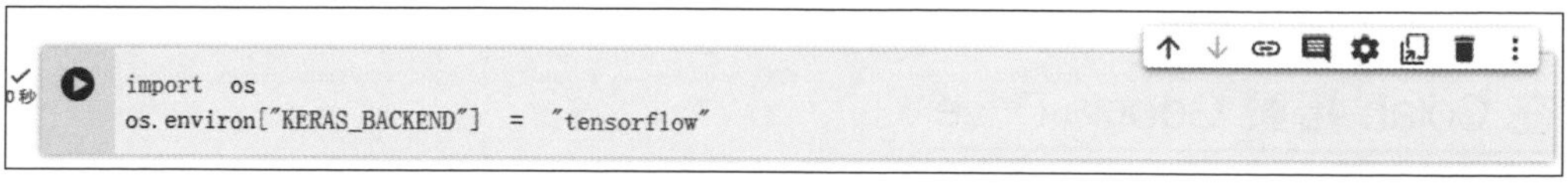

現在，我們就可以執行 Python 程式範例 ch2-6.py 的 Keras 神經網路模型，請按上方 **＋程式碼**鈕新增儲存格後，複製／貼上 ch2-6.py 的程式碼至作用中的程式碼儲存格，如下圖所示：

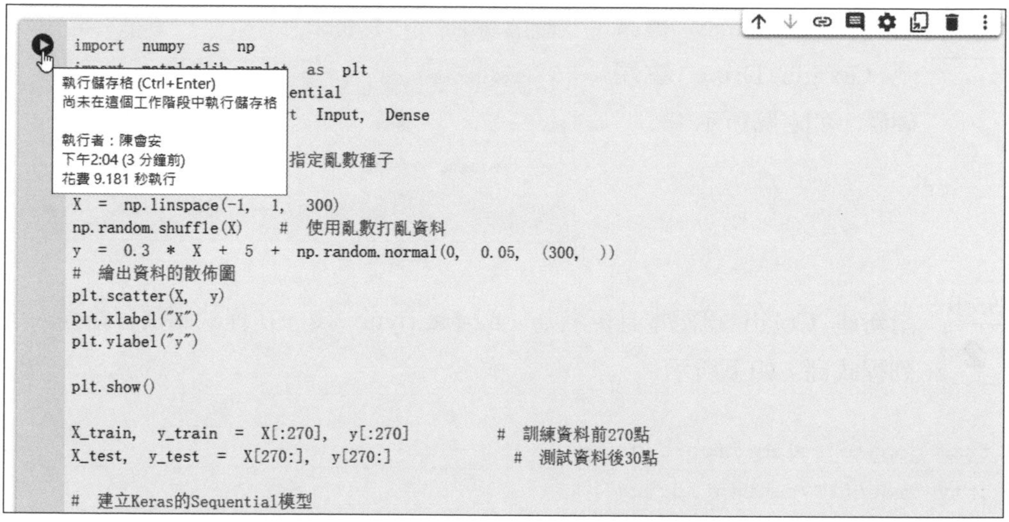

請按前方向右箭頭圖示來執行 Python 程式碼，稍等一下，可以看到執行結果，如下圖所示：

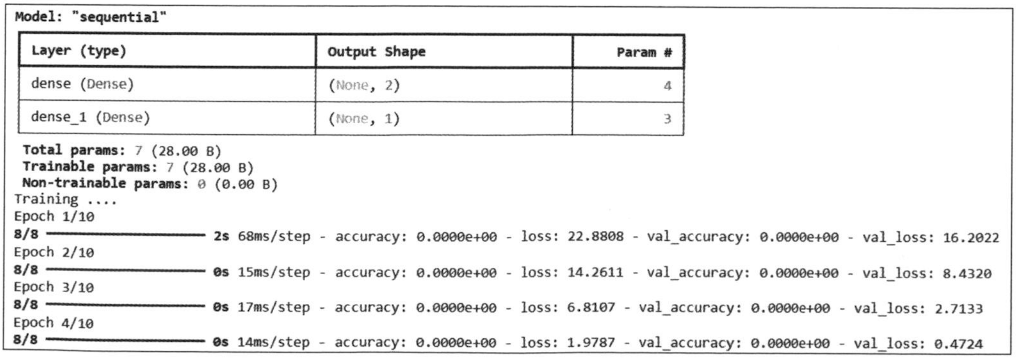

Model: "sequential"		
Layer (type)	Output Shape	Param #
dense (Dense)	(None, 2)	4
dense_1 (Dense)	(None, 1)	3

```
Total params: 7 (28.00 B)
Trainable params: 7 (28.00 B)
Non-trainable params: 0 (0.00 B)
Training ....
Epoch 1/10
8/8 ━━━━━━━━━━ 2s 68ms/step - accuracy: 0.0000e+00 - loss: 22.8808 - val_accuracy: 0.0000e+00 - val_loss: 16.2022
Epoch 2/10
8/8 ━━━━━━━━━━ 0s 15ms/step - accuracy: 0.0000e+00 - loss: 14.2611 - val_accuracy: 0.0000e+00 - val_loss: 8.4320
Epoch 3/10
8/8 ━━━━━━━━━━ 0s 17ms/step - accuracy: 0.0000e+00 - loss: 6.8107 - val_accuracy: 0.0000e+00 - val_loss: 2.7133
Epoch 4/10
8/8 ━━━━━━━━━━ 0s 14ms/step - accuracy: 0.0000e+00 - loss: 1.9787 - val_accuracy: 0.0000e+00 - val_loss: 0.4724
```

在 Colab 筆記本可以使用上方「檔案」功能表的命令新增 Python 3 筆記本、儲存文件，或下載筆記本和 Python 程式檔案。在 Google 雲端硬碟的「Python」目錄可以看到建立的 Colab 筆記本：ch2-6.ipynb。

在 Colab 掛載 Google Drive

在 Colab 筆記本的 Python 程式如果需要存取 Google Drive 的檔案，例如：使用 Pandas 載入 iris.csv 檔案，就會需要在 Colab 筆記本掛載 Google Drive，其步驟如下所示：

Step 1 請先上傳 iris.csv 檔案至 Google Drive 雲端硬碟，如右圖所示：

Step 2 請新建 Colab 筆記本且更名為 ch2-6a.ipynb 後，在程式碼儲存格輸入下列程式碼，如下所示：

```
from google.colab import drive
drive.mount("/content/drive")
```

Step 3 按前方的向右箭頭圖示執行 Python 程式碼，可以看到一個訊息視窗，**請按連線至 Google 雲端硬碟鈕**。

Step 4 如果有多個 Google 帳戶，請選擇上傳檔案的雲端硬碟帳戶後，**按繼續鈕**登入雲端硬碟，即可看到授權清單，請勾選**全選**取得全部授權後，再按**繼續鈕**。

Step 5 稍等一下，可以看到成功掛載「/content/drive」，如右圖所示：

Step 6 請按上方 **+ 程式碼**鈕新增儲存格後，輸入 Python 程式碼來顯示 Google Drive 指定路徑的檔案和資料夾清單，以此例是 Python 子目錄，如下所示：

```python
import os
os.listdir("/content/drive/My Drive/Python")
```

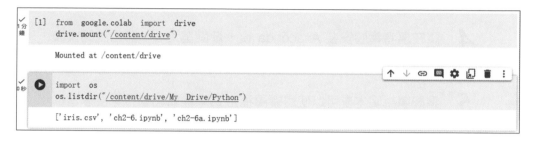

Step 7 按前方的向右箭頭圖示執行 Python 程式碼，可以看到檔名和目錄清單。請再次按上方 **+ 程式碼**鈕新增儲存格後，輸入程式碼使用 Pandas 載入 iris.csv 檔案和顯示前 5 筆資料，可以看到 DataFrame 物件的前 5 筆資料，如下所示：

```python
import pandas as pd
```

```python
df = pd.read_csv("/content/drive/My Drive/Python/iris.csv")
df.head(5)
```

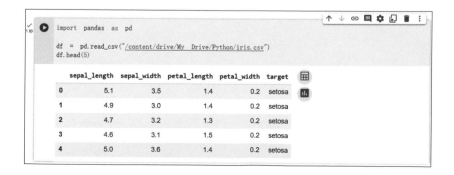

學習評量

1 請說明什麼是 TensorFlow、PyTorch 和 Keras？其關係為何？

2 請問什麼是 Anaconda？ Keras 3.0 版的特點為何？

3 請問什麼是 Python 虛擬環境？並且舉例說明如何在 Anaconda 建立 Python 虛擬環境？

4 請在讀者電腦安裝 Anaconda 後，參閱第 2-3-1 節的說明安裝 Keras 開發環境。

5 請簡單說明本書可以使用哪兩種方式來編輯和執行深度學習的 Python 程式？

6 請問什麼是 Spyder 整合開發環境？

7 請問 Jupyter Notebook 是什麼東西？

8 請簡單說明 Google Colaboratory 雲端服務？此服務和 Jupyter Notebook 有何關係？

9 請問如何在 Colab 雲端服務使用 GPU / TPU 硬體加速？

10 請簡單說明在 Colab 的 Python 程式如何存取 Google 雲端硬碟 的檔案？

深度學習的基礎

3-1 認識深度學習

深度學習（Deep Learning）是機器學習的分支，其使用的演算法是模仿人類大腦功能的「**類神經網路**」（Artificial Neural Networks，ANNs），或稱為**人工神經網路**。

3-1-1 人工智慧、機器學習與深度學習的關係

人工智慧的概念最早可以溯及 1950 年代，到了 1980 年，機器學習開始受到歡迎；大約到了 2010 年，深度學習在弱人工智慧系統方面終於有了重大突破。在 2012 年 Toronto 大學 Geoffrey Hinton 主導的團隊提出基於深度學習的 AlexNet，一舉將 ImageNet 圖片資料集的識別準確率提高十幾個百分比，讓機器的影像識別率正式超越人類，其發展年代的關係，如下圖所示：

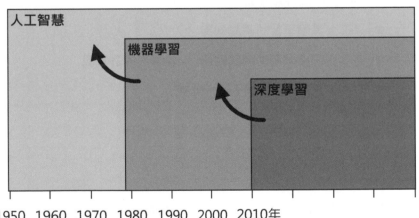

從上述圖例可以看出人工智慧包含機器學習、機器學習包含深度學習。人工智慧、機器學習和深度學習的關係（在最下層是各種演算法和神經網路簡稱），如下圖所示：

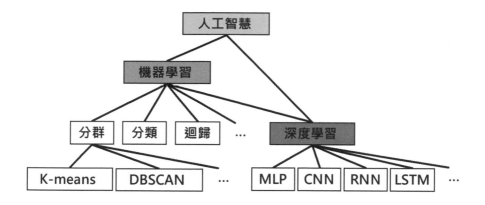

從上述圖例可以發現人工智慧、機器學習和深度學習三者彼此之間的關聯性，基本上，他們視彼此互為子集，簡單的說，深度學習驅動了機器學習的快速發展，最後幫助我們實現了人工智慧。

3-1-2　什麼是深度學習

深度學習的定義很簡單：「**一種實現機器學習的技術。**」所以，深度學習就是一種機器學習。記得長輩常常說過的一句話：「**我吃過的鹽比你吃過的米還多**」，這句話的意思是指老人家的經驗比你豐富，因為經驗豐富，看的東西多，他的直覺比你準確，但並不表示長輩真的比你聰明，或更加有學問。

以人臉辨識的深度學習為例，為了進行深度學習，我們需要使用大量現成的人臉資料，想想看當送入機器訓練的資料比你一輩子看過的人臉還多很多時，深度學習訓練出來的機器當然經驗豐富，在人臉辨識的準確度上，就會比你還強。

Tips　深度學習是在訓練機器的直覺，**請注意！這是直覺訓練，並非知識學習**，例如：訓練深度學習辨識一張狗的圖片，我們是訓練機器知道這張圖片是狗，並不是訓練機器學習到狗有 4 隻腳、會吠或是一種哺乳類動物等關於狗的相關知識。

深度學習是一種神經網路

深度學習就是模仿人類大腦**神經元**（Neuron）傳輸的一種**神經網路架構**（Neural Network Architectures），如下圖所示：

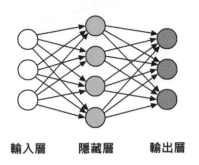

輸入層　　隱藏層　　輸出層

上述圖例是多層神經網路，圓形頂點是一個神經元，也是一個節點，垂直排列的多個神經元是一層神經層，整個神經網路包含「**輸入層**」（Input Layer）、中間的「**隱藏層**」（Hidden Layers）和最後的「**輸出層**」（Output Layer）共 3 層，資料是從輸入層輸入神經網路，經過隱藏層後，最後從輸出層輸出結果。

深度學習使用的神經網路稱為「**深度神經網路**」（Deep Neural Networks，DNNs），其中間的隱藏層有很多層，可能高達 150 層隱藏層。基本上，神經網路只需擁有 2 層隱藏層，加上輸入層和輸出層共 4 層，就可以稱為深度神經網路，即所謂的深度學習，如右圖所示：

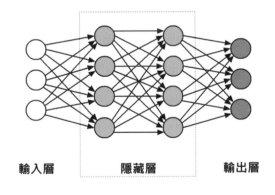

輸入層　　　　隱藏層　　　　輸出層

Tips　深度學習的深度神經網路就是一種神經網路，早在 1950 年就已經出現，只是受限於早期電腦的硬體效能和技術不純熟，傳統多層神經網路並沒有成功，為了擺脫之前失敗的經驗，所以重新包裝成一個好聽的新名稱：「深度學習」。

深度學習在實作上只有 3 個步驟：建構神經網路、設定目標和匯入資料進行學習，例如：在 TensorFlow 範例網站展示的深度學習範例，其 URL 網址如下所示：

https://playground.tensorflow.org/

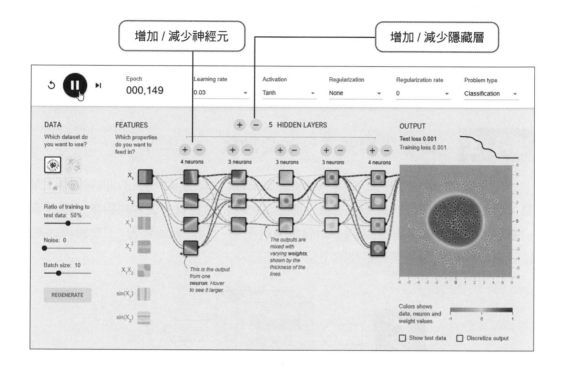

上述圖例是神經網路，在中間共有 5 層隱藏層的非線性處理單元，每一**層**（Layer）擁有多個小方框的**神經元**（Neuron）來進行**特徵抽取**（Feature Extraction）和**轉換**（Transformation），上一層的輸出結果就是下一層的輸入資料，直到最終得到一組輸出結果。

深度學習能做什麼

深度學習可以處理所有**感知問題**（Perceptual Problems），例如：聽覺和視覺問題，很明顯的！這些技能對於人類來說，只不過是一些直覺和與生俱來的能力，但是這些看似簡單的技能，早已困擾傳統機器學習多年且無法解決。

事實上，深度學習已經成功解決傳統機器學習的一些困難領域，如下所示：

- 模仿人類的圖片分類、語音識別、手寫辨識和自動駕駛。

- 大幅改進機器翻譯和文字轉語音的正確率。

- 大幅改進數位助理、搜尋引擎和網頁廣告投放的效果。

- 自然語言對話的問答系統，例如：聊天機器人。

- 持續增加中…

3-1-3　深度學習就是一個函數集

深度學習的神經網路是使用一個函數集來執行多次矩陣相乘的非線性轉換運算，這個函數集如果已經完成訓練，那麼我們將特徵資料送入神經網路，經過每一層神經元的輸入和輸出（將一個向量映射至另一個向量的過程），整個神經網路就可以輸出最後結果的最佳解，如下圖所示：

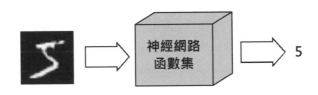

上述深度學習是手寫辨識的神經網路，一個已經訓練好的函數集，當送入一張手寫數字 5 的圖片，特徵資料經過神經網路每一層神經元的運算後，最後函數集的輸出結果，就是此函數集提出的最佳結果，以此例是數字 5，成功辨識出手寫數字 5 的圖片。

當然，深度學習的函數集需要先使用大量資料進行訓練來完成學習，我們需要建構神經網路、設定目標和輸入資料開始學習，如果輸出的學習結果不佳，例如：送入神經網路的手寫數字圖片是 4、5、1、0，其辨識結果是 6、2、3、1，這樣就有很大的誤差，此時，我們需要依據誤差反過來調整神經網路函數集的參數，以便修正誤差來產生更接近正確答案的辨識結果，如下圖所示：

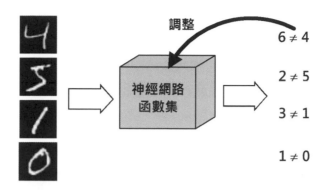

　　上述**依據辨識結果的誤差來調整函數集參數的過程，就是神經網路在進行學習**，等到經過大量資料的重複訓練和學習後，誤差可以逐漸縮小，最終神經網路可以找出一個最佳參數的函數集，即得到最佳解，能夠成功辨識出數字 4、5、1、0。換句話說，深度學習的主要目的就是在找出可以得到最佳解的這個函數集。

　　例如：Google DeepMind 開發的人工智慧圍棋軟體 AlphaGo，我們需要將大量現成棋譜資料輸入網路，讓 AlphaGo 自行學習下圍棋的方法，在訓練完成後，AlphoGo 可以獨自判斷圍棋盤上的各種情況，根據對手的落子來作出最佳回應。

3-2　深度學習的基礎知識

　　深度學習是一種神經網路，而神經網路就是資料結構的圖形結構，函數集的運算是向量和矩陣運算，調整函數集的參數需要使用微分和偏微分來找出最佳解，在這一節筆者準備說明深度學習必備的基礎知識。

在日常生活中，我們常常會將複雜觀念或問題使用「圖形」（Graph）來表達，例如：在進行系統分析、電路分析、網路配置和企劃分析等，而深度學習的神經網路就是一種圖形結構。

圖形化可以讓人更容易了解，圖形是資訊科學資料結構中一種十分重要的結構。例如：城市之間的公路圖和電腦網路配置圖，如下圖所示：

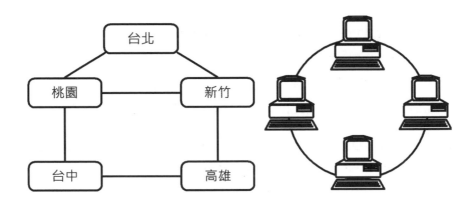

認識圖形結構

圖形基本上是有限的**頂點**（Vertex）和**邊線**（Edge）集合所組成，我們通常使用圓圈代表頂點，在頂點之間的連線是邊線。例如：上述公路圖繪成的圖形 G1 和另一個樹狀圖形 G2，如下圖所示：

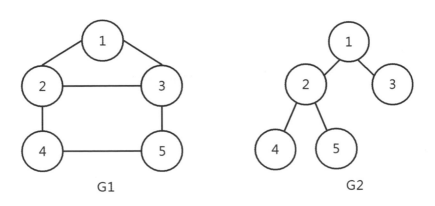

G1　　　　　　　　　　　　G2

上述圖例的圓圈代表頂點,這兩個圖形都有 5 個頂點,圖形 G1 頂點和頂點之間的邊線有 6 條,G2 共有 4 條。

圖形的種類

圖形結構是使用頂點和邊線所組成,依邊線是否具有方向性,可以分為兩種,如下所示:

● **無方向性圖形**(Undirected Graph):圖形邊線沒有標示方向的箭頭,邊線只代表頂點之間是相連的。例如:前述的圖形 G1 和 G2 是無方向性圖形,從頂點 1 至頂點 2 和從頂點 2 到頂點 1 代表同一條邊線。

● **方向性圖形**(Directed Graph):在圖形的邊線加上箭號標示頂點之間的循序性。例如:圖形 G3,如右圖所示:

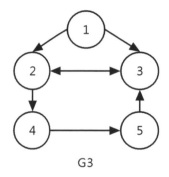

G3

上述圖形 G3 是方向性圖形,頂點 1 和頂點 2 的關係是從頂點 1 到頂點 2,不是從頂點 2 到頂點 1。

在圖形中各頂點之間相連的邊線稱為「**路徑**」(Path),例如:如果頂點 1 到頂點 5 需要經過 n 個邊線,n 就是頂點 1 到頂點 5 的「**路徑長度**」(Length)。

加權圖形

圖形在解決問題時通常需要替邊線加上一個數值,這個數值稱為「**權重**」(Weights),常見權重有:時間、成本或長度等,如果圖形擁有權重,稱為「**加權圖形**」(Weighted Graph),例如:方向性圖形 G4 在邊線上的數值是權重,這就是一個加權圖形,如下圖所示:

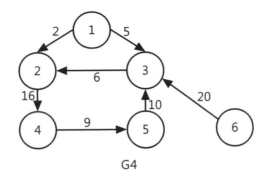

G4

方向性循環圖

在方向性圖形的頂點之間可能會有循環路徑的迴圈。例如：方向性圖形 G5 擁有迴圈 5 → 6 → 7 → 5，如下圖所示：

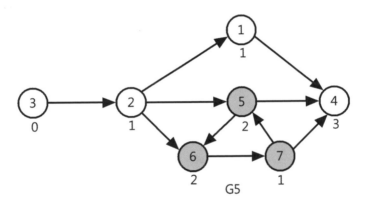

G5

上述圖例因為有迴圈，所以是一種方向性循環圖，如果圖形結構沒有迴圈，稱為**方向性非循環圖**（Directed Acyclic Graph，DAG）。深度學習的神經網路是一種方向性圖形，一種加權圖形，也是一種方向性非循環圖。

3-2-2 向量與矩陣

基本上，深度學習從輸入層送入的資料，和輸出層輸出的資料都稱為「**張量**」（Tensor），數學上的向量與矩陣就是一種張量，詳見第 3-4 節的說明。向量與矩陣的簡單說明，如下所示：

● **向量**（Vector）：向量是具有大小值與方向性的數學表現，在物理上常常用來表示速度、加速度和動力等，向量是　序列數值，有多種表示方法，一般來說，在程式語言是使用一維陣列來表示，如右圖所示：

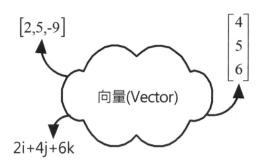

● **矩陣**（Matrix）：矩陣類似向量，只是將純量（數值）排列成二維表格的**列**（Rows）和**欄**（Columns）形狀，我們需要使用列和欄來取得指定元素值，在程式語言是使用二維陣列方式來表示，如下圖所示：

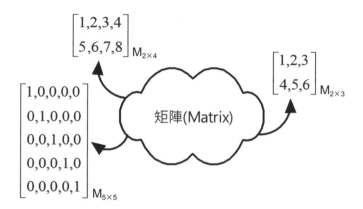

　　數學的向量、矩陣和程式語言的陣列都是使用索引系統（Index System）存取指定元素。**請注意！對於數學來說，存取第 1 個元素的索引值是從「1」開始；而程式語言大都是從「0」開始。**

3-2-3 微分與偏微分

　　深度學習簡單的說就是一個數學模型，而它是由許多函數組合而成的，我們只需要調整函數集的參數就能找出最佳解，最常使用的是微分和偏微分。

微分 Differentiation

微分的目的在求瞬間的變化量,例如:照相機的瞬間變化量就是照片,當我們用水的體積對水的重量作微分,找出的瞬間變化量,就是水的密度,因為當水的體積增加時,重量也會增加,而變動水的一個單位體積,可以讓水的重量有多少變化,這就產生了瞬間變化量,而水的密度就是單位體積的重量。

函數 $f(x)$ 的微分主要有兩種表示方法: $f'(x)$ 或 $\dfrac{df(x)}{dx}$,微分的運算並不困難,常數的微分是 0,單一變數 $f(x)$ 函數的微分,如下所示:

$$f(x) = ax^n$$

$$\frac{df(x)}{dx} = anx^{n-1}$$

以上數學運算式的係數 a 是一個常數,微分後 x 的指數 n 成為 n-1,係數成為 a×n,例如:

假設: $f(x) = 2x^3 + 5x + 2$

那麼 $f(x)$ 的微分為: $\dfrac{df(x)}{dx} = 6x^2 + 5$

上述 $f(x)$ 函數的微分,常數 2 成為 0,x^1 剩下係數 5,x^3 成為 x^2,其係數是 3×2=6。

偏微分 Partial Differentiation

如果是一個多變數的函數,例如:$f(x, y)$,我們可以分別針對 x 和 y 來進行微分,稱為偏微分,使用的符號是將數字 6 反過來的 ∂(唸作 partial)。$f(x, y)$ 範例函數如下所示:

$$f(x, y) = 2x^3 + 6xy^2 + 4y + 2$$

對變數 x 偏微分，就是將變數 y 視為常數來微分，如下所示：

$$\frac{\partial f(x,y)}{\partial x} = 6x^2 + 6y^2$$

上述偏微分的計算，y 視為常數，所以最後的常數 2 成為 0，4y 成為 0，x^1 剩下常數 6 和 y^2，x^3 成為 x^2，其係數是 2×3=6。同理，我們可以對變數 y 偏微分，也就是將變數 x 視為常數來微分，如下所示：

$$\frac{\partial f(x,y)}{\partial y} = 12xy + 4$$

連鎖率 Chain Rule

因為深度學習的神經網路有很多層，其產生的函數是一種合成函數（指前一層的輸出函數會變成下一層的輸入）：$f(x) = g(h(x))$，函數 $h(x)$ 是函數 $g(x)$ 的變數，例如：$f(x)$ 範例合成函數，如下所示：

假設：$f(x) = (2x^3 + 5x + 2)^4$

函數 $g(x)$：$g(x) = x^4$

函數 $h(x)$：$h(x) = 2x^3 + 5x + 2$

合成函數 $f(x) = g(h(x))$ 的微分需要使用連鎖律，如下所示：

$$\frac{df(x)}{dx} = \frac{dg(h(x))}{dx} = \frac{dg(h(x))}{dh(x)} \times \frac{dh(x)}{dx}$$

上述連鎖律基本上是從外向內一層一層的進行微分，首先是最外層函數的微分，然後是內層函數的微分，如下所示：

函數 $g(x)$ 微分：$\dfrac{dg(h(x))}{dh(x)} = 4[h(x)]^3$

函數 $h(x)$ 微分：$\dfrac{dh(x)}{dx} = 6x^2 + 5$

最後，我們可以使用連鎖律執行 $f(x)$ 函數的微分，如下所示：

$$\frac{df(x)}{dx} = \frac{dg(h(x))}{dh(x)} \times \frac{dh(x)}{dx} = 4[h(x)]^3(6x^2 + 5) = 4(2x^3 + 5x + 2)^3(6x^2 + 5)$$

3-3　深度學習的神經網路 － 建構你的計算圖

深度學習的神經網路是一種圖形結構，每一個頂點的神經元（感知器）執行矩陣相乘的非線性轉換運算，換句話說，我們建構的深度學習神經網路，其結構就是一張執行第 3-4-2 節張量運算的計算圖。

3-3-1　神經元

深度學習的神經網路基本上是模仿人類大腦的運作方式，將腦神經細胞的神經元模擬成人工神經元和感知器，感知器就是一種最簡單的神經網路。

腦神經細胞的神經元

人類的大腦十分複雜，據估計大腦擁有超過 300 億個使用各種方式連接的神經元，能夠使用神經元之間的連接來傳遞訊息和處理訊息（電子脈衝訊號），可以讓人類產生記憶、思考、計算和識別的能力，如下圖所示：

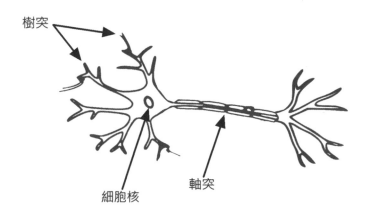

樹突

細胞核　　　軸突

上述神經元細胞的圖例是使用樹狀的多個**樹突**（Dendrite）來接收其他神經元傳來的電子脈衝訊號，神經元的**軸突**（Axon）只有一個，不過，軸突遠比樹突長的多，這是用來輸出脈衝信號給其他神經元。

換句話說，神經元擁有多個輸入；但是只有一個輸出，我們可以進一步抽象化腦神經細胞的神經元，如下圖所示：

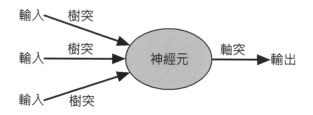

上述圖例的神經元有多個電子脈衝訊號的輸入，一般來說，就算同時有多個訊號輸入，如果訊號不夠強；神經元也不會有任何輸出，但是，當短時間有大量高強度訊號輸入時，神經元就會被激活，然後透過軸突向其他神經元輸出電子脈衝訊號。

人工神經元 Artificial Neuron

在 1943 年，Warren McCulloch 和 Walter Pitts 提出「人工神經元」的數學模型，這是模仿神經元依據輸入訊號的強弱來決定是否輸出訊號，以 1 或 0 的數值來代表訊號，並且使用加權圖形的權重來加權訊號強度，在加總後，即可依據**閾值**（也稱**臨界值**）判斷是否輸出訊號 1 或 0，如下圖所示：

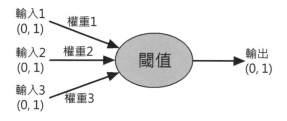

上述輸入的值是 0 或 1，權重是浮點數，像是 2.5、3.0 或 -0.2 等，然後，我們可以計算出訊號強度，如下所示：

訊號強度 = 輸入 1× 權重 1 + 輸入 2× 權重 2 + 輸入 3× 權重 3

人工神經元的輸出是判斷加總後的訊號強度**是否大於等於「閾值」**（Thresholds）**的數值，以決定是否激活神經元**，其規則如下所示：

● 訊號強度 >= 閾值 → 輸出 1

● 訊號強度 < 閾值 → 輸出 0

Tips 　**權重**（Weights）在神經網路是一個相當重要的名詞，其意義相當於是重要度或信賴度的意思，例如：公司同事志明說最近上映的電影不錯看，但同事春嬌覺得並不怎麼樣，我決定晚上自己去看這部電影，看完後，覺得不怎麼樣，所以對同事志明的信賴度就會下降，下次再聽到他說電影好看，就需要打個折扣（降低權重）；反之，對同事春嬌的信賴度就會上升（提高權重）。

　現在你如同是一個神經元，當決定同事志明和同事春嬌的權重後，下次有一部新電影上映，依據兩位同事的口碑，你就可以自行計算出訊號強度是否超過閾值，相當於是否激活神經元，即可判斷是否應該去看這一部電影。

3-3-2　感知器 Perceptron

感知器是 1957 年 Frank Rosenblatt 在康奈爾航空實驗室（Cornell Aeronautical Laboratory）所提出，一個可以模擬人類感知能力的機器，一種進化版的人工神經元和二元線性分類器。

認識感知器

感知器是神經網路的基本組成元素，單一感知器就是一種最簡單形式的二層神經網路，擁有輸入層和輸出層，如下圖所示：

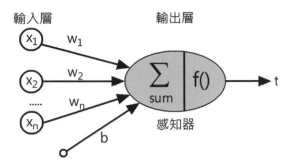

上述感知器的輸入向量是：$[x_1, x_2, ..., x_n]$，每一個輸入值都有對應的權重 w_i，其權重向量是：$[w_1, w_2, ..., w_n]$，我們需要計算每一個輸入值乘以對應權重的總和，然後送至**啟動函數**（Activation Function，或稱為激活函數）來傳回輸出結果。感知器計算訊號強度的公式，如下所示：

$$z = (\sum_{i=1}^{n} w_i x_i) + b$$

上述 $\sum$ 符號是加總訊號強度，最後加上 b，這是一個額外常數值，稱為**偏向量**（Bias，或稱為**偏量**），可以幫助我們更容易找到解。

 二元線性分類器簡單的說就是使用一條線將資料分成兩部分，這條線稱為**決策邊界**（Decision Boundary），偏向量可以讓我們位移這條線來得到正確的分類結果，如右圖所示：

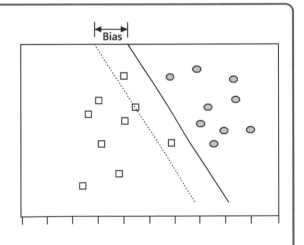

上述虛線是原來分類的決策邊界，偏向量讓這條線向右偏移來正確分類小圓形和正方形。

在感知器圖例的輸出 t 是使用 $f(z)$ 啟動函數來判斷是否激活神經元，如下所示：

$$t = f(z) = f(\sum_{i=1}^{n} w_i x_i) + b)$$

上述啟動函數在傳統的感知器是使用**階梯函數**（Step Function），其定義如右所示：

$$f(x) = \begin{cases} 1 & \text{如果 wx + b > s} \\ 0 & \text{其他} \end{cases}$$

上述 s 就是第 3-3-1 節人工神經元的閾值（Thresholds），傳統感知器的最初設計是將閾值設為 0（閾值是一個門檻，我們可以自己指定這個門檻值），如果大於閾值 s，就輸出 1；反之，小於等於 s 輸出 0。

感知器範例（一）：AND 邏輯閘

數位電子 AND 邏輯閘的功能如同程式語言的 AND 邏輯運算子，在 AND 邏輯閘有 2 個輸入 x1 與 x2，和 1 個輸出 out，其符號和真值表如下圖所示：

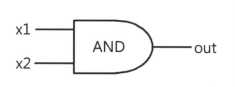

x1	x2	out
0	0	0
0	1	0
1	0	0
1	1	1

我們準備使用感知器來實作 AND 邏輯閘的輸入和輸出，如下圖所示：

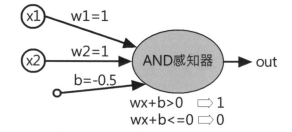

　　上述圖例權重 w1 和 w2 的初值都是 1，偏向量 b 的初值是 -0.5，$f(z)$ 啟動函數的閾值 s 是 0，依據真值表的 4 種輸入／輸出值，我們可以訓練感知器來調整權重和偏向量，讓 AND 邏輯閘感知器可以符合前述的真值表，其訓練過程如下所示：

第一列輸入值：x1=0 和 x2=0

　　請使用輸入值、權重和偏向量來計算感知器的訊號強度，如下所示：

w1×x1+w2×x2+b → 1×0+1×0+(-0.5)=-0.5

　　上述運算式的計算結果是 -0.5，因為值小於等於 0，所以輸出 0，和真值表的輸出 0 相同，輸出正確，不用調整權重和偏向量。

第二列輸入值：x1=0 和 x2=1

　　感知器訊號強度的計算如下所示：

w1×x1+w2×x2+b → 1×0+1×1+(-0.5)=0.5

　　上述運算式的計算結果是 0.5，因為值大於 0，所以輸出 1，和真值表的輸出 0 不同，因為輸出不正確，我們需要調整權重或偏向量。首先調整偏向量 b 值增加 0.5 成為 0，然後重新計算感知器的訊號強度，如下所示：

w1×x1+w2×x2+b → 1×0+1×1+0=1

　　上述運算式的計算結果是 1，比原來 0.5 更大，因為值大於 0，所以輸出 1，輸出仍然不正確。很明顯！因為我們增加 b 的值，同時也增加了訊號強度，事實上，我們需要減少訊號強度，讓感知器不激活，而不是增加訊號強度來激活感知器，所以需要減少偏向量 b 值，將 b 值減 0.5 成為 -1，然後重新計算感知器的訊號強度，如下所示：

w1×x1+w2×x2+b → 1×0+1×1+(-1)=0

上述運算式的計算結果是 0，成功減少訊號強度從 0.5 至 0，因為值小於等於 0，所以輸出 0，和真值表的輸出 0 相同，輸出正確，不用再調整權重或偏向量。

現在，因為我們調整偏向量 b 的值成為 -1，需要重新使用新的偏向量來計算第一列的感知器訊號強度，如下所示：

w1×x1+w2×x2+b → 1×0+1×0+(-1)=-1

上述運算式的計算結果是 -1，因為值小於等於 0，所以輸出 0，和真值表的輸出 0 相同，輸出正確，偏向量 b 值的調整沒有問題。

第三列輸入值：x1=1 和 x2=0

感知器訊號強度的計算，目前偏向量 b 的值是 -1，如下所示：

w1×x1+w2×x2+b → 1×1+1×0+(-1)=0

上述運算式的計算結果是 0，因為值小於等於 0，所以輸出 0，和真值表的輸出 0 相同，輸出正確，不用再調整權重和偏向量。

第四列輸入值：x1=1 和 x2=1

感知器訊號強度的計算，目前偏向量 b 的值是 -1，如下所示：

w1×x1+w2×x2+b → 1×1+1×1+(-1)=1

上述運算式的計算結果是 1，因為值大於 0，所以輸出 1，和真值表的輸出 1 相同，輸出正確，不用再調整權重和偏向量。

經過 4 次輸入/輸出資料的訓練過程，我們可以找出 AND 邏輯閘感知器的權重 w1=1、w2=1 和偏向量 b=-1，如右圖所示：

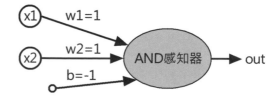

在這一節我們是以手動方式來調整權重和偏向量,其目的是說明感知器的學習過程,這就是第 3-1-3 節說明的觀念,我們是在調整深度學習函數集的參數。

請不要忘了!在第 2 章曾經說過機器學習能夠自己從資料學習,以深度學習來說,就是使用第 4 章的**反向傳播**(Backpropagation)來自動調整權重和偏向量。

使用 Python 實作感知器

現在,我們已經找出 AND 邏輯閘感知器的權重和偏向量,接著我們可以使用 Python 實作 Perceptron 類別的 AND 邏輯閘感知器(ch3-3-2.py),如下所示:

```python
import numpy as np

class Perceptron:
    def __init__(self, input_length, weights=None, bias=None):
        if weights is None:
            self.weights = np.ones(input_length) * 1
        else:
            self.weights = weights
        if bias is None:
            self.bias = -1
        else:
            self.bias = bias

    @staticmethod
    def activation_function(x):
        if x > 0:
            return 1
        return 0

    def __call__(self, input_data):
        weighted_input = self.weights * input_data
        weighted_sum = weighted_input.sum() + self.bias
        return Perceptron.activation_function(weighted_sum)
```

上述 Perceptron 類別宣告的 __init__() 建構子初始輸入值的數量、權重和偏向量，activation_function() 函式就是啟動函數的靜態方法（使用 @staticmethod 修飾），__call__() 函式可以讓物件實例如同函式方式來呼叫，在計算出加總的訊號強度後，呼叫啟動函數回傳感知器輸出值。

在下方初始權重和偏向量的變數後，建立 Perceptron 物件 AND_Gate，如下所示：

```
weights = np.array([1, 1])
bias = -1
AND_Gate = Perceptron(2, weights, bias)

input_data = [np.array([0, 0]), np.array([0, 1]),
              np.array([1, 0]), np.array([1, 1])]
for x in input_data:
    out = AND_Gate(np.array(x))
    print(x, out)
```

上述 input_data 變數是 4 種輸入值的串列，for 迴圈呼叫 AND 邏輯閘感知器 AND_Gate() 函式（即呼叫 __call__() 函式）來輸出結果，其執行結果就是 AND 邏輯運算子的真值表，如下所示：

```
[0 0] 0
[0 1] 0
[1 0] 0
[1 1] 1
```

感知器範例（二）：OR 邏輯閘

同理，我們可以建立 OR 邏輯閘感知器，其符號和真值表如右圖所示：

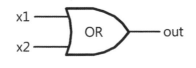

x1	x2	out
0	0	0
0	1	1
1	0	1
1	1	1

　　依據 4 種輸入 / 輸出值，我們可以找出 OR 邏輯閘感知器的權重 w1=1、w2=1 和偏向量 b=-0.5，如下圖所示：

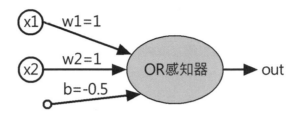

　　Python 程式：ch3-3-2a.py 使用相同的 Perceptron 類別，只是指定不同的權重和偏向量來建立物件實例 OR_Gate，如下所示：

```
...
weights = np.array([1, 1])
bias = -0.5
OR_Gate = Perceptron(2, weights, bias)

input_data = [np.array([0, 0]), np.array([0, 1]),
              np.array([1, 0]), np.array([1, 1])]
for x in input_data:
    out = OR_Gate(np.array(x))
    print(x, out)
```

　　上述 input_data 變數是 4 種輸入值的串列，for 迴圈呼叫 OR 邏輯閘感知器 OR_Gate() 函式（即呼叫 __call__() 函式）來輸出結果，其執行結果就是 OR 邏輯運算子的真值表，如下所示：

```
[0 0] 0
[0 1] 1
[1 0] 1
[1 1] 1
```

　　同樣方式，我們可以建立 NAND 和 NOR 邏輯閘感知器，這部分的實作就留在習題讓讀者自行練習。

3-3-3 　深度學習的神經網路種類

在了解感知器是如何學習解決問題後，為了解決更複雜的問題，一個感知器並不夠用，我們需要將多個感知器組合成單一層的神經層（如同生日蛋糕的一層），然後將多個神經層連接起來建立成神經網路（多層生日蛋糕），如下圖所示：

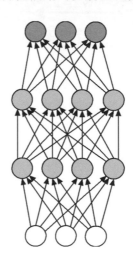

上述圖例是深度學習的**類神經網路**是將第 3-1-2 節的圖例向左轉了 90 度，最下方是輸入層、中間是 2 層隱藏層，最上方是輸出層。

因為生日蛋糕的每一層有不同的口味（不同功能的感知器）和尺寸（感知器的數量），神經網路針對不同的問題也有多種不同的排列組合，本書內容會詳細說明深度學習一定需要知道和了解的幾種主要神經網路結構，其簡單說明如下所示：

 請注意！類神經網路 ANNs 是一個泛稱，如同一把大傘，所有各種不同種類的神經網路都是一種類神經網路，位在這把大傘之下，如右圖所示：

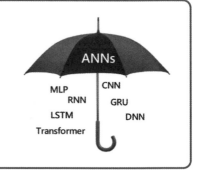

多層感知器（Multilayer Perceptron，MLP）

　　多層感知器就是傳統類型的類神經網路，可以用來處理傳統機器學習的分類與迴歸問題。多層感知器也是一種前饋神經網路（Feedforward Neural Network，FNN），前饋神經網路是指從輸入層向輸出層單向傳播的神經網路。

　　基本上，多層感知器是擴充第 3-3-2 節的感知器，增加一層隱藏層來解決感知器無法處理的線性不可分問題（詳見第 4 章的說明），如果多層感知器有 2 層隱藏層（整個超過 4 層），這個多層感知器就是一種**深度神經網路**（DNN）。在多層感知器的資料送入輸入層後，接著是 1 至多層的隱藏層，最後從輸出層輸出結果，如下圖所示：

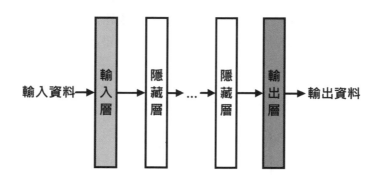

卷積神經網路（Convolutional Neural Network，CNN）

　　卷積神經網路是模仿人腦視覺處理區域的神經迴路，在影像辨識有卓越的效能，如同人類的視覺般能夠對所見之物進行區分，也是一種前饋神經網路，例如：分類圖片、人臉辨識和手寫辨識等。

　　當圖像資料送入卷積神經網路的輸入層後，使用多組**卷積層**（Convolution Layers）和**池化層**（Pooling Layers）來自動萃取圖像特徵後，再送入**全連接層**，最後在輸出層輸出圖像處理結果，如下圖所示：

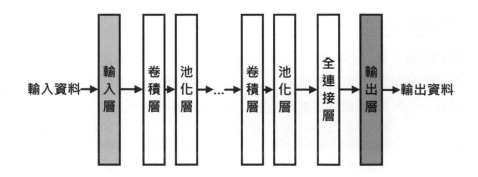

循環神經網路（Recurrent Neural Network，RNN）

　　循環神經網路是一種處理聲音、語言和影片等序列資料的神經網路，基本上，循環神經網路是一種**擁有短期記憶能力的神經網路**，例如：當一篇文章在取樣後，將特徵資料送入循環神經網路，循環神經網路可以憑藉短期記憶能力來學習各單字之間的關係，了解文章脈絡，並且進行文章內容的預測，如下圖所示：

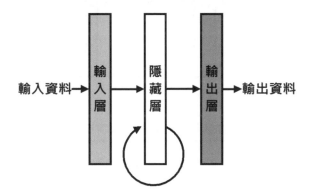

　　上述圖例的隱藏層擁有圓形箭頭結構，可以讓前一次的輸出成為下一次的輸入，讓學習成果保留至下一次，如此神經網路就擁有記憶能力，不過，因為結構上的缺失，RNN 只擁有短期記憶能力，沒有長期記憶能力，在實務上已經被後繼改良的 LSTM 和 GRU 神經網路所取代。

Transformer 神經網路模型

早期的語言模型是直接從目前的單一字詞，預測下一個字詞；到了 RNN 循環神經網路和 LSTM 長短期記憶模型，就能夠記住之前的文字內容來預測下一個字詞。RNN 擁有短期記憶，而 LSTM 改善了 RNN 並擁有較長的短期記憶，但 LSTM 只對愈近的字詞有最好的記憶，愈遠的字詞就記憶模糊。所以，RNN 只有短暫記憶，馬上就忘；LSTM 雖有長期記憶，但記性不好，可能過一會就忘了。

因為自然語言的文字段落結構十分複雜，相關字詞的關係可能位在文字段落的任何地方，也就是說你需要能夠記得清楚整段文字內容，才能夠了解整段文字段落的結構，然而，上述 RNN 和 LSTM 都無法了解整段文字段落的結構來預測下一個字詞，對比偵探來說，就是能提供的線索遠遠不足。

Transformer 神經網路模型的「**注意力機制**」（Attention Mechanism）可以**關注整段文字內容中的每一個字詞，找出各配對字詞之間的相互關係**，透過這些相互關係來了解文字段落的深層結構，即在整段文字內容中的哪些字詞之間有關係、哪些字詞是否是同義字等，能夠提供偵探完整的線索。Transformer 的出現大幅提高自然語言模型的預測能力，能夠更準確的預測出下一個最有可能的字詞。

3-4　深度學習的資料 - 張量

現在，我們已經了解神經網路就是一張使用感知器作為計算單元所組成的圖形結構，一張說明如何執行運算（張量運算）的計算圖，當建構好你的計算圖後，我們需要將資料送進神經網路來進行學習，這是一種多維度的陣列資料，稱為「**張量**」（Tensors）。

3-4-1　張量的種類

一般來說，所有機器學習（包含深度學習）都是使用張量作為基本資料結構，也就是我們送入機器學習進行學習的特徵資料。張量是一個資料容器，正確的說，張量是一種數值資料的容器，在第 3-2-2 節的向量和矩陣，向量是 1D 張量，矩陣是 2D 張量。

以程式語言來說，張量就是不同大小**維度**（Dimension），也稱為**軸**（Axis）的多維陣列，其基本**形狀**（Shape）如下所示：

```
（樣本數， 特徵 1, 特徵 2….)
```

上述「,」逗號分隔的是維度，第 1 維是樣本數，即送入神經網路訓練的資料數，之後是資料特徵數的維度，視處理問題而不同，例如：圖片資料是 4D 張量，擁有 3 個特徵寬、高和色彩數，如下所示：

```
（樣本數， 寬， 高， 色彩數）
```

上述張量的維度數是 4，也稱為**軸數**，或稱為**秩**（Rank）。

0D 張量

0D 張量就是**純量值**（Scalar），或稱為**純量值張量**（Scalar Tensor），以 NumPy 來說，0D 張量就是 float32 或 float64 的數值資料（Python 程式：ch3-4-1.py），程式檔字尾 _torch 是 PyTorch 的張量；_tf 是 TensorFlow 張量，如下所示：

```python
import numpy as np

x = np.array(10.5)
print(x)
print(x.ndim)
```

上述程式碼建立值 10.5 的純量值，其執行結果可以看到值是一個純量值 10.5，軸數是 0（ndim 屬性），如下所示：

```
10.5
0
```

1D 張量

1D 張量就是向量，即一個維度的一維陣列（Python 程式：ch3-4-1a.py），如下所示：

```
x = np.array([1.2, 5.5, 8.7, 10.5])
print(x)
print(x.ndim)
```

上述程式碼使用串列建立 4 個元素的一維陣列，其執行結果可以看到一維陣列的向量共有 4 個元素，軸數是 1（ndim 屬性），如下所示：

```
[ 1.2  5.5  8.7 10.5]
1
```

2D 張量

2D 張量就是矩陣，即維度為 2 的陣列，有 2 個軸（Python 程式：ch3-4-1b.py），如下所示：

```
x = np.array([[1.2, 5.5, 8.7, 8.5],
              [2.2, 4.3, 6.5, 9.5],
              [6.2, 7.3, 1.5, 3.5]])
print(x)
print(x.ndim)
print(x.shape)
```

上述程式碼使用巢狀串列建立二維陣列，其執行結果可以看到一個一維陣列，每一個元素是一個向量，軸數是 2（ndim 屬性），最後顯示形狀（shape 屬性），如下所示：

```
[[1.2 5.5 8.7 8.5]
 [2.2 4.3 6.5 9.5]
 [6.2 7.3 1.5 3.5]]
2
(3, 4)
```

上述執行結果最後的 (3, 4) 是形狀，第 1 個是列（Rows），第 2 個是欄（Columns），簡單的說，此特徵資料共有 3 個樣本，每一個樣本是一個一維陣列，擁有 4 筆特徵值。

簡單的說，2D 張量就是一個一維的向量陣列（每一列），第 1 個軸是樣本數，第 2 個軸是一維陣列向量的特徵值，也就是說，每一個樣本是一個向量。一些真實特徵資料的範例，如下所示：

● 全球跨國公司的員工資料，包含年齡、國碼和薪水，每一位員工的資料是一個 3 個元素的向量，如果公司有 10,000 名員工，就是 2D 張量：(10000, 3)。

● 在學校的線上文件庫共有 500 篇文章，如果我們需要計算 5,000 個常用字的出現頻率，每一篇文章可以編碼成 5,000 個出現頻率值的向量，整個線上文件庫是 2D 張量：(500, 5000)。

3D 張量

3D 張量就是三個維度的三維陣列，即一維的矩陣陣列，每一個元素是一個矩陣，共有 3 個軸（Python 程式：ch3-4-1c.py），如下所示：

```
x = np.array([[[1.2, 5.5, 3.3],
               [8.7, 8.5, 4.4]],
              [[2.2, 4.3, 5.5],
               [6.5, 9.5, 6.6]],
```

▶▶

```
                    [[6.2, 7.3, 7.7],
                     [1.5, 3.5, 8.8]]])
print(x)
print(x.ndim)
print(x.shape)
```

　　上述程式碼使用巢狀串列建立三維陣列，其執行結果可以看到軸數是 3
（ndim 屬性），最後顯示形狀（shape 屬性），如下所示：

```
[[[1.2 5.5 3.3]
  [8.7 8.5 4.4]]

 [[2.2 4.3 5.5]
  [6.5 9.5 6.6]]

 [[6.2 7.3 7.7]
  [1.5 3.5 8.8]]]
3
(3, 2, 3)
```

　　3D 張量就是一維的矩陣
陣列，對於真實的特徵資料來
說，通常是特徵資料擁有**時間
間距**（Timesteps）和循序性，
如右圖所示：

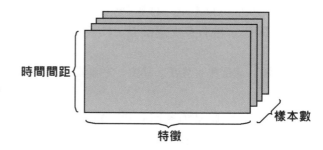

　　上述特徵資料的第 1 個軸是樣本數，第 2 個軸是時間間距，第 3 個軸
是特徵值，例如：台積電的股價資料集，我們收集了前 1,000 天的股價資訊，
在每一個交易日共有 240 分鐘，每一分鐘有 3 個價格，即目前價格、最高和
最低價，所以，每一天是一個 2D 張量：(240, 3)，整個資料集是 3D 張量：
(1000, 240, 3)。

4D 張量

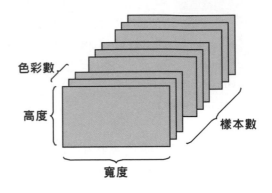

4D 張量就是四個維度的四維陣列，共有 4 個軸，真實的特徵資料圖片就是一種 4D 張量，如右圖所示：

上述圖例每一張圖片是一個 3D 張量：（寬度， 高度， 色彩數），寬度和高度特徵是用來定位每一個像素，整個圖片集是 4D 張量：（樣本數， 寬度， 高度， 色彩數）。例如：100 張 256×256 尺寸的彩色圖片，每一個像素的色彩數是 RGB 三原色，4D 張量是：(100, 256, 256, 3)；如果是 128 階的灰階圖片，4D 張量是：(100, 256, 256, 1)。

5D 張量與更高維度的張量

同理，5D 張量是五個維度的五維陣列，共有 5 個軸，更高維度擁有更多軸，以 5D 張量來說，真實的特徵資料影片就是一種 5D 張量，比圖片多了一個軸，即每一秒有多少個**畫面**（Frames），如下所示：

（樣本數， 畫面數， 寬度， 高度， 色彩數）

例如：一部 256×144 的 YouTube 影片，每秒有 240 個畫面，現在有 10 部 YouTube 影片，其 5D 張量是：(10, 240, 256, 144, 3)。

3-4-2　張量運算

感知器輸出 t 是一個張量運算的運算式結果，最後使用啟動函數 f 判斷是否激活神經元 / 感知器，如下所示：

$$t = f(z) = f(\sum_{i=1}^{n} w_i x_i) + b)$$

上述 w_ix_i 是張量的**點積運算**，+b 是**張量加法**，換句話說，神經網路就是使用張量運算，從輸入資料開始，一層神經層接著一層神經層來逐步計算出神經網路的輸出結果。

逐元素運算 Element-wise Operations

逐元素運算是指運算套用在每一個張量的元素，可以執行張量的加減乘除四則運算，以 2D 張量（即矩陣）為例，2D 張量的對應元素可以執行加減乘除的四則運算。

我們準備使用加法的張量運算為例，例如：2D 張量 a 有 a1~a4 個元素，s 有 s1~s4，如下圖所示：

$$a = \begin{bmatrix} a1, a2 \\ a3, a4 \end{bmatrix} \qquad a = \begin{bmatrix} 1, 2 \\ 3, 4 \end{bmatrix}$$

$$s = \begin{bmatrix} s1, s2 \\ s3, s4 \end{bmatrix} \qquad s = \begin{bmatrix} 5, 6 \\ 7, 8 \end{bmatrix}$$

$$c = a + s = \begin{bmatrix} a1 + s1, a2 + s2 \\ a3 + s3, a4 + s4 \end{bmatrix} \qquad c = a + s = \begin{bmatrix} 1 + 5, 2 + 6 \\ 3 + 7, 4 + 8 \end{bmatrix}$$

上述加法運算過程產生張量 c，其元素是張量 a 的元素加上張量 s 的對應元素（Python 程式：ch3-4-2.py），如下所示：

```
a = np.array([[1, 2], [3, 4]])
print("a=")
print(a)
s = np.array([[5, 6], [7, 8]])
print("s=")
print(s)
b = a + s
print("a+s=")
print(b)
b = a - s
```

▶▶

```
print("a-s=")
print(b)
b = a * s
print("a*s=")
print(b)
b = a / s
print("a/s=")
print(b)
```

上述變數 a 和 s 是 NumPy 二維陣列的 2D 張量，我們可以使用運算子 +、-、* 和 / 進行 2D 張量的四則運算，其執行結果如下所示：

```
a=
[[1 2]
 [3 4]]
s=
[[5 6]
 [7 8]]
a+s=
[[ 6  8]
 [10 12]]
a-s=
[[-4 -4]
 [-4 -4]]
a*s=
[[ 5 12]
 [21 32]]
a/s=
[[ 0.2         0.33333333]
 [ 0.42857143  0.5        ]]
```

點積運算 Dot Product

點積運算是兩個張量**對應元素的列和欄的乘積和**，例如：使用之前相同的 2 個 2D 張量來執行點積運算，如下圖所示：

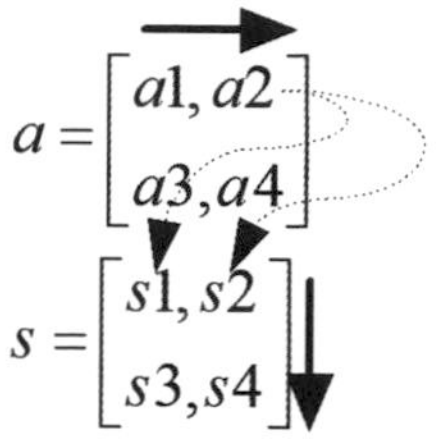

$$a = \begin{bmatrix} a1, a2 \\ a3, a4 \end{bmatrix}$$

$$s = \begin{bmatrix} s1, s2 \\ s3, s4 \end{bmatrix}$$

$$c = a \bullet s = \begin{bmatrix} a1 \times s1 + a2 \times s3, a1 \times s2 + a2 \times s4 \\ a3 \times s1 + a4 \times s3, a3 \times s2 + a4 \times s4 \end{bmatrix}$$

上述 2D 張量 a 和 s 的點積運算結果是另一個 2D 張量（Python 程式：ch3-4-2a.py），如下所示：

```
a = np.array([[1, 2], [3, 4]])
print("a=")
print(a)
s = np.array([[5, 6], [7, 8]])
print("s=")
print(s)
b = a.dot(s)
print("a.dot(s)=")
print(b)
```

上述變數 a 和 s 是 NumPy 二維陣列的張量，點積運算是 a.dot(s) 函式，其執行的運算式如右圖所示：

$$\begin{bmatrix} 1 \times 5 + 2 \times 7, 1 \times 6 + 2 \times 8 \\ 3 \times 5 + 4 \times 7, 3 \times 6 + 4 \times 8 \end{bmatrix}$$

上述運算結果的 2D 張量是點積運算結果，其執行結果如下所示：

```
a=
[[1 2]
 [3 4]]
s=
[[5 6]
 [7 8]]
a.dot(s)=
[[19 22]
 [43 50]]
```

學習評量

1 請簡單說明什麼是深度學習？深度學習能做什麼？

2 請問何謂資料結構的圖形結構？

3 請使用圖例說明向量和矩陣是什麼？如何表示向量和矩陣？

4 請舉例說明什麼是微分、偏微分和連鎖率？

5 請問什麼是神經網路？神經元？人工神經元？感知器？

6 請簡單說明主要的神經網路結構有哪幾種？

7 請參考第 3-3-2 節的說明建立 NAND 和 NOR 邏輯閘感知器和
Python 程式，其真值表如下圖所示：

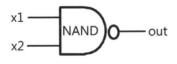

x1	x2	out
0	0	1
0	1	1
1	0	1
1	1	0

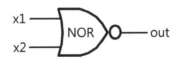

x1	x2	out
0	0	1
0	1	0
1	0	0
1	1	0

8 請問什麼是張量？張量的種類有哪些？如何執行張量運算？

CHAPTER

圖解神經網路 – 多層感知器 (MLP)

- 4-1／線性不可分問題

- 4-2／認識多層感知器 (MLP)

- 4-3／神經網路的學習過程 – 正向與反向傳播

- 4-4／啟動函數與損失函數

- 4-5／反向傳播演算法與梯度下降法

- 4-6／神經網路的樣本和標籤資料

4-1 線性不可分問題

在第 3 章說明的單一感知器有一個大問題，就是無法解決線性不可分的問題，簡單的說，線性不可分的問題就是無法解決不能用一條線將資料分成兩類的問題。首先讓我們來看一看什麼是線性可分的問題，例如：第 3-3-2 節 OR 邏輯閘感知器，如下圖所示：

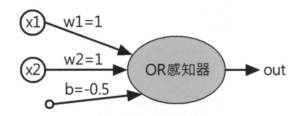

上述 OR 邏輯閘感知器的輸入和輸出值，即真值表，如下表所示：

x1	x2	out
0	0	0
0	1	1
1	0	1
1	1	1

A（第一列）
B（後三列）

如果將輸入值看成座標 (x1, x2)，輸出值 0 和 1 分成兩類 A 和 B，A 是方形圖示，B 是圓形圖示，如右圖所示：

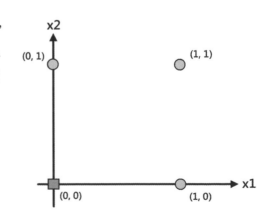

　　上述圖例可以使用一條線　x1+x2-0.5=0　將　4　個點分成兩類，3　個圓形圖示是一類、1　個方形圖示一類，這是線性可分問題，如下圖所示：

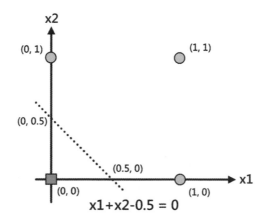

　　如果有　2　個圓形圖示和　2　個方形圖示，但是，我們無法使用一條線來分成兩類，這種問題就是線性不可分問題，如下圖所示：

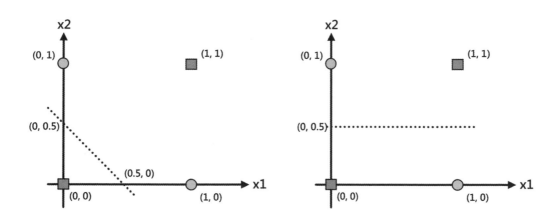

　　上述問題不論是斜線或水平線都無法使用一條線來進行分類，換句話說，使用單一感知器並無法解決這種問題，因此我們需要使用多層感知器來解決線性不可分的問題。

4-2 認識多層感知器 (MLP)

多層感知器事實上就是神經網路，在這一節我們準備說明如何使用多層感知器來解決 XOR 問題、建構神經網路的基本準則和了解每一層神經層的功能是在進行空間座標的資料轉換。

4-2-1 使用二層感知器解決 XOR 問題

在第 4-1 節談到的線性不可分問題就是指 XOR 邏輯閘感知器，在第 3 章我們已經建立 AND 的 OR 邏輯閘感知器，現在，我們準備使用二層感知器來實作 XOR 邏輯閘。

感知器範例（三）：XOR 邏輯閘

XOR 邏輯閘有 2 個輸入 x1 與 x2，和一個輸出 out，其符號和真值表如下圖所示：

x1	x2	out
0	0	0
0	1	1
1	0	1
1	1	0

在繪出 x1 軸和 x2 軸的各點座標後，很明顯的，我們無法使用單一感知器來實作 XOR 邏輯閘，因為一條線不夠，我們需要二條線才能分成兩類，如下圖所示：

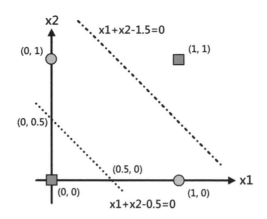

上述座標有 2 條線，下方 x1+x2-0.5=0 是 OR 邏輯閘；上方 x1+x2-1.5=0 是另一條線。位在二條線之外是方形圖示、之內是圓形圖示，如下所示：

h1(x1, x2)=f(x1+x2-0.5)
h2(x1, x2)=f(x1+x2-1.5)

上述 2 個 h1() 和 h2() 函數是 2 個感知器的 wx+b 權重運算式，這就是第 3-3-2 節的 $f(z)$ 函數，我們可以分別透過 2 個感知器來產生新的輸出，首先是 h1() 函數，如下所示：

h1(0, 0)=f(1×0+1×0-0.5)=f(-0.5)=0
h1(0, 1)=f(1×0+1×1-0.5)=f(0.5)=1
h1(1, 0)=f(1×1+1×0-0.5)=f(0.5)=1
h1(1, 1)=f(1×1+1×1-0.5)=f(1.5)=1

然後是 h2() 函數，如下所示：

h2(0, 0)=f(1×0+1×0-1.5)=f(-1.5)=0
h2(0, 1)=f(1×0+1×1-1.5)=f(-0.5)=0
h2(1, 0)=f(1×1+1×0-1.5)=f(-0.5)=0
h2(1, 1)=f(1×1+1×1-1.5)=f(0.5)=1

因此，由 (x1, x2) 轉換的各點新座標 (h1, h2)，如下所示：

(x1, x2)=(0, 0) → (h1, h2)=(0, 0)
(x1, x2)=(0, 1) → (h1, h2)=(1, 0)
(x1, x2)=(1, 0) → (h1, h2)=(1, 0)
(x1, x2)=(1, 1) → (h1, h2)=(1, 1)

上述 (0, 1) 和 (1, 0) 兩個點都是轉換成 (1, 0)，所以最後剩下三個點，如下圖所示：

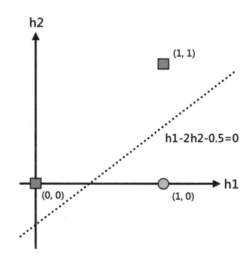

上述圖例顯示的是轉換後的座標，現在，我們可以畫一條線將 3 個點分成兩類，換句話說，我們是將 2 個感知器的輸出作為下一層感知器的輸入，如下圖所示：

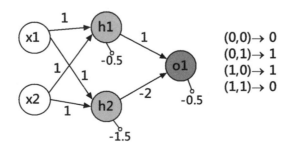

上述圖例是 XOR 邏輯閘的二層感知器，在邊線上的數值是權重，頂點下方是偏向量（手動推導過程請參考第 3-3-2 節），其輸出結果的運算過程，如下所示：

$(x1, x2)=(0, 0) \rightarrow (h1, h2)=(0, 0) \rightarrow o1(h1, h2)=f(1\times0-2\times0-0.5)=f(-0.5)=0$

$(x1, x2)=(0, 1) \rightarrow (h1, h2)=(1, 0) \rightarrow o1(h1, h2)=f(1\times1-2\times0-0.5)=f(0.5)=1$

$(x1, x2)=(1, 0) \rightarrow (h1, h2)=(1, 0) \rightarrow o1(h1, h2)=f(1\times1-2\times0-0.5)=f(0.5)=1$

$(x1, x2)=(1, 1) \rightarrow (h1, h2)=(1, 1) \rightarrow o1(h1, h2)=f(1\times1-2\times1-0.5)=f(-1.5)=0$

看懂了嗎？雖然最初 (x1, x2) 的 4 個點無法分成兩類，但是，我們可以使用一層感知器來轉換座標，如果一層不行，再加一層，最後轉換成的新座標，就可以使用一條線來分成兩類。

使用 Python 實作二層感知器

同樣的，我們可以修改第 3 章的 Perceptron 類別，建立 3 個物件實例 h1、h2 和 o1 來實作 XOR 邏輯閘的二層感知器（ch4-2-1.py），如下所示：

```python
class Perceptron:
    def __init__(self, input_length, weights=None, bias=None):
        if weights is None:
            self.weights = np.ones(input_length) * 1
        else:
            self.weights = weights
        if bias is None:
            self.bias = -1
        else:
            self.bias = bias

    @staticmethod
    def activation_function(x):
        if x > 0:
            return 1
        return 0
```

▶▶

```
    def __call__(self, input_data):
        w_input = self.weights * input_data
        w_sum = w_input.sum() + self.bias
        return Perceptron.activation_function(w_sum), w_sum
```

上述 Perceptron 類別修改 __call__() 函式多回傳 wx+b 計算結果 w_sum，在下方初始權重和偏向量的變數後，建立 Perceptron 物件 h1、h2 和 o1，如下所示：

```
weights = np.array([1, 1])
bias = -0.5
h1 = Perceptron(2, weights, bias)

weights = np.array([1, 1])
bias = -1.5
h2 = Perceptron(2, weights, bias)

weights = np.array([1, -2])
bias = -0.5
o1 = Perceptron(2, weights, bias)

input_data = [np.array([0, 0]), np.array([0, 1]),
              np.array([1, 0]), np.array([1, 1])]
for x in input_data:
    out1, w1 = h1(np.array(x))
    out2, w2 = h2(np.array(x))
    new_point = np.array([w1, w2])
    new_input = np.array([out1, out2])
    out, w = o1(new_input)
    print(x, new_point, new_input, out)
```

上述 for 迴圈呼叫 h1() 和 h2() 函式回傳 2 個感知器的輸出結果和 wx+b 的值，然後將輸出結果 out1 和 out2 建立成陣列作為 Perceptron 物件 o1 的輸入，其執行結果就是 XOR 邏輯閘的真值表，如下所示：

```
[0 0] [-0.5 -1.5] [0 0] 0
[0 1] [ 0.5 -0.5] [1 0] 1
[1 0] [ 0.5 -0.5] [1 0] 1
[1 1] [1.5 0.5] [1 1] 0
```

上述執行結果的第 1 欄是輸入值，第 2 欄是第 1 層感知器 wx+b 的計算結果，然後是 f(wx+b) 啟動函數轉換的新座標，最後是第 2 層感知器的輸出結果。

4-2-2　多層感知器就是神經網路

在第 4-2-1 節我們建立的是二層 XOR 邏輯閘感知器，其中第 1 層感知器就是隱藏層，加上前後的輸入層和輸出層，這就是一種 3 層神經網路，如右圖所示：

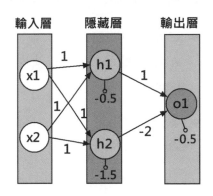

深度神經網路

如果多層感知器有 2 層隱藏層共 4 層神經網路，這就是第 3 章說明的深度神經網路，即深度學習，如下圖所示：

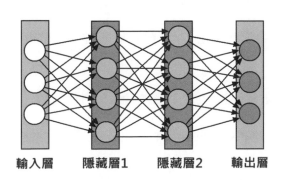

上述神經網路的每一層神經層，其每一個頂點都會連接下一層的所有頂點，稱為**全連接**（Full Connected），這種神經層稱為「**密集層**」（Dense Layer），而這種神經網路稱為「**密集連接神經網路**」（Dense Connected Neural Network）。

打造你的神經網路

基本上，神經網路輸入層的神經元數量需視資料集的特徵數而定（為了方便說明，在本書後提到的神經元，就是指感知器）。輸出層的神經元數量需視輸出結果和解決的問題而定，如下所示：

● **迴歸問題**：使用 1 個神經元。

● **二元分類問題**：使用 1 個或 2 個神經元，例如：XOR 邏輯閘可以使用 1 個神經元，也可以使用 2 個神經元（其標籤資料需使用第 4-6-1 節的 One-hot 編碼）。

● **多元分類問題**：視分成幾類而定，5 類是 5 個、10 類是 10 個，例如：辨識手寫數字圖片 0~9，因為有 10 類，需使用 10 個神經元。

神經網路建構上的最大問題是在隱藏層，我們需要決定有幾層隱藏層，和每一層隱藏層有幾個神經元，在實務上，神經網路需有幾層隱藏層和神經元數量需視問題和資料集而定，並沒有標準答案，只有一些準則可供參考，如下所示：

● 每一個隱藏層的神經元數量建議是一致的。

● 隱藏層的神經元數量是在輸入層和輸出層之間。

● 隱藏層的神經元數量應該是 2/3 輸入層的神經元數再加上輸出層的神經元數。

● 隱藏層的神經元數量應該少於 2 倍的輸入層神經元數。

為了方便說明，本書建構的神經網路並沒有完全符合上述準則。

再談神經網路的權重與偏向量

現在回到 XOR 二層感知器，我們在第 4-2-1 節已經找出一組權重和偏向量，事實上，我們可以找出的解不只一個，還能找出更多組不同的權重和偏向量值（如同函數有多個解），例如：我們可以結合 OR、NAND 和 AND 邏輯匣來建立 XOR 二層感知器，如下圖所示：

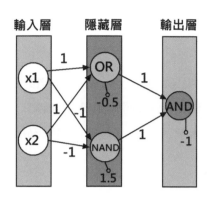

上述圖例的 OR 和 AND 邏輯匣是使用第 3 章範例的權重和偏向量，NAND 邏輯匣是第 3 章的習題，其權重分別是 -1 和 -1，偏向量是 1.5，Python 程式：ch4-2-2.py 使用和第 4-2-1 節相同的 Perceptron 類別，如下所示：

```
...
weights = np.array([1, 1])
bias = -1
AND_Gate = Perceptron(2, weights, bias)

weights = np.array([-1, -1])
bias = 1.5
NAND_Gate = Perceptron(2, weights, bias)

weights = np.array([1, 1])
bias = -0.5
OR_Gate = Perceptron(2, weights, bias)
```

▶▶

```
input_data = [np.array([0, 0]), np.array([0, 1]),
             np.array([1, 0]), np.array([1, 1])]
for x in input_data:
    out1, w1 = OR_Gate(np.array(x))
    out2, w2 = NAND_Gate(np.array(x))
    new_point = np.array([w1, w2])
    new_input = np.array([out1, out2])
    out, w = AND_Gate(new_input)
    print(x, new_point, new_input, out)
```

上述 for 迴圈分別呼叫 OR_Gate() 和 NAND_Gate() 函式並回傳感知器的輸出結果,即 wx+b 的值,然後將輸出結果 out1 和 out2 建立成陣列作為 Perceptron 物件 AND_Gate 的輸入,其執行結果就是 XOR 邏輯閘的真值表,如下所示:

```
[0 0] [-0.5 -1.5] [0 0] 0
[0 1] [ 0.5 -0.5] [1 0] 1
[1 0] [ 0.5 -0.5] [1 0] 1
[1 1] [1.5 0.5] [1 1] 0
```

深度學習的神經網路通常都擁有多層神經層和眾多神經元,權重和偏向量就是神經網路的參數(Parameters),是一種多變數的數學函數,也是一種高維度空間,我們並不可能直接解數學函數來找出解,更不可能手動來找出解,以深度學習的神經網路來說,就是使用反向傳播演算法和梯度下降法來找出最佳的神經網路參數,詳見第 4-5 節的說明。

4-2-3 深度學習的幾何解釋

在第 4-2-1 節的 XOR 問題,隱藏層有 2 個神經元,以幾何學來說,就是一種平面座標的轉換,如果問題更複雜,隱藏層有 3 個神經元,就是空間座標的轉換,深度學習的神經層如果超過 3 個神經元,就是一種高維度空間座標的轉換。

現在，我們可以使用 3D 空間來說明深度學習，想像你手上有二張紅色和藍色的正方形色紙，請將二張色紙先弄皺後，再相互捲起滾成一顆小紙球，這顆小紙球就是深度學習的輸入資料，很明顯的！這是一個分類問題，我們需要將小紙球分開成紅色和藍色兩類。

神經網路的工作就是在轉換這顆小紙球來還原成原始狀態的兩張色紙，深度學習是使用多個神經層建構的神經網路來轉換 3D 空間，每一層神經層轉換一些資料，一層一層轉換下去，直到小紙球轉換成二張紅色與藍色的色紙，如同使用手指來慢慢撥開這顆小紙球，一步一步逐漸攤平展開成二張色紙，如下圖所示：

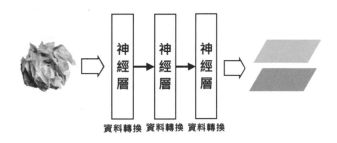

4-3　神經網路的學習過程－正向與反向傳播

現在，我們已經了解什麼是神經網路，但是，到目前為止我們都是手動找出權重和偏向量，不要忘了機器學習可以自行從資料學習，在這一節我們就來看一看神經網路是如何自行學習。

4-3-1　神經網路的學習方式與學習目標

神經網路的學習目標就是找出正確的權重值來縮小**損失**（Loss，也就是實際值與預測值之間的差距），為了方便說明，在本書談到權重，預設都包含偏向量，這些權重也稱為神經網路的**參數**，如下圖所示：

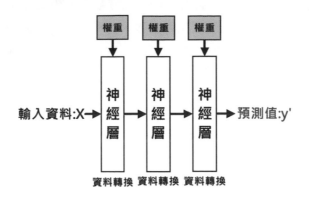

　　上述神經網路的輸入值 X，在經過每一層 f(wx+b) 資料轉換的計算後，可以得到**預測值** y'（Predictions y'），因為是監督式學習，輸入資料 X 有對應的**真實目標值** y（True Targets y），也稱為標籤，我們可以使用**損失函數**（Loss Function）計算 y' 和 y 之間差異的**損失分數**（Loss Score），即可使用「**優化器**」（Optimizer）來更新權重，以便縮小預測值與目標值之間的差異，如下圖所示：

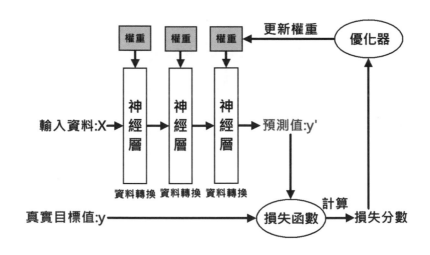

　　上述圖例就是神經網路的學習方式，學習目標是找出更好的權重來儘量減少損失分數，其最佳結果是讓預測值符合目標值。

4-3-2　神經網路的訓練迴圈

　　基本上，神經網路可以自行使用資料來自我訓練神經網路，這個訓練步驟不是只跑一次，而是一個**訓練迴圈**（Training Loop），其需要重複輸入資料來訓練很多次，也稱為**迭代**（Iterations），一般來說，訓練迴圈會跑到訓練出最佳的預測模型為止。

　　在神經網路的訓練迴圈可以分為**正向傳播**（Forward Propagation）、**評估損失**（Estimate the Loss）和**反向傳播**（Backward Propagation）三大階段，如右圖所示：

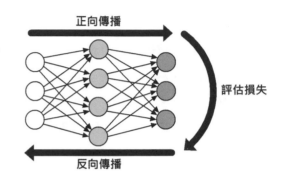

　　上述圖例的輸入資料經過正向傳播計算出**預測值**，在與**真實目標值**比較後計算出損失，接著使用反向傳播計算出每一層神經層的錯誤比例，即可使用梯度下降法來更新權重。

　　因為神經網路本身是一張計算圖，決定如何從輸入資料計算出預測值，和反過來計算各層權重的更新比例，事實上，整個訓練迴圈的步驟都是圍繞著權重的初始、使用和更新操作，如下圖所示：

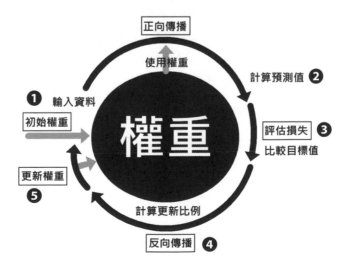

上述訓練迴圈會一直重複執行，直到符合一定條件才會停止訓練迴圈，如下所示：

Step

1 **初始權重值**

整個訓練迴圈是從初始權重開始，通常我們是使用**亂數**來初始每一層的權重，簡單的說，這些權重就是神經網路的參數。

Step

2 **使用正向傳播計算預測值**

現在，我們才真正進入神經網路的訓練迴圈，使用輸入資料以正向傳播的方式，通過整個神經網路來計算出預測值，我們需要使用目前的權重來計算出這些預測值，使用的是 f(wx+b)，wx 是點積運算，f 是啟動函數。

Tips **請注意！**通常訓練的資料集（Dataset）十分龐大，我們每一次只會使用**批次**（Batch）的部分樣本資料來進行訓練，當整個資料集都通過一次正向和反向傳播階段的神經網路，即稱為一個**訓練週期**（Epoch），在第 4-6-2 節有進一步的說明。

Step

3 **評估預測值與真實值誤差的損失**

在經過正向傳播計算出預測值後，我們使用**損失函數**計算這些預測值和真實目標值之間的誤差，依據不同問題，可以使用不同的損失函數來進行計算，詳見第 4-4-2 節的說明。

Step

4 **使用反向傳播計算更新權重的比例**

當使用損失函數計算出損失分數後，我們可以使用連鎖率和偏微分反向從輸出層到輸入層，使用反向傳播計算出每一層神經網路的權重所造成的損失比例，即**梯度**。

Step
5　**更新權重繼續下一次訓練**

在使用反向傳播計算出各層權重的梯度後，就可以使用**梯度下降法**來更新權重，也就是更新整個神經網路的參數，來減少整體損失並建立出更好的預測模型。最後，我們可以使用更新參數進行下一次訓練，即重複 Step 2~Step 5 直到訓練出最佳的預測模型。

事實上，上述神經網路訓練迴圈的 Step 2~Step 5 就是著名的「**反向傳播演算法**」，第 4-5-2 節有進一步的說明。

4-3-3　神經網路到底學到了什麼

當我們在訓練神經網路時，並不是跑愈多次訓練迴圈就一定能夠訓練出更佳的預測模型，隨著訓練迴圈次數的增加，神經網路更新權重的數量和次數也會增加，整個神經網路的學習曲線會從「**低度擬合**」（Underfitting）、「**最佳化**」（Optimum），最後到「**過度擬合**」（Overfitting），如下圖所示：

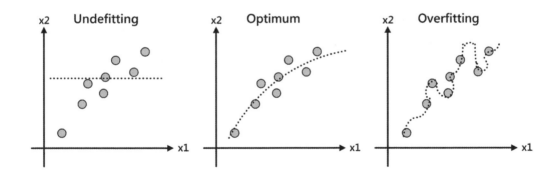

上述圖例的左邊圖表是低度擬合，因為誤差太大，表示神經網路根本還沒有學會，中間的圖表是最佳化，這是我們訓練神經網路的目標，最大的問題是右邊圖表的過度擬合，表示神經網路已經過度學習，造成神經網路建立的預測模型缺乏「**泛化性**」（Generalization）。

Tips 「擬合」（Fitting）是將取得的資料集吻合一個連續函數（即一條曲線），此過程稱為擬合。

　　泛化性是指預測模型對於未知且從沒有看過的資料也能夠有很好的預測性，例如：當我們使用 500 張貓的照片訓練神經網路後，將這 500 張照片送入預測模型，可以成功辨識出是一隻貓，問題是如果有一張預測模型從未見過的貓照片（不屬於訓練資料），如果預測模型依然可以成功辨識出是一隻貓，這種對於未知資料也能有很好預測性的模型，就是一個具泛化性的預測模型。

　　反過來說，**如果對已知資料的預測有很高的正確性，但是對未知資料的預測卻很差，就稱為過度擬合，即一個沒有泛化性的預測模型**。過度擬合主要是因為神經網路過度擬合資料中的雜訊，保留太多輸入資料的資訊，而沒有融會貫通，如同將神經網路的眾多參數學成了一個輸入與輸出資料的對照表，所以，對於訓練資料有很高的預測力，如果是非訓練資料就無可奈何，因為在對照表上找不到。

　　如果神經網路一開始訓練就馬上從低度擬合訓練成了過度擬合，這是神經網路本身計算圖的問題，我們需要最佳化神經網路本身模型的參數，稱為「**超參數**」（Hyperparameters），簡單的說，最佳化神經網路這個模型的目的就是在對抗過度擬合，詳見第 14 章的說明。

Tips 神經網路到底學到了什麼？我們可以使用學生準備考試來比擬，例如：學生準備期末考，剛開始一定狂 K 書，盡可能將書本知識和考古題一古腦兒的都記在大腦。隨著多次複習，慢慢愈讀愈了解，逐漸融會貫通，能夠舉一反三，這時記住的知識是核心觀念，而不是細節，而且很可能根本就忘了這些細節，這就是之前所謂的**泛化性**。相反的，如果是讀死書，無法融會貫通、舉一反三，這就是過度擬合。

4-4 　啟動函數與損失函數

在神經網路的神經元使用啟動函數，是為了讓神經元可以執行非線性的資料轉換，損失函數的目的是用來評估神經網路的學習結果。

4-4-1 　啟動函數 Activation Function

神經網路如果沒有使用啟動函數，其上一層神經層的輸出是張量的點積運算，不論經過多少層神經層，其建立的函數都是一種線性函數，在擬合資料時，只能用來處理線性問題（就是使用一條直線來進行分類），例如：年齡與體重是線性關係，一般來說，年齡愈大，體重也愈重。

啟動函數是一種非線性函數，可以打破線性關係，將資料轉換成 0~1 或 -1~1 等範圍來建立非線性轉換，讓神經網路擬合更多非線性問題（這就是使用曲線來擬合，將直線弄彎成曲線），例如：收入和體重是非線性關係，收入愈高，並不表示體重也愈重。

在第 3 章和本章說明的傳統感知器，其啟動函數是使用**階梯函數**（Step Function），當今深度學習的神經網路已不使用階梯函數，常用的啟動函數如下所示：

● **隱藏層**：最常使用 ReLU 函數。

● **輸出層**：使用 Sigmoid 函數、Tanh 函數和 Softmax 函數，Sigmoid 和 Tanh 函數是使用在二元分類，Softmax 函數是使用在多元分類。

Sigmoid 函數

Sigmoid 函數是早期神經網路最常使用的啟動函數，可以將資料轉換成 0~1 之間的機率，而且大部分的輸出都非常接近 0 或 1，看出來了嗎，這和大腦激活神經元的操作十分類似，其公式如下所示：

$$f(x) = \frac{1}{(1+e^{-x})}$$

上述 Sigmoid 函數可以使用 NumPy 實作，然後使用 Matplotlib 繪出圖形（ch4-4-1.py），如下所示：

```
def sigmoid(x):
    return 1/(1+(np.e**(-x)))

x = np.arange(-6, 6, 0.1)

plt.plot(x, sigmoid(x))
plt.title("sigmoid function")
plt.show()
```

上述 Python 的 sigmoid() 函式實作之前公式，其執行結果可以看到 Sigmoid 函數的圖形，一條值在 0~1 之間的曲線，如右圖所示：

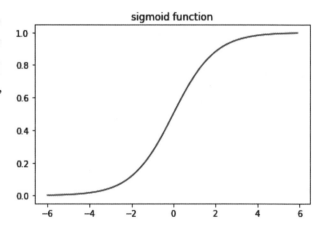

Tips　Sigmoid 函數微分的最大值只有 1/4（Sigmoid 函數的微分說明詳見第 4-5-2 節），Python 程式：ch4-4-1a.py 可以繪出 Sigmoid 函數的微分圖表，如下圖所示：

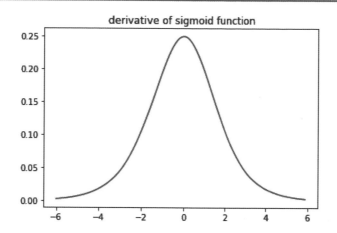

上述 Sigmoid 函數微分後的值小於等於 1/4，當神經網路反向傳播使用連鎖率計算梯度時，多個小於 1/4（應該更小）的值相乘，只需幾層就接近 0，所以無法反向傳播至整個神經網路，只能傳遞幾層，這種問題稱為「**梯度消失問題**」（Vanishing Gradient Problem）。

因為神經網路的權重只能反向更新幾層的損失，就算是再深的深度學習也只能訓練到幾層，因此，目前在深度學習的隱藏層通常是使用 ReLU 函數，只有在輸出層會使用 Sigmoid 函數。

ReLU 函數

ReLU 函數的全名是 Rectified Linear Unit，當年 AlexNet 神經網路就是使用 ReLU 函數取代 Sigmoid 啟動函數，一舉將 ImageNet 圖片資料集的識別準確率提高十幾個百分比，進而帶動深度學習的風潮。

ReLU 函數是當輸入小於 0 時，輸出 0；大於 0 時則為線性函數，直接輸出輸入值，其公式如下所示：

$$f(x) = \max(0, x)$$

上述 ReLU 函數可以使用 NumPy 實作（ch4-4-1b.py），如下所示：

```
def relu(x):
    return np.maximum(0, x)


x = np.arange(-6, 6, 0.1)


plt.plot(x, relu(x))
plt.title("relu function")
plt.show()
```

上述 Python 的 relu() 函式實作之前公式，其執行結果可以看到 ReLU 函數的圖形，如右圖所示：

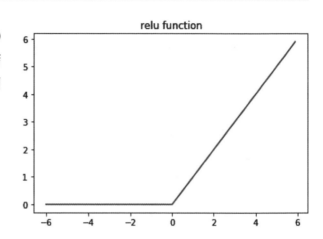

上述 ReLU 函數在大於 0 部分的微分是 1，可以避免 Sigmoid 函數的梯度消失問題。

Tanh 函數 hyperbolic tangent

Tanh 雙曲函數是一種三角函數，其輸出範圍是在 -1~1 之間，對於神經網路來說，其優點是更容易處理負值（Sigmoid 和 ReLU 函數沒有負值），Tanh 函數的公式，如下所示：

$$f(x) = \frac{\sinh(x)}{\cosh(x)}$$

上述 Tanh 函數使用 NumPy 實作（ch4-4-1c.py），如下所示：

```
def tanh(x):
    return np.tanh(x)
```

```
x = np.arange(-6, 6, 0.1)
```

```
plt.plot(x, tanh(x))
plt.title("tanh function")
plt.show()
```

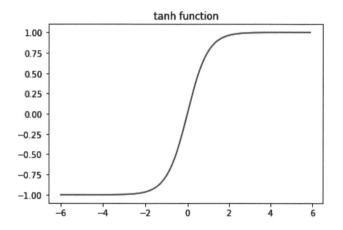

Softmax 函數

　　Softmax 函數是將輸入值轉換成 0~1 之間的實數，如同是對應輸入值的機率呈現，例如：輸入向量 [1, 2, 3, 4, 1, 2, 3]，Softmax 函數的輸出值是 [0.024, 0.064, 0.175, 0.475, 0.024, 0.064, 0.175]，可以看出項目 4 的機率最大。Softmax 函數的公式有些複雜，筆者就不列出。

　　Python 程式：ch4-4-1d.py 是使用 NumPy 實作 Softmax 函數，如下所示：

```
def softmax(x):
    return np.exp(x)/sum(np.exp(x))
```

```
x = np.array([1, 2, 3, 4, 1, 2, 3])
```

```
y = softmax(x)
print(y)
```

上述程式碼建立 softmax() 函式，其執行結果如下所示：

```
[0.02364054 0.06426166 0.1746813 0.474833 0.02364054 0.06426166
 0.1746813 ]
```

4-4-2　損失函數 Loss Function

機器學習演算法基本上都希望最大化或最小化一個函數，幫助我們來測量模型的品質，稱為「**目標函數**」（Object Function），而在深度學習使用的目標函數就是**損失函數**，損失函數可以評估預測值和真實值之間的差異，這是一個非負實數的函數，當損失函數愈小，表示預測模型愈好。

一般來說，深度學習的**迴歸問題經常使用均方誤差，而分類問題則是使用交叉熵**。

均方誤差 Mean Square Error

均方誤差（簡稱 MSE）是計算預測值和真實值之間的差異平方，其公式如下所示：

$$MSE = \frac{1}{n}\sum_{i=1}^{n}(y_i - t_i)^2$$

上述公式的 y 是輸出的預設值，t 是目標值，在相減後計算平方和，平方的目的是為了避免負值，最後除以樣本數 n 最後除以樣本數 n，就是均方誤差。使用 Python 實作的 MSE 函數（ch4-4-2.py），如下所示：

```
def MSE(y, t):
    return np.mean((y-t)**2)
```

交叉熵 Cross-Entropy

在說明交叉熵前，我們需要先了解「**熵**」（Entropy）和「**資訊熵**」（Information Entropy）。基本上，熵是源於物理學的名詞，主要是用來測量混亂的程度，熵低表示混亂程度低；熵高表示混亂程度高，在資訊理論的熵就是用來測量不確定性。

資訊量

資訊量是資訊的量化值，其值的大小和事件發生的機率有關，很少發生的事才會引起關注；反之司空見慣的事，根本就不會引起注意，所以，不常發生的事，資訊量就大，資訊量的大小與事件機率剛好相反。

資訊量是使用對數 log 表示，可以用 $\log_2$（通常多使用底數為 2，也可以使用 $\log_e$），其公式如下所示：

$$H(X_i) = -\log_2 P$$

上述 X_i 是發生的事件，P 是之前發生此事件的機率，「-」號是因為 P 的範圍是 0~1，log 對數後是負值，加負號後成為正值。例如：小明和小華在之前共下了 64 次象棋，小明贏了 63 次，63/64 是小明之前贏的機率，我們可以計算這次小明和小華下象棋誰贏的資訊量，其單位是位元（Bit），如下所示：

- 小明贏的資訊量：$H\left(X_i\right) = -\log_2 P = -\log_2 \dfrac{63}{64} = 0.0023$

- 小華贏的資訊量：$H\left(X_i\right) = -\log_2 P = -\log_2 \dfrac{1}{64} = 6$

上述結果可以看出小華贏的機率低，所以小華贏的資訊量比較大。

資訊熵 Information Entropy

資訊熵的主要目的是量化資訊的混亂程度，其公式如下：

$$H(X) = -\sum_x P(x)\log_2 P(x)$$

上述公式是所有 X 可能機率乘以該機率的資訊量總和，例如：之前小明和小華下象棋的問題，如下所示：

$$H(X) = 0.023 \times \frac{63}{64} + 6 \times \frac{1}{64} \approx 0.116644$$

上述計算結果是小明和小華下象棋的資訊熵，因為資訊確定，小華一定輸，所以混亂程度低，資訊熵小；反之資訊熵就大，如下所示：

- 當資訊確定，愈不混亂，資訊熵小，例如：一面倒的情況。
- 當資訊愈不確定，愈混亂，資訊熵大，例如：五五波。

交叉熵

交叉熵是使用資訊熵來評估 2 組機率向量之間的差異程度，當交叉熵愈小，就表示 2 組機率向量愈接近，其公式如下所示：

$$H(X,Y) = -\sum_{i=1}^{n} P(x_i) \log_2 P(y_i)$$

上述公式是計算 X 和 Y 兩組機率向量之間的誤差，例如：我們有一組機率向量的目標值：X=[1/4, 1/4, 1/4, 1/4]，在深度學習得到 2 組預測值的機率向量，如下所示：

Y₁=[1/4, 1/2, 1/8, 1/8]
Y₂=[1/4, 1/4, 1/8, 1/2]

現在，我們可以使用交叉熵計算 2 組預測值中，哪一組預測值和目標值的誤差比較小，首先計算 X 和 Y₁ 的交叉熵，如下所示：

$$H(X,Y_1) = -(\frac{1}{4}\log_2\frac{1}{4} + \frac{1}{4}\log_2\frac{1}{2} + \frac{1}{4}\log_2\frac{1}{8} + \frac{1}{4}\log_2\frac{1}{8})$$

$$= -\left(\frac{1}{4} \times -2 + \frac{1}{4} \times -1 + \frac{1}{4} \times -3 + \frac{1}{4} \times -3\right)$$

$$= \frac{9}{4} = 2.25$$

然後是計算 X 和 Y_2 的交叉熵，如下所示：

$$H(X, Y_2) = -(\frac{1}{4}\log_2\frac{1}{4} + \frac{1}{4}\log_2\frac{1}{4} + \frac{1}{4}\log_2\frac{1}{8} + \frac{1}{4}\log_2\frac{1}{2})$$

$$= -\left(\frac{1}{4}\times-2 + \frac{1}{4}\times-2 + \frac{1}{4}\times-3 + \frac{1}{4}\times-1\right)$$

$$= \frac{8}{4} = 2$$

上述 X 和 Y_2 這組的交叉熵 2 比較小，因此 Y_2 比 Y_1 更接近目標值 X，在深度學習的分類問題就是使用交叉熵作為損失函數，來計算預測值和目標值之間的損失分數。

4-5　反向傳播演算法與梯度下降法

神經網路是使用優化器來更新神經網路的權重，**優化器是使用反向傳播計算出每一層權重需要分擔損失的梯度，然後再使用梯度下降法更新神經網路每一個神經層的權重。**

4-5-1　梯度下降法 Gradient Descent

梯度下降法是最佳化理論中一種找出最佳解的方法，我們可以使用梯度下降法找出函數中的局部最小值，因為「梯度」（Gradient）是函數在該點往局部最大值走的方向（如果是曲線，就是指該點的斜率），梯度下降法就是往梯度的反方向走來找出局部最小值，如右圖所示：

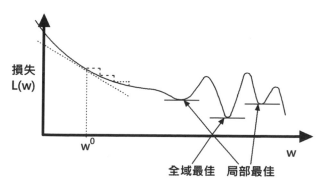

損失 L(w)

w^0

全域最佳　局部最佳

w

在上述圖例的 w^0 點計算出梯度的斜率，就可以知道往低點的方向，順著方向一步一步在函數曲線上建造出樓梯的虛擬階梯，我們就可以走下樓梯找到一個低點，這個低點是一個局部最佳的低點，即局部最小值。**請注意！梯度下降法找到的是一個相對的最佳解（局部最佳），不一定能夠找到全域最佳解，即函數真正的最低點。**

認識梯度下降法

好比我們準備從山頂開始建造一條能最快下山的登山步道，因為登山步道是使用模組化構件來組裝，每一件構件的長度是固定值，長度有 1 公尺、3 公尺、5 公尺或 10 公尺等不同尺寸的選擇，為了節省建造經費，我們需要找出一條能夠最快下山的路徑，梯度下降法可以幫助我們建造這一條登山步道，如右圖所示：

登山步道

首先我們在山頂位置使用測量儀器找出最陡峭的地方（即計算出梯度），然後朝著此方向安裝步道構件，在安裝好後，再從步道尾端的新位置測量出下一個最陡峭的地方，然後再次朝此方向安裝構件，重複操作直到到達山腳，即可成功建造出一條下山的登山步道。

問題是建造登山步道有完工的時間壓力，如果選擇 1 公尺長度的構件，每 1 公尺需測量一次方向，很耗時，但保證下山方向不會錯誤，可以找出一條最短的下山路徑，但可能無法準時完工。選擇 10 公尺構件，只需每 10 公尺測量一次，比較省時，但登山步道可能偏離下山的方向，反而可能浪費更多的材料來建造。

所以，如何選擇適當長度的構件（影響測量方向的頻率），可以讓我們在不超過工時下建造出一條方向正確的登山步道，這就是梯度下降法需要考量的重要因素：**學習率**（Learning Rate）。

梯度下降法的數學公式

　　梯度下降法另一種常見的比擬是登山者從山頂最快走下山，我們需要使用梯度決定從最陡峭的地方往下走，學習率就是行走的步伐大小。而在神經網路調整權重就是使用梯度下降法，其公式如下所示：

$$w^1 = w^0 - \alpha \frac{\partial L(w)}{\partial w^0}$$

　　上述公式 $L(w)$ 是損失函數，這是 w 權重的函數，我們是從目前位置的權重值 w^0，「-」負號是指 $\frac{\partial L(w)}{\partial w^0}$ 微分計算出梯度的反方向，就是從目前位置減掉 α 學習率乘以梯度，可走到下一個位置的權重值 w^1，即調整後的新權重。梯度意義的說明，如下所示：

● **單變數函數**：梯度是函數的微分，即函數在某特定點的斜率。

● **多變數函數**：梯度是各變數偏微分的向量，向量是有方向的，梯度就是該點變化率最大的方向。

　　符號 α 是學習率，也可以使用 η （唸作 eta）符號，我們可以透過學習率來決定每一步走的距離，如果學習率太小，在下列左圖就需花費更多時間走更多步（以神經網路來說，就是需要更多次的訓練迴圈來調整權重）；學習率太大有可能錯過全域最小值，如下列右圖所示：

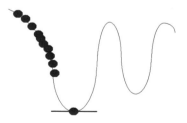

　　　學習率小，較花費步數和時間　　　　　學習率大，但可能錯過全域最小值

單變數函數的梯度下降法實例

現在，我們就使用單變數函數 $L(w)$ 為例，來說明梯度下降法的運算過程，如下所示：

● **單變數函數**：$L(w) = w^2$

● **函數的微分**：$\dfrac{\partial L(w)}{\partial w} = 2w$

假設：起點 w^0 是 5，學習率是 0.4，使用之前梯度下降法的數學公式，我們可以得到運算過程，如下所示：

$$w^0 = 5$$
$$w^1 = w^0 - \alpha \times \frac{\partial L(w)}{\partial w^0} = 5 - 0.4 \times 10 = 1$$
$$w^2 = w^1 - \alpha \times \frac{\partial L(w)}{\partial w^1} = 1 - 0.4 \times 2 = 0.2$$
$$w^3 = 0.04$$
$$w^4 = 0.008$$
$$w^5 = 0.0016$$

上述運算過程共走了 5 步，最後的 0.0016 就幾乎已經到達函數的最低點（0 就是最低點），Python 程式：ch4-5-1.py 實作單變數函數的梯度下降法，如下所示：

```python
import numpy as np
import matplotlib.pyplot as plt

def L(w):
    return w * w

def dL(w):
    return 2 * w
```

　　上述 L() 和 dL() 函式分別是 *L(w)* 函數和其微分，在下方是梯度下降法 gradient_descent() 函式，其參數依序是起點、微分函式名稱、學習率和走幾步的訓練週期，如下所示：

```
def gradient_descent(w_start, df, lr, epochs):
    w_gd = []
    w_gd.append(w_start)
    pre_w = w_start

    for i in range(epochs):
        w = pre_w - lr * df(pre_w)
        w_gd.append(w)
        pre_w = w
    return np.array(w_gd)
```

　　上述 w_gd 變數使用串列保留每一步計算的新位置，在指定初始位置後，使用 for 迴圈重複步數來計算下一步梯度下降的新位置，w 是目前位置、pre_w 是前一個位置，最後回傳每一步的位置值。在下方程式碼定義初始起點、訓練週期和學習率變數，如下所示：

```
w0 = 5
epochs = 5
lr = 0.4
w_gd = gradient_descent(w0, dL, lr, epochs)
print(w_gd)
```

　　上述程式碼呼叫 gradient_descent() 函式後，顯示每一步的位置值，其執行結果如下所示：

```
[5.0e+00 1.0e+00 2.0e-01 4.0e-02 8.0e-03 1.6e-03]
```

　　然後使用 Matplotlib 繪出梯度下降法的圖表，如下所示：

```
t = np.arange(-5.5, 5.5, 0.01)
plt.plot(t, L(t), c='b')
plt.plot(w_gd, L(w_gd), c='r', label='lr={}'.format(lr))
plt.scatter(w_gd, L(w_gd), c='r')
plt.legend()
plt.show()
```

上述程式碼除了繪出 $L(w)$ 函數的圖形外，同時依序繪出梯度下降法找出的各位置點和之間連接的直線，其執行結果如右圖所示：

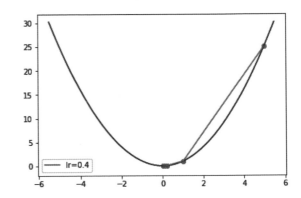

多變數函數的梯度下降法實例

對於多變數函數來說，我們準備使用雙變數函數 $L(w_1,\ w_2)$ 為例，來說明梯度下降法的運算過程，如下所示：

● **雙變數函數**：$L(w_1,w_2) = w_1^2 + w_2^2$

● **函數的微分是向量**：$[\dfrac{\partial L(w_1,w_2)}{\partial w_1}, \dfrac{\partial L(w_1,w_2)}{\partial w_2}] = [2w_1, 2w_2]$

假設：起點 w^0 是 [2, 4]，學習率是 0.1，使用之前梯度下降法的數學公式，我們可以得到運算過程，如下所示：

$$w^0 = [2,4]$$
$$w^1 = w^0 - \alpha \times \frac{\partial L(w_1,w_2)}{\partial w^0} = [2,4] - 0.1 \times [4,8] = [1.6,3.2]$$
$$w^2 = w^1 - \alpha \times \frac{\partial L(w_1,w_2)}{\partial w^1} = [1.6,3.2] - 0.1 \times [3.2,6.4] = [1.28,2.56]$$

$$w^3 = [1.024, 2.048]$$

$$w^4 = [0.8192, 1.6384]$$

$$w^5 = [0.65536, 1.31072]$$

...

$$w^{40} = [2.65845599\text{e-}04, 5.31691198\text{e-}04]$$

上述運算過程共有 40
次，最後的座標就幾乎已經
到達函數的最低點，Python
程式：ch4-5-1a.py 實作雙
變數函數的梯度下降法，並
且使用 2D 來模擬 3D 的
函數圖形，如右圖所示：

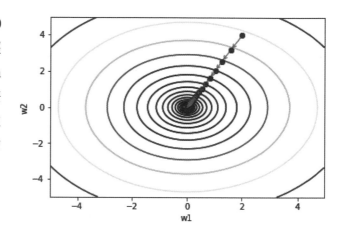

4-5-2　反向傳播演算法 Backpropagation

基本上，在本章前說明的反向傳播只是神經網路反向計算梯度的階段，整個神經網路的訓練迴圈事實上就是**反向傳播演算法**（簡稱 BP）。

反向傳播演算法是一種訓練神經網路常用的優化方法，整個演算法分成三個階段，如下所示：

● **前向傳播階段**：從輸入值經過神經網路計算出預測值。

● **反向傳播階段**：將預測值與真實值計算出誤差後，反向傳播計算出各層權重誤差比例的梯度。

● **權重更新階段**：依據計算出的各層權重比例的梯度，使用梯度下降法來更新權重，也就是更新神經網路的參數。

現在，我們準備修改第 4-2 節的二層 XOR 感知器來說明反向傳播階段的梯度計算，啟動函數改用 Sigmoid 函數，如右圖所示：

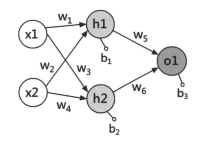

上述圖例共有權重 $w_1 \sim w_6$ 和偏向量 $b_1 \sim b_3$ 共 9 個參數，因為反向傳播階段的梯度計算方法都十分相似，筆者只以輸出層 w_5 權重的梯度計算為例，如右圖所示：

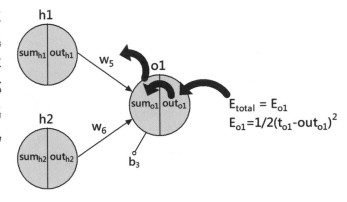

上述 sum 是前一層 wx+b 的值，out 是啟動函數 f(wx+b) 的輸出，E 是使用均方誤差損失函數計算出的損失分數，t 是目標值，因為輸出層只有 1 個 o1 神經元，所以損失分數的總和 E_{total} 就是 E_{o1}，如果輸出層有多個神經元，就是各神經元損失的總和，例如：輸出層有 2 個神經元的損失分數 E_{o1} 和 E_{o2}，E_{total} 就是 $E_{o1}+E_{o2}$。

我們需要使用第 3-2-2 節的連鎖率來計算 w_5 的梯度，即反向依序從 $E_{total} \rightarrow out_{o1} \rightarrow sum_{o1} \rightarrow w_5$，其連鎖率的微分運算式，如右所示：

$$E_{total} / out_{o1} / sum_{o1} / w_5$$

$$\frac{\partial E_{total}}{\partial w_5} = \frac{\partial E_{total}}{\partial out_{o1}} \times \frac{\partial out_{o1}}{\partial sum_{o1}} \times \frac{\partial sum_{o1}}{\partial w_5}$$

上述微分運算式一共分成三部分，首先計算第一部分，請將視為函數，可以再使用連鎖率拆成 2 個，如下所示：

$$\frac{\partial E_{total}}{\partial out_{o1}} = \frac{\partial \frac{1}{2}(t_{o1} - out_{o1})^2}{\partial out_{o1}} = \frac{\partial \frac{1}{2}(t_{o1} - out_{o1})^2}{\partial (t_{o1} - out_{o1})} \times \frac{\partial (t_{o1} - out_{o1})}{\partial out_{o1}}$$

$$= 2 \times \frac{1}{2}\left(t_{o_1} - out_{o_1}\right)^{2-1} \times \frac{\partial\left(t_{o_1} - out_{o_1}\right)}{\partial out_{o_1}}$$

$$= \left(t_{o_1} - out_{o_1}\right) \times -1 = out_{o_1} - t_{o_1}$$

第二部分是 Sigmoid 函數的微分，如下所示：

$$out_{o1} = \frac{1}{\left(1 + e^{-sum_{o1}}\right)}$$

$$\frac{\partial out_{o1}}{\partial sum_{o1}} = \frac{\partial}{\partial sum_{o1}} \frac{1}{\left(1 + e^{-sum_{o1}}\right)} = \frac{\partial(1 + e^{-sum_{o1}})^{-1}}{\partial sum_{o1}}$$

上述微分是指數微分，其推導過程有些複雜，筆者就不列出，有興趣的讀者請自行參考網路說明或相關書籍，其最後結果如下所示：

$$\frac{\partial out_{o1}}{\partial sum_{o1}} = out_{o1} \times (1 - out_{o1})$$

最後一個部分是計算 wx+b 的微分，如下所示：

$$sum_{o1} = w_5 \times out_{h1} + w_6 \times out_{h2} + b_3$$

$$\frac{\partial sum_{o1}}{\partial w_5} = \frac{\partial(w_5 \times out_{h1} + w_6 \times out_{h2} + b_3)}{\partial w_5} = out_{h1}$$

現在，我們可以計算出權重 w_5 的梯度，如下所示：

$$\frac{\partial E_{total}}{\partial w_5} = (out_{o1} - t_{o1}) \times (out_{o1} \times (1 - out_{o1})) \times (out_{h1})$$

在成功計算出權重 w_5 的梯度後，就可以使用梯度下降法來更新權重 w 成為 w+，α 是學習率，如下所示：

$$w+ = w_5 - \alpha \times \frac{\partial E_{total}}{\partial w_5}$$

神經網路的樣本和標籤資料

神經網路的**樣本**（Samples）**是用來訓練神經網路的資料集，標籤是每一個樣本對應的真實目標值**，基本上，這些資料都是不同維度的張量。

4-6-1 標籤資料 – One-hot 編碼

標籤（Label）是監督式學習訓練所需樣本對應的**答案**，神經網路在訓練時才能計算預測值和真實目標值之間的損失分數。對於分類資料來說，因為交叉熵是使用機率向量來計算損失，我們需要先將標籤執行 One-hot 編碼，才能和 Softmax 函數輸出的機率向量進行損失分數的計算，例如：辨識手寫數字圖片 3（從左至右每一格依序代表數字 0~9，其值是此數字的機率，例如：第 4 格是數字 3，預測值 0.78，即為 78% 是 3；標籤值是 1，100% 是 3），如下圖所示：

圖例上方是神經網路計算出的預測值，輸出層是使用 Softmax 函數，輸出的是機率向量，下方是數字 3 的 One-hot 編碼向量，使用 0~9 共 10 個狀態進行編碼，數字 3 是第 4 個位置，值 1 表示機率 100%，在轉換成 One-hot 編碼後，就可以使用交叉熵來計算損失分數。

我們準備使用 NumPy 建立 one_hot_encoding() 函式，可以替 NumPy 陣列的元素執行 One-hot 編碼（ch4-6-1.py），如下所示：

```python
import numpy as np


def one_hot_encoding(raw, num):
    result = []
    for ele in raw:
        arr = np.zeros(num)
        np.put(arr, ele, 1)
        result.append(arr)

    return np.array(result)
```

　　上述 one_hot_encoding() 函式有 2 個參數，第 1 個參數是欲編碼的陣列，第 2 個參數是分類數，函式使用 for 迴圈取出陣列的每一個元素後，建立第 2 個參數大小的全零陣列，然後使用 np.put() 函式將陣列元素值的位置指定成 1，就完成 One-hot 編碼。下方變數 digits 是欲編碼的數字標籤陣列，如下所示：

```python
digits = np.array([1, 8, 5, 4])
```

```python
one_hot = one_hot_encoding(digits, 10)
print(digits)
print(one_hot)
```

　　上述程式碼呼叫 one_hot_encoding() 函式執行 One-hot 編碼後，顯示原始陣列和編碼後的二維陣列，其執行結果如下所示：

```
[1 8 5 4]
[[0. 1. 0. 0. 0. 0. 0. 0. 0. 0.]
 [0. 0. 0. 0. 0. 0. 0. 0. 1. 0.]
 [0. 0. 0. 0. 0. 1. 0. 0. 0. 0.]
 [0. 0. 0. 0. 1. 0. 0. 0. 0. 0.]]
```

樣本資料 – 特徵標準化

神經網路的樣本是一個資料集，在送入神經網路訓練前，我們需要執行特徵標準化，並且將樣本切割成訓練、驗證和測試資料集，和決定訓練週期、批次與批次尺寸。

特徵標準化

如果樣本資料的特徵值區間範圍差異太大時，例如：樣本 X 有 2 個特徵，特徵 A 值的範圍 10,000~100,000、B 值是 0.1~1，在使用梯度下降法訓練神經網路時，特徵 B 的影響力非常小；在計算梯度時，特徵 B 的變化量也大幅小於特徵 A，這會導致損失函數最小化更加難以收斂。

特徵標準化的目的就是在平衡特徵值的貢獻，主要有兩種方法，如下所示：

● **正規化**：將資料縮放至 0~1 的範圍，如果資料範圍固定，沒有極端的最大或最小值，請使用正規化。

● **標準化**：將資料轉換成平均值為 0、標準差是 1，如果資料多雜訊且存在極端值，請使用標準化。

正規化 Normalization

正規化也稱為**最小最大值縮放**（Min-max Scaling），這是一種特徵標準化，可以將樣本資料集的特徵按比例縮放，讓資料落在一個特定區間，例如：將數值資料轉換成 **0~1 區間**，基本上，正規化是使用公式執行最小最大值縮放，如下所示：

$$X_{norm} = \frac{X - X_{min}}{X_{max} - X_{min}}$$

上述公式的分母是最大和最小值的差，分子是與最小值的差。我們準備使用色彩值 0~255 範圍的資料來執行正規化（ch4-6-2.py），如下所示：

```
import numpy as np

def normalization(raw):
    max_value = max(raw)
    min_value = min(raw)
    norm = [(float(i)-min_value)/(max_value-min_value) for i in raw]
    return norm

x = np.array([255, 128, 45, 0])

print(x)
norm = normalization(x)
print(norm)
print(x/255)
```

上述 normalization() 函式實作之前的公式，變數 x 是樣本資料陣列，其範圍是 0~255，然後呼叫 normalization() 函式執行資料轉換，即正規化 x 陣列，因為已經知道色彩值的範圍，也可以直接除以 255 來正規化資料，其執行結果如下所示：

```
[255 128  45   0]
[1.0, 0.5019607843137255, 0.17647058823529413, 0.0]
[1.          0.50196078 0.17647059 0.          ]
```

上述執行結果的第 1 列是原始資料，第 2 列是呼叫 normalization() 函式，最後 1 列是直接除以 255。

標準化 Standardization

標準化也稱為 **Z 分數**（Z-score），可以位移資料分佈成為**平均值是 0，標準差是 1** 的資料分佈，其公式如下所示：

$$X_{z\text{分數}} = \frac{X - \text{平均值}}{\text{標準差}}$$

Python 程式可以使用 scipy.stats 模組的 zscore() 函式來執行標準化（ch4-6-2a.py），如下所示：

```python
import numpy as np
from scipy.stats import zscore

x = np.array([255, 128, 45, 0])

z_score = zscore(x)
print(z_score)

print(zscore([[1, 2, 3],
              [6, 7, 8]], axis=1))
```

上述程式碼匯入 zscore() 函式後，就可以執行向量和矩陣資料的標準化，其執行結果如下所示：

```
[ 1.52573266  0.21648909 -0.63915828 -1.10306348]
[[-1.22474487  0.          1.22474487]
 [-1.22474487  0.          1.22474487]]
```

訓練、驗證和測試資料集

神經網路的樣本資料並不會全部拿來訓練神經網路的權重，而是會切割成訓練、驗證和測試三種資料集，如右圖所示：

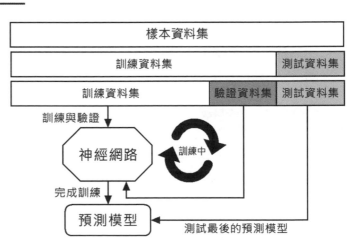

上述圖例可以看出樣本資料集會先切割成訓練和測試資料集，訓練資料集在訓練時會再切割成訓練和驗證資料集，訓練、驗證和測試資料集的常見比例約為 70%、20% 和 10%，視問題而定。三種資料集的說明，如下所示：

● **訓練資料集**（Training Dataset）：這些樣本資料是用來訓練神經網路的預測模型，也就是調整神經網路的權重。

● **驗證資料集**（Validation Dataset）：驗證資料集是用在神經網路的訓練過程中評估和優化模型（最小化過度擬合），如果訓練資料集的正確率提昇，同時驗證資料集的正確率持平或減少，就表示神經網路已經過度擬合，我們需要停止訓練來調整神經網路本身的參數和超參數（不是權重），例如：增加隱藏層數，以便能夠最小化過度擬合。

● **測試資料集**（Testing Dataset）：測試資料集是用來評估神經網路訓練完成後最終的預測模型，而且測試資料集只會使用一次。

訓練週期、批次與批次尺寸

神經網路是使用反向傳播演算法進行訓練，這是一種「**迭代優化演算法**」（Iterative Optimization Algorithm），迭代的意思是需要重複很多次訓練，才能得到最佳的結果。

一般來說，因為訓練資料集都太大，無法一次將整個訓練資料集送入神經網路，為了執行效能考量，我們會將訓練資料切割成較小單位的「**批次**」（Batches），每一個批次的樣本數，稱為「**批次尺寸**」（Batch Size）。如同將一篇很長的文章依主題切割成多個小節，如此可以讓讀者更容易閱讀和吸收。

當整個訓練資料集（分成多個批次）從前向傳播至反向傳播通過整個神經網路「一」次，稱為一個「**訓練週期**」（Epochs）。

 Tips　請注意！迭代（Iterations）的重複次數是指需要多少個批次來完成一個訓練週期，例如：訓練資料集的樣本數有 2000 筆，批次尺寸 500，我們需要 4 次迭代來完成一個訓練週期，4×500=2000 筆。

學習評量

1　請說明什麼是線性不可分的問題？

2　請舉例說明什麼是多層感知器？

3　請使用圖例說明深度學習的學習過程。

4　請說明深度學習到底學到了什麼？什麼是低度擬合和過度擬合？

5　請舉例說明什麼是啟動函數和損失函數？

6　請問何謂梯度下降法？

7　請問什麼是反向傳播演算法？

8　請舉例說明什麼是 One-hot 編碼？什麼是正規化？什麼是標準化？

9　請問神經網路的樣本資料需要分割成哪三種資料集？

10　請簡單說明什麼是訓練週期、批次與批次尺寸？

打造你的神經網路 - 多層感知器

5-1 如何使用 Keras 打造神經網路

Keras 是架構在 TensorFlow 和 PyTorch 後台框架之上,一套方便使用者建構前端模型的高階函式庫,我們只需使用少少的 Python 程式碼,就可以快速建構出深度學習模型的神經網路,其設計模式如同製作一個多層的生日蛋糕,其每一層神經層就是一層不同口味的蛋糕層,如下圖所示:

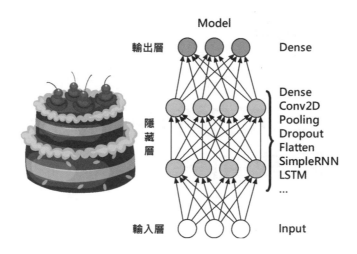

上述深度學習模型在 Keras 是一個 Model(模型),Model 如同是一個空的蛋糕架,我們可以將 Keras 預建神經層一層一層的依序放入蛋糕架中,即可建構出多層生日蛋糕的神經網路。

Keras 深度學習模型(Models)

模型(Models)是 Keras 函式庫的核心資料結構,而這就是我們準備建立的深度學習模型。Keras 支援兩種模型,其簡單說明如下所示:

- **Sequential 模型(Sequential Models)**:一種線性堆疊結構,神經層是單一輸入張量和單一輸出張量,每一層接著連接下一層神經層,並不允許跨層連接。當建立 Sequential 物件後,我們可以使用神經層串列,或呼叫 add() 函式來新增神經層,在本書內容主要是在說明如何建立 Sequential 模型。

- Functional API：如果是複雜的多輸入和多輸出，或擁有共享神經層的深度學習模型，我們需要使用 Functional API 來建立 Model。事實上，Sequential 模型就是 Functional API 的一種特殊情況，在第 9-2-2 節和第 16 章有進一步的說明。

Keras 預建神經層類型

Keras 的 Sequential 模型是一個容器，可以讓我們將各種 Kcras 預建神經層類型（Predefined Layer Types）依序新增至模型中，常用類型的簡單說明如下所示：

- **多層感知器（MLP）**：新增一至多個 Dense 層來建立多層感知器，我們一樣可以使用 Dropout 層來防止過度擬合。

- **卷積神經網路（CNN）**：在依序新增一至多組 Conv2D 和 Pooling 層後，即可新增 Dropout、Flatten 和 Dense 層來建立卷積神經網路。

- **循環神經網路（RNN）**：我們是分別使用 SimpleRNN、LSTM 或 GRU 層來建立循環神經網路。

5-2　打造分類問題的神經網路：糖尿病預測

皮馬印地安人（Pima Indians）是一個曾經輝煌過的美國原住民部落，其糖尿病人口比率在全美國是最高的，皮馬印地安人的糖尿病資料集（Pima Indians Diabetes Dataset）就是皮馬印地安人的醫療記錄，我們準備打造第一個處理分類問題的神經網路，可以預測皮馬印地安人是否會得糖尿病。

5-2-1　認識皮馬印地安人的糖尿病資料集

Python 程式：ch5-2-1.py 是使用 Pandas 載入 diabetes.csv 的皮馬印地安人糖尿病資料集，如下所示：

```
import pandas as pd
```

```
df = pd.read_csv("./diabetes.csv")
```

上述程式碼呼叫 Pandas 的 read_csv() 函式載入糖尿病資料集 diabetes.csv，"./diabetes.csv" 是指檔案和 Python 程式檔案位在相同目錄，（如果是用 Jupyter Notebook，請將 diabetes.csv 複製到與 .ipynb 檔案相同的目錄）。當成功載入糖尿病資料集後，我們就可以探索此資料集，顯示前 5 筆記錄，如下所示：

```
print(df.head())
```

上述程式碼呼叫 head() 函式顯示前 5 筆記錄，其執行結果如下圖所示：

	Pregnancies	Glucose	BloodPressure	SkinThickness	Insulin	BMI	DiabetesPedigreeFunction	Age	Outcome
0	6	148	72	35	0	33.6	0.627	50	1
1	1	85	66	29	0	26.6	0.351	31	0
2	8	183	64	0	0	23.3	0.672	32	1
3	1	89	66	23	94	28.1	0.167	21	0
4	0	137	40	35	168	43.1	2.288	33	1

上述糖尿病資料集共有 9 個欄位，其說明如下所示：

- **Pregnancies**：懷孕次數。

- **Glucose**：2 小時口服葡萄糖耐受測試的血液葡萄糖濃度。

- **BloodPressure**：血壓的舒張壓（mm Hg）。

- **SkinThickness**：三頭肌皮膚摺層厚度（mm），是臨床上測量營養狀況的指標。

- Insulin：血清胰島素（mu U/ml）。

- BMI：身體質量指數。

- DiabetesPedigreeFunction：糖尿病家族函數。

- Age：年齡。

- Outcome：5 年是否有得糖尿病，值 1 是有、0 是沒有。

　　然後使用 shape 屬性顯示資料集有幾筆記錄和幾個欄位，即形狀，如下所示：

```
print(df.shape)
```

　　上述程式碼的執行結果顯示 9 個欄位共 768 筆記錄，如下所示：

```
(768, 9)
```

　　我們準備分割資料集的前 8 個欄位作為神經網路的特徵資料，最後 1 個欄位是目標值的標籤資料。

5-2-2　打造你的第一個神經網路

　　在了解皮馬印地安人的糖尿病資料集後，我們就可以開始打造你的第一個神經網路，其基本步驟如下圖所示：

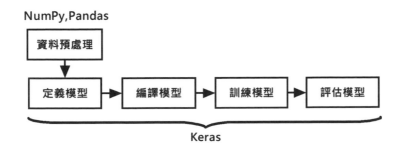

上述步驟首先使用 Python 搭配 NumPy 和 Pandas 等套件來載入資料集和進行資料預處理,例如:One-hot 編碼和特徵標準化等操作後,就可以使用 Keras 定義、編譯、訓練和評估深度學習模型。

Python 程式:ch5-2-2.py 首先匯入所需的模組與套件,如下所示:

```
import numpy as np
import pandas as pd
from keras import Sequential
from keras.layers import Input, Dense

np.random.seed(10)
```

上述程式碼匯入 NumPy 和 Pandas 套件,Keras 有 Sequential 模型、Input 輸入層和 Dense 全連接層,然後指定亂數種子是參數值 10(可自行指定不同的種子值),其目的是為了讓每次執行結果可在**相同亂數條件**下來進行比較、分析和除錯。

Step
1 資料預處理

資料預處理步驟是在載入資料集後,進行資料清理、特徵標準化或 One-hot 編碼等操作,我們第一個 MLP 神經網路範例只需切割糖尿病資料集成為特徵和標籤資料集,如下所示:

```
df = pd.read_csv("./diabetes.csv")
dataset = df.values
np.random.shuffle(dataset)
```

上述程式碼使用 Pandas 載入資料集後,使用 values 回傳 NumPy 二維陣列,接著呼叫 random.shuffle() 函式使用亂數打亂資料順序後,即可將資料分割成特徵資料集和標籤資料集,如下所示:

```
X = dataset[:, 0:8]
y = dataset[:, 8]
```

上述程式碼使用切割運算子將前 8 個欄位分割成特徵資料，這就是輸入神經網路的訓練資料集 X，最後 1 個欄位是目標的標籤資料集 y。

Step
2 定義模型

接著定義神經網路模型，規劃的神經網路共有四層，這是一個深度神經網路，如右圖所示：

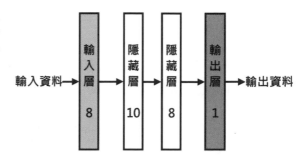

上述圖例的輸入層有 8 種特徵資料，兩個隱藏層依序是 10 和 8 個神經元，因為糖尿病資料集是用來預測是否得到糖尿病，屬於一種二元分類問題，在輸出層可以使用 1 個或 2 個神經元，以此例是使用 1 個神經元。

在 Keras 定義神經網路模型的第一步是**建立 Sequential 物件**，如下所示：

```
model = Sequential()
```

上述程式碼建立 Sequential 物件 model 後，呼叫 **add()** 函式新增神經層，首先新增 **Input 輸入層**，如下所示：

```
model.add(Input(shape=(8,)))
```

上述 shape 參數指定輸入資料的形狀，值 (8,) 表示是使用 (*, 8) 元組的輸入資料，「*」是樣本數；8 是特徵數，也可視為輸入層的神經元數。然後新增第 1 層 Dense 隱藏層，如下所示：

```
model.add(Dense(10, activation="relu"))
```

上述程式碼新增 **Dense 物件的全連接層**，這是第 1 層隱藏層，建構子的第 1 個參數是隱藏層的神經元數，以此例是 10 個（即 units 參數），其主要參數的說明如下所示：

● **units 參數**：即第 1 個參數的正整數 10，這是神經元數，也是此神經層的輸出維度，10 就是 (*, 10) 形狀的輸出，「*」是樣本數。

● **activation 參數**：指定使用的啟動函數，字串 "relu" 是 ReLU 函數；"sigmoid" 是 Sigmoid 函數；"tanh" 是 Tanh 函數；"softmax" 是 Softmax 函數。

　　然後重複呼叫 add() 函式來新增第 2 層隱藏層的 Dense 物件，在這一層有 8 個神經元，啟動函數是 ReLU 函數，如下所示：

```
model.add(Dense(8, activation="relu"))
```

　　最後新增只有 1 個神經元的 Dense 輸出層物件，啟動函數是 Sigmoid 函數，如下所示：

```
model.add(Dense(1, activation="sigmoid"))
```

　　在完成模型定義後，我們也同時定義了各層神經層輸入和輸出資料的維度，如右圖所示：

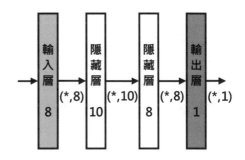

　　在定義好模型後，就可以呼叫 **summary()** 函式顯示模型的摘要資訊，如下所示：

```
model.summary()
```

　　上述函式顯示每一層神經層的參數個數，和整個神經網路的參數總數，其執行結果如下所示：

Model: "sequential"

Layer (type)	Output Shape	Param #
dense (Dense)	(None, 10)	90
dense_1 (Dense)	(None, 8)	88
dense_2 (Dense)	(None, 1)	9

Total params: 187 (748.00 B)
Trainable params: 187 (748.00 B)
Non-trainable params: 0 (0.00 B)

　　上述第 1 行顯示是 Sequential 模型，在第 1 層隱藏層的**參數個數**（即**權重數**）是輸入特徵數 8 乘以 10 個神經元的矩陣，再加上每一個神經元有 1 個偏向量，共 10 個偏向量，如下所示：

$8 \times 10 + 10 = 90$

　　第 2 層隱藏層的參數個數的計算是前一層輸出的 10 乘以這一層的 8 個神經元，再加上每一個神經元有 1 個偏向量，共 8 個偏向量，如下所示：

$10 \times 8 + 8 = 88$

　　在輸出層參數個數的計算是前一層輸出的 8 乘以這一層的 1 個神經元，再加上每一個神經元有 1 個偏向量，共 1 個偏向量，如下所示：

$8 \times 1 + 1 = 9$

　　最後神經網路的參數總數，就是各層參數個數的總和，如下所示：

$90 + 88 + 9 = 187$

Tips Sequential 模型的建構除了使用 add() 函式外，也可以使用串列，在網路模型的每一層就是依序的串列項目（Python 程式：ch5-2-2a.py），如下所示：

```
model = Sequential([
    Input(shape=(8,)),
    Dense(10, activation="relu"),
```
▶▶

```
        Dense(8, activation="relu"),
        Dense(1, activation="sigmoid")
])
```

編譯模型

　　在定義好模型後，我們需要編譯模型讓 Keras 將定義的模型轉換成低階後台框架的計算圖，如下所示：

```
model.compile(loss="binary_crossentropy", optimizer="sgd",
              metrics=["accuracy"])
```

　　上述 **compile()** 函式可以編譯模型，其常用參數的說明，如下所示：

● **loss 參數**：**損失函數**的名稱字串，我們可以使用均方誤差 mse 或交叉熵 crossentropy，依據不同問題 Keras 可以使用的預設啟動函數，和對應的損失函數字串說明，如下表所示：

問題種類	輸出層啟動函數	損失函數名稱字串
二元分類	sigmoid	binary_crossentropy
單標籤多元分類	softmax	categorical_crossentropy
多標籤多元分類	sigmoid	binary_crossentropy
迴歸分析	不需要	mse
迴歸值在 0~1 之間	sigmoid	mse 或 binary_crossentropy

上表二元分類（Binary Classification）是分成兩類，多元分類（Multi-class Classification）是分成多個不同種類；單標籤（Single-label）是指只屬於一類，多標籤（Multi-label）是指可以屬於多個種類；而迴歸分析的進一步說明請參閱第 5-3 節。

● **optimizer 參數**：在訓練時使用的**優化器**名稱字串，這就是使用的梯度下降法，在 Keras 有多種預設優化方法可供選擇，"sgd" 是指隨機梯度下降法，在第 5-2-3 節和第 14 章有優化器的進一步說明。

● **metrics 參數**：指定訓練和評估模型時的評估標準，如果有多個輸出，請使用 Python 串列來分別指明各輸出的評估標準，通常是使用 ["accuracy"] 準確度。

Step

4　訓練模型

在編譯模型成為低階計算圖後，就可以送入特徵資料來訓練模型，如下所示：

```
model.fit(X, y, epochs=150, batch_size=10)
```

上述 **fit()** 函式的第 1 個參數是訓練的特徵資料 X（即輸入資料），第 2 個參數是對應目標值的標籤資料 y，epochs 參數是訓練週期的次數，batch_size 參數是批次尺寸，即每一個批次的樣本數（預設值是 32），詳細訓練週期和批次說明請參閱第 4-6-2 節，其執行結果共訓練 150 次，如下所示：

```
Epoch 1/150
77/77 ——————————— 1s 1ms/step - accuracy: 0.5994 - loss: 4.1093
Epoch 2/150
77/77 ——————————— 0s 616us/step - accuracy: 0.6378 - loss: 0.6873
Epoch 3/150
77/77 ——————————— 0s 822us/step - accuracy: 0.6826 - loss: 0.6551
Epoch 4/150
77/77 ——————————— 0s 822us/step - accuracy: 0.6658 - loss: 0.6466
Epoch 5/150
77/77 ——————————— 0s 822us/step - accuracy: 0.6586 - loss: 0.6404
 ......
Epoch 146/150
77/77 ——————————— 0s 617us/step - accuracy: 0.7068 - loss: 0.5516
Epoch 147/150
77/77 ——————————— 0s 617us/step - accuracy: 0.6846 - loss: 0.5785
Epoch 148/150
77/77 ——————————— 0s 617us/step - accuracy: 0.7100 - loss: 0.5293
Epoch 149/150
77/77 ——————————— 0s 822us/step - accuracy: 0.6823 - loss: 0.5710
Epoch 150/150
77/77 ——————————— 0s 828us/step - accuracy: 0.6823 - loss: 0.5663
```

上述 Epoch 1/150 是第 1 次訓練週期，依序重複到 150/150 次；在下方的 77 是共需 77 次批次尺寸 10 的批次數，即 768/10=76+1=77。之後是訓練時的進度列（因為速度很快，看不太出來有顯示進度），然後是每一步花費的時間，以及準確度 accuracy 與損失分數 loss。

當訓練好模型後，我們需要評估模型的效能，在本節範例是使用相同的訓練資料來評估模型，其主要目的是說明 **evaluate()** 函式的使用。

在實務上，我們應該將資料集分割成訓練資料集和測試資料集，然後使用訓練資料集來訓練模型、測試資料集來評估模型，如下所示：

```
loss, accuracy = model.evaluate(X, y)
print(" 準確度 = {:.2f}".format(accuracy))
```

上述 evaluate() 函式參數依序是輸入資料和對應的標籤資料，可以回傳損失分數和準確度，其執行結果是 0.69（即 69%），如下所示：

```
24/24  0s 679us/step - accuracy: 0.6898 - loss: 0.5600
準確度 = 0.69
```

上述執行結果因為批次尺寸沒有指定，預設值是 32，所以 768/32=24。**請注意！因為亂數的關係，讀者電腦的執行結果有可能會有些許差異。**

5-2-3　調整你的神經網路

在成功使用 Keras 打造第一個神經網路的深度學習模型後，讀者應該發現從樣本資料分割開始，我們有很多地方可以調整神經網路，在這一節我們準備逐步調整神經網路，以便看一看模型的準確度是否會改變。

特徵標準化

因為糖尿病資料集各欄位值的範圍差異不小，我們準備執行第 4-6-2 節的特徵標準化。Python 程式：ch5-2-3.py 在分割成 X 的特徵資料（即訓練的輸入資料）後，執行特徵標準化（Standardization），如下所示：

```
X -= X.mean(axis=0)
X /= X.std(axis=0)
```

上述特徵資料 X 先減掉 mean() 函式的平均值後，再除以 std() 函式的標準差，可以將特徵資料的值位移成平均值是 0、標準差是 1 的資料分佈。

同時，Python 程式為了減少輸出訊息，並沒有顯示模型摘要資訊，而且在訓練過程也沒有顯示每一個訓練週期的相關資訊，如下所示：

```
model.fit(X, y, epochs=150, batch_size=10, verbose=0)
```

上述 fit() 函式新增 verbose 參數指定輸出方式（evaluate() 函式也支援此參數），整數值 0 是不顯示，預設值 1 會顯示進度列和每一訓練週期的損失和準確度，值 2 只會顯示每一次訓練週期的資料，並不會顯示進度列。

Python 程式的執行結果只顯示一行，而這 1 行不是 fit() 函式，而是 evaluate() 函式顯示的評估批次數和進度列，如下所示：

```
24/24 0s 679us/step - accuracy: 0.8021 - loss: 0.4143
準確度 = 0.81
```

上述準確度是 0.81（即 81%），比第 5-2-2 節的準確度提升不少。

在輸出層使用 softmax 啟動函數

我們打造的神經網路輸出層只有 1 個神經元，所以使用 Sigmoid 啟動函數；而二元分類也可以使用 Softmax 啟動函數，此時在輸出層就需改成 2 個神經元，而且標籤資料也需執行 One-hot 編碼。

Python 程式：ch5-2-3a.py 是修改自 ch5-2-3.py，使用 Keras 的 utils 模組執行 One-hot 編碼，首先在程式開頭匯入模組，如下所示：

```
from keras.utils import to_categorical
```

上述程式碼從 keras.utils 匯入 to_categorical 後，執行標籤資料 y 的 One-hot 編碼，如下所示：

```
y = to_categorical(y)
```

上述程式碼呼叫 **to_categorical()** 函式將分類資料的標籤 y 進行 One-hot 編碼，同時，我們需要修改神經網路的輸出層，如下所示：

```
model = Sequential()
model.add(Input(shape=(8,)))
model.add(Dense(10, activation="relu"))
model.add(Dense(8, activation="relu"))
model.add(Dense(2, activation="softmax"))
```

上述程式碼修改最後輸出層的 Dense 物件，第 1 個參數 2 表示有 2 個神經元，啟動函數改為 "softmax"，其執行結果的準確度一樣是 0.81，如下所示：

```
準確度 = 0.81
```

在神經層使用權重初始器（Initializers）

在第 4-3-2 節說明神經網路的訓練迴圈時，訓練迴圈開始需要初始權重，Keras 為了減少程式碼的撰寫，Dense 物件的參數都有預設值，只有需更改參數值時，我們才需要額外指定，沒有就是使用預設值。

Python 程式：ch5-2-3b.py 是修改自 ch5-2-3a.py，在 Dense 神經層新增初始權重矩陣和偏向量的 2 個參數，如下所示：

```
model = Sequential()
model.add(Input(shape=(8,)))
model.add(Dense(10, kernel_initializer="random_uniform",
                bias_initializer="ones",
                activation="relu"))
model.add(Dense(8, kernel_initializer="random_uniform",
                bias_initializer="ones",
                activation="relu"))
model.add(Dense(2, kernel_initializer="random_uniform",
                bias_initializer="ones",
                activation="softmax"))
```

上述 2 個隱藏層和輸出層的 Dense 神經層都有初始權重矩陣和偏向量，其值是 Keras 內建初始器（Initializers）的名稱字串，2 個參數的說明，如下所示：

- **kernel_initializer 參數**：初始神經層的權重矩陣，參數值字串是初始器名稱，預設值是 glorot_uniform。

- **bias_initializer 參數**：初始偏向量的值，參數值字串是初始器名稱，預設值是 zeros。

Keras 的初始器是用來定義神經層初始隨機的權重矩陣，常用權重初始器字串（官方文件：https://keras.io/api/layers/initializers/），如下表所示：

初始器字串	說明
zeros	全部初始為 0
ones	全部初始為 1
????_normal	常態分佈的隨機亂數，可以是 random_normal、剪裁極端值的 truncated_normal，或改良剪裁極端值的 glorot_normal
????_uniform	均勻分布的隨機亂數，可以是 random_uniform、在正負範圍之間的 lecun_uniform，或改良正負範圍之間的 glorot_uniform

上述 Dense 物件的 kernel_initializer 參數值是 random_uniform，bias_initializer 參數值是 ones，其執行結果對於準確度的提升並沒有明顯的幫助，如下所示：

```
準確度 = 0.78
```

在編譯模型使用 adam 優化器

優化方法是影響模型效能的重要因素之一，在 Keras 稱為優化器（Optimizers），優化器就是各種改良版本的梯度下降法（其效能都有相關論文作為依據），我們可以在神經網路實際測試各種優化器來看一看是否可以得到更好的結果。關於優化器各種超參數的詳細說明，請參閱第 14 章或 Keras 官方文件：https://keras.io/api/optimizers/。

Python 程式：ch5-2-3c.py 是修改自 ch5-2-3a.py，將優化器從 sgd 改為更好的 adam，如下所示：

```
model.compile(loss="binary_crossentropy", optimizer="adam",
              metrics=["accuracy"])
```

上述 optimizer 參數值是 adam 字串，除了 sgd 和 adam 外，rmsprop 優化器是循環神經網路的最佳選擇之一。於此例改用 adam 優化器後，執行結果的準確度提升到 0.82（即 82%），如下所示：

```
準確度 = 0.82
```

減少神經網路的參數量

對於我們打造的神經網路，除了特徵標準化、修改各神經層的啟動函數、初始權重矩陣和使用不同的優化器外，由於糖尿病資料集的樣本數並不多，我們還可以縮小神經網路尺寸，也就是減少神經網路的參數量來改進模型的效能。

Python 程式：ch5-2-3d.py 是修改自 ch5-2-3c.py，將第 1 層隱藏層的神經元數從 10 個改成 8 個，如下所示：

```
model.add(Input(shape=(8,)))
model.add(Dense(8, activation="relu"))
model.add(Dense(8, activation="relu"))
model.add(Dense(2, activation="softmax"))
```

上述程式碼因為縮小神經網路的尺寸，參數量也從 187 個變成 162 個，其執行結果可以看到模型摘要資訊，如下所示：

Layer (type)	Output Shape	Param #
dense (Dense)	(None, 8)	72
dense_1 (Dense)	(None, 8)	72
dense_2 (Dense)	(None, 2)	18

```
Total params: 162 (648.00 B)
Trainable params: 162 (648.00 B)
Non-trainable params: 0 (0.00 B)
```

模型的準確度提升到 0.83（即 83%），如下所示：

```
準確度 = 0.83
```

5-2-4　使用測試與驗證資料集

第 5-2-2 和 5-2-3 節的神經網路都是使用同一組資料集來訓練和評估模型，在實務上，我們應該**使用訓練資料集來訓練模型、測試資料集用來評估模型**。所以，我們需要將資料集分割成訓練和測試資料集；更進一步，我們還可以從訓練資料集分割出部分資料作為驗證資料集。

將資料集分割成訓練和測試資料集

在訓練和評估神經網路模型時，我們需要將資料集分割成訓練和測試資料集，然後使用訓練資料集來訓練模型、測試資料集來評估模型，這種方式稱為「持久性驗證」（Holdout Validation）。

Python 程式：ch5-2-4.py 是使用分割運算子將特徵和標籤資料集分割成前 690 筆的 X_train 和 y_train，和後 78 筆的 X_test 和 y_test，如下所示：

```
X_train, y_train = X[:690], y[:690]        # 訓練資料前 690 筆
X_test, y_test = X[690:], y[690:]          # 測試資料後 78 筆
```

現在，我們改用 X_train 和 y_train 訓練資料集來訓練模型，如下所示：

```
model.fit(X_train, y_train, epochs=150, batch_size=10, verbose=0)
```

然後，分別使用訓練資料集和測試資料集來評估模型，如下所示：

```
loss, accuracy = model.evaluate(X_train, y_train, verbose=0)
print("訓練資料集的準確度 = {:.2f}".format(accuracy))
loss, accuracy = model.evaluate(X_test, y_test, verbose=0)
print("測試資料集的準確度 = {:.2f}".format(accuracy))
```

上述程式碼分別使用 X_train / y_train 訓練資料集和 X_test / y_test 測試資料集來評估模型，其執行結果如下所示：

```
訓練資料集的準確度 = 0.82
測試資料集的準確度 = 0.73
```

上述訓練資料集的筆數是 690 筆、測試資料集的筆數是 78 筆，準確度分別是 0.82（82%）和 0.73（73%）。基本上，訓練資料集的準確度會高於測試資料集，因為訓練資料是神經網路已經看過的資料，而測試資料集是神經網路根本沒看過的新資料。

很明顯的！對於沒看過資料的準確度 73% 比起 82% 低了不少，表示**模型的泛化性不足，有過度擬合的問題**。因為預測模型有過度擬合的現象，可能是訓練週期太多，為了找出最佳的訓練週期，我們需要在訓練模型使用驗證資料集。

在訓練模型時使用驗證資料集（手動分割）

如同分割出訓練和測試資料集，我們一樣可以手動再從訓練資料集分割出驗證資料集，為了方便說明，Python 程式：ch5-2-4a.py 是直接使用測試資料集作為訓練模型時使用的驗證資料集，如下所示：

```
history = model.fit(X_train, y_train,
                    validation_data=(X_test, y_test),
                    epochs=150, batch_size=10)
```

　　上述 fit() 函式的回傳值是 history 歷史記錄物件，並使用 validation_
data 參數指定使用的驗證資料集，在執行 Python 程式時因為沒有 verbose=0
參數，所以會顯示完整訓練過程的資訊，可以看到每一個訓練週期多了驗證損失
和驗證準確度，如下所示：

```
Epoch 1/150
69/69 ──────────── 2s 4ms/step - accuracy: 0.3875 - loss: 0.7262 - val_accuracy: 0.5513 - val_loss: 0.6960
Epoch 2/150
69/69 ──────────── 0s 1ms/step - accuracy: 0.6248 - loss: 0.6746 - val_accuracy: 0.6667 - val_loss: 0.6607
Epoch 3/150
69/69 ──────────── 0s 1ms/step - accuracy: 0.6848 - loss: 0.6461 - val_accuracy: 0.6667 - val_loss: 0.6295
Epoch 4/150
69/69 ──────────── 0s 1ms/step - accuracy: 0.7218 - loss: 0.5899 - val_accuracy: 0.6923 - val_loss: 0.6040
Epoch 5/150
69/69 ──────────── 0s 1ms/step - accuracy: 0.7092 - loss: 0.5616 - val_accuracy: 0.7051 - val_loss: 0.5827
......
69/69 ──────────── 0s 1ms/step - accuracy: 0.8320 - loss: 0.3951 - val_accuracy: 0.7436 - val_loss: 0.5529
Epoch 146/150
69/69 ──────────── 0s 1ms/step - accuracy: 0.8290 - loss: 0.3702 - val_accuracy: 0.7436 - val_loss: 0.5589
Epoch 147/150
69/69 ──────────── 0s 1ms/step - accuracy: 0.8049 - loss: 0.3675 - val_accuracy: 0.7436 - val_loss: 0.5561
Epoch 148/150
69/69 ──────────── 0s 1ms/step - accuracy: 0.8336 - loss: 0.3645 - val_accuracy: 0.7436 - val_loss: 0.5579
Epoch 149/150
69/69 ──────────── 0s 1ms/step - accuracy: 0.8302 - loss: 0.3618 - val_accuracy: 0.7564 - val_loss: 0.5546
Epoch 150/150
69/69 ──────────── 0s 1ms/step - accuracy: 0.8354 - loss: 0.3491 - val_accuracy: 0.7564 - val_loss: 0.5600
```

　　上述每一行最後的 val_loss 是驗證的損失分數，val_accuracy 是驗證的
準確度。然後使用 evaluate() 函式來評估模型，如下所示：

```
loss, accuracy = model.evaluate(X_train, y_train, verbose=0)
print("訓練資料集的準確度 = {:.2f}".format(accuracy))
loss, accuracy = model.evaluate(X_test, y_test, verbose=0)
print("測試資料集的準確度 = {:.2f}".format(accuracy))
```

　　上述程式碼分別使用訓練和測試資料集來評估模型，可以看出模型有過度擬
合的問題，其執行結果如下所示：

```
訓練資料集的準確度 = 0.82
測試資料集的準確度 = 0.76
```

為了找出神經網路最佳的訓練週期次數，我們可以使用 Matplotlib 以 fit() 函式回傳的 history 物件，繪出訓練和驗證損失的趨勢圖表，如下所示：

```
import matplotlib.pyplot as plt

loss = history.history["loss"]
epochs = range(1, len(loss)+1)
val_loss = history.history["val_loss"]
plt.plot(epochs, loss, "bo", label="Training Loss")
plt.plot(epochs, val_loss, "r", label="Validation Loss")
plt.title("Training and Validation Loss")
plt.xlabel("Epochs")
plt.ylabel("Loss")
plt.legend()
plt.show()
```

　　上述程式碼從 history 物件取出 "loss" 訓練損失和 "val_loss" 驗證損失，而 epochs 是訓練週期。可以繪製 X 軸是訓練週期、Y 軸是損失的趨勢圖表，如右圖所示：

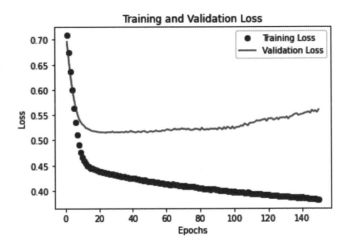

　　從上述圖表可以看出訓練和驗證損失的趨勢，訓練資料集在反覆學習後，損失逐漸下降，準確度會上升；但是，驗證資料集約在 10 次訓練週期左右，其驗證損失就沒有再減少，反而是逐步增加，換句話說，我們執行再多次的訓練週期，也只會讓模型更加的過度擬合。

Tips 在 Spyder 繪製圖表預設是顯示在上方的 **Plots** 標籤，如果需要在下方 IPython Console 視窗顯示圖表，請點選右上角三條線的功能表，取消勾選 **Mute inline plotting** 命令，如下圖所示：

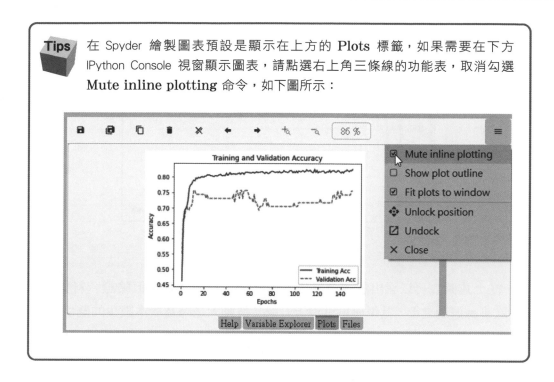

同理，我們可以繪出訓練和驗證準確度的趨勢圖表，如下圖所示：

```
acc = history.history["accuracy"]
epochs = range(1, len(acc)+1)
val_acc = history.history["val_accuracy"]
plt.plot(epochs, acc, "b-", label="Training Acc")
plt.plot(epochs, val_acc, "r--", label="Validation Acc")
plt.title("Training and Validation Accuracy")
plt.xlabel("Epochs")
plt.ylabel("Accuracy")
plt.legend()
plt.show()
```

上述程式碼從 history 物件取出 "accuracy" 訓練準確度和 "val_accuracy" 驗證準確度，而 epochs 是訓練週期。可以繪製 X 軸是訓練週期、Y 軸是準確度的趨勢圖表，如下圖所示：

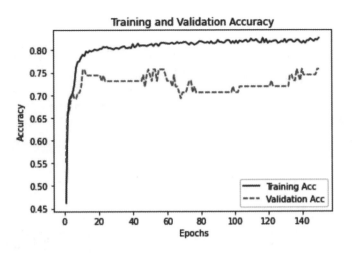

　　從上述圖表可以看出訓練資料集的準確度是持續上升，但驗證資料集約在 10 次訓練週期之後，其準確度就沒上升過（波動大是因為樣本數少的關係）。

　　所以，從圖表可以看出神經網路只需訓練 10 次左右即可，並不用訓練到 150 次。Python 程式：ch5-2-4b.py 的 epochs 參數值已經改為 10，如下所示：

```
history = model.fit(X_train, y_train,
                    validation_data=(X_test, y_test),
                    epochs=10, batch_size=10)
```

　　現在，訓練資料集和測試資料集的準確度分別是 0.77（77%）和 0.72（72%），如下所示：

```
訓練資料集的準確度 = 0.77
測試資料集的準確度 = 0.72
```

　　其訓練與驗證損失的趨勢圖表，如下圖所示：

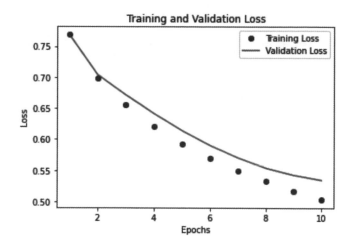

上述圖表可以看到驗證損失沒有再下降，幾乎是持平，但和訓練損失之間仍有一些差距，表示有輕度過度擬合，不過，已經大幅改善。

在訓練模型時使用驗證資料集（自動分割）

在 Keras 的 fit() 函式可以使用 validation_split 參數自動分割出驗證資料集，Python 程式：ch5-2-4c.py 是修改自 ch5-2-4b.py，改用 fit() 函式的參數來自動分割，換句話說，我們是從訓練資料集之中再分割出驗證資料集，如下所示：

```
history = model.fit(X_train, y_train, validation_split=0.2,
                    epochs=13, batch_size=10)
```

上述 fit() 函式的 validation_split 參數值是 0.2（即 20%），另一個常用值是 0.33（即 33%）。因為分割後的訓練資料量更少，訓練週期經筆者測試約需增加至 13 次，其執行最後幾次訓練週期的結果，如下所示：

```
......
56/56 ──────────────── 0s 1ms/step - accuracy: 0.6373 - loss: 0.5812 - val_accuracy: 0.6377 - val_loss: 0.5706
Epoch 9/13
56/56 ──────────────── 0s 1ms/step - accuracy: 0.6589 - loss: 0.5496 - val_accuracy: 0.6377 - val_loss: 0.5487
Epoch 10/13
56/56 ──────────────── 0s 1ms/step - accuracy: 0.6887 - loss: 0.5208 - val_accuracy: 0.6667 - val_loss: 0.5286
Epoch 11/13
56/56 ──────────────── 0s 1ms/step - accuracy: 0.7110 - loss: 0.5237 - val_accuracy: 0.7319 - val_loss: 0.5107
Epoch 12/13
56/56 ──────────────── 0s 1ms/step - accuracy: 0.7617 - loss: 0.5323 - val_accuracy: 0.7536 - val_loss: 0.4938
Epoch 13/13
56/56 ──────────────── 0s 1ms/step - accuracy: 0.7600 - loss: 0.4863 - val_accuracy: 0.7826 - val_loss: 0.4792
```

上述每一行最後的 val_loss 是驗證的損失分數，val_accuracy 是驗證
的準確度。訓練資料集和測試資料集的準確度分別是 0.78（78%）和 0.76
（76%），如下所示：

```
訓練資料集的準確度 = 0.78
測試資料集的準確度 = 0.76
```

　　其訓練與驗證損失的趨
勢圖表，如右圖所示：

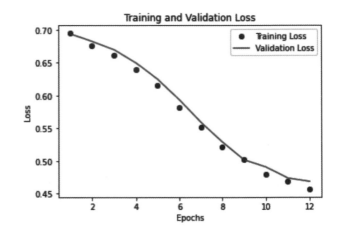

　　上述圖表可以看到訓練損失和驗證損失都是逐漸下降至連在一起，神經網路
的過度擬合基本上已經解決了。

5-2-5　模型的預測值

　　Keras 的 model 物件是呼叫 evaluate() 函式，來計算輸入樣本資料
的誤差，以幫助我們調整神經網路；如果想取得的是模型預測值，則是使用
predict() 函式。

　　Python 程式：ch5-2-5.py 是修改自 ch5-2-4b.py，在 fit() 函式中沒有使
用驗證資料集，而是在最後使用 predict() 函式顯示第 1 筆測試資料的預測值，
如下所示：

```
y_pred = model.predict(X_test, batch_size=10, verbose=0)
print(y_pred[0])
```

上述 predict() 函式的第 1 個參數是測試資料 X_test，因為是計算預測值，不需要 y_test，在指定 batch_size 批次尺寸後，可以回傳整個資料集預測值的 NumPy 陣列，y_pred[0] 是第 1 筆，其執行結果如下所示：

```
[0.9978046  0.00219546]
```

上述分別是 2 個神經元的預測值，第 1 個是 0.997，其值接近 1，所以 One-hot 編碼是 [1, 0]，預測不會得糖尿病。

Python 程式：ch5-2-5a.py 改用 1 個神經元的輸出層，啟動函數是 Sigmoid 函數，如下所示：

```
model = Sequential()
model.add(Input(shape=(8,)))
model.add(Dense(8, activation="relu"))
model.add(Dense(8, activation="relu"))
model.add(Dense(1, activation="sigmoid"))
...
y_pred = model.predict(X_test, batch_size=10, verbose=0)
print(y_pred[0])
```

上述神經網路的預測值因為只有 1 個神經元，predict() 函式的執行結果如下所示：

```
[0.09517897]
```

上述是 1 個神經元的預測值 0.095，其值接近 0，所以預測不會得糖尿病。

因為神經網路是預測會得糖尿病和不會得糖尿病 2 種情況的分類預測，我們可以使用 predict() 函式加上篩選條件來改為顯示預測的分類（Python 程式：ch5-2-5b.py），如下所示：

```
y_pred = model.predict(X_test, batch_size=10, verbose=0)
y_pred_classes = (y_pred > 0.5).astype(int)
print(y_pred_classes[0], y_pred_classes[1])
```

　　上述 predict() 函式執行結果使用 (y_pred > 0.5) 布林條件，改為 2 種分類且轉換成整數，可以看到執行結果的前 2 筆分別是 0 和 1，即不會和會得糖尿病，如下所示：

```
[0] [1]
```

請注意！因為資料集的資料量不大，所以每次執行結果都有可能不同。

 當 Keras 後台框架是使用 TensorFlow（PyTorch 並沒有此問題），因為版本問題，其執行結果有可能出現警告訊息。Python 程式：ch5-2-5c.py 改用 tf.cast() 函式轉換布林型別來避免此警告訊息，如下所示：

```
import tensorflow as tf

y_pred_classes = tf.cast(y_pred > 0.5, dtype=tf.int32)
print(y_pred_classes[0].numpy(), y_pred_classes[1].numpy())
```

5-3 認識線性迴歸

　　統計的迴歸分析（Regression Analysis）是透過某些已知訊息來預測未知變數，基本上，迴歸分析是一個大家族，包含多種不同的分析模式，最簡單的就是「線性迴歸」（Linear Regression）。

認識迴歸線

　　在說明線性迴歸之前，我們需要先
認識什麼是迴歸線，基本上，當我們預
測市場走向，例如：物價、股市、房市
和車市等，都會使用散佈圖以圖形來呈
現資料點，如右圖所示：

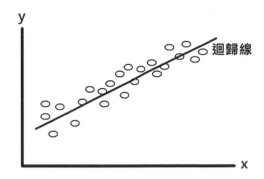

　　從上述圖例可以看出眾多點是分佈在一條直線的周圍，這條線可以使用數學
公式來表示和預測點的走向，稱為「迴歸線」（Regression Line）。迴歸線這個
名詞是源於 1877 年英國遺傳學家法蘭西斯高爾牛頓（Francis Galton）在研
究親子間的身高關係時，發現父母身高會遺傳到子女，但是，子女身高最後仍然
會迴歸到人類身高的平均值，所以命名為迴歸線。

　　基本上，因為迴歸線是一條直線，其方向會往右斜向上，或往右斜向下，其
說明如下所示：

● 迴歸線的斜率是**正值**：迴歸線往右斜向上的斜率是正值（見上述圖例），x 和
　y 的關係是正相關，x 值增加，同時 y 值也會增加。

● 迴歸線的斜率是**負值**：迴歸線往右斜向下的斜率是負值，x 和 y 的關係是負
　相關，x 值減少，同時 y 值也會減少，如下圖所示：

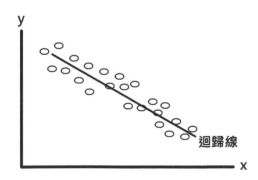

簡單線性迴歸

簡單線性迴歸（Simple Linear Regression）是一種最簡單的線性迴歸分析法，只有 1 個解釋變數，這條線可以使用數學的一次方程式來表示，也就是 2 個變數之間關係的數學公式，如下所示：

$$y = a + b \times X$$

上述公式的變數 y 是**反應變數**（Response，或稱應變數），X 是**解釋變數**（Explanatory，或稱自變數），a 是截距（Intercept），b 是迴歸係數，當從訓練資料找出截距 a 和迴歸係數 b 的值後，就完成預測公式。我們只需使用新值 X，即可透過公式來預測 y 值。

線性複迴歸

線性複迴歸（Multiple Linear Regression）是簡單線性迴歸的擴充，在預測模型的線性方程式不只 1 個解釋變數 X，而是有多個解釋變數 X_1、$X_2 \ldots X_k$ 等，其數學公式如下所示：

$$y = a + b_1 \times X_1 + b_2 \times X_2 + \ldots + b_k \times X_k$$

上述公式的變數 y 是反應變數（Response），$X_1 \sim X_k$ 是解釋變數（Explanatory），a 是截距（Intercept），$b_1 \sim b_k$ 是迴歸係數。

基本上，線性迴歸是研究「一因一果」的問題；線性複迴歸是一個反應變數 y 和多個解釋變數 X_1、$X_2 \ldots X_k$ 的關係，這是一種「多因一果」的問題。

5-4 | 打造迴歸問題的神經網路：波士頓房價預測

在了解線性迴歸後，我們就可以打造神經網路來解決迴歸問題，在這一節我們準備使用波士頓房屋資料集（Boston　Housing　Dataset）來預測波士頓近郊的房價，這是一種多因一果的線性複迴歸問題。

5-4-1 | 認識波士頓房屋資料集

波士頓房屋資料集的內容是波士頓近郊　1970　年代房屋價格的相關資料。Python　程式：ch5-4-1.py　使用　Pandas　載入　boston_housing.csv　波士頓房屋資料集，如下所示：

```
import pandas as pd
```

```
df = pd.read_csv("./boston_housing.csv")
```

上述程式碼呼叫　Pandas　的　read_csv()　函式載入　bostom_housing.csv　資料集，當成功載入資料集後，我們就可以探索此資料集，顯示前　5　筆記錄，如下所示：

```
print(df.head())
```

上述程式碼呼叫　head()　函式顯示前　5　筆記錄，其執行結果如下圖所示：

	crim	zn	indus	chas	nox	rm	age	dis	rad	tax	ptratio	b	lstat	medv
0	0.00632	18.0	2.31	0	0.538	6.575	65.2	4.0900	1	296	15.3	396.90	4.98	24.0
1	0.02731	0.0	7.07	0	0.469	6.421	78.9	4.9671	2	242	17.8	396.90	9.14	21.6
2	0.02729	0.0	7.07	0	0.469	7.185	61.1	4.9671	2	242	17.8	392.83	4.03	34.7
3	0.03237	0.0	2.18	0	0.458	6.998	45.8	6.0622	3	222	18.7	394.63	2.94	33.4
4	0.06905	0.0	2.18	0	0.458	7.147	54.2	6.0622	3	222	18.7	396.90	5.33	36.2

上述波士頓房屋資料集共有 14 個欄位，其說明如下所示：

- crim：人均犯罪率。

- zn：佔地面積超過 25000 平方英呎的住宅用地比例。

- indus：每個城鎮非零售業務的土地比例。

- chas：是否鄰近查爾斯河（1 是鄰近、0 是沒有）。

- nox：一氧化氮濃度（千萬分之一）。

- rm：住宅的平均房間數。

- age：1940 年以前建造的自住單位比例。

- dis：到 5 個波士頓就業中心的加權距離。

- rad：到達高速公路的方便性指數。

- tax：每一萬美元的全額財產稅率。

- ptratio：城鎮的師生比。

- b：公式 $1000 \times (Bk - 0.63)^2$ 的值，Bk 是城鎮的黑人比例。

- lstat：低收入人口的比例。

- medv：自住房屋的中位數價格（單位是千元美金）。

然後我們可以使用 shape 屬性，顯示資料集有幾筆記錄和幾個欄位，即形狀，如下所示：

```
print(df.shape)
```

上述程式碼的執行結果顯示 14 個欄位共 506 筆記錄，如下所示：

```
(506, 14)
```

　　我們準備分割資料集的前 13 個欄位作為神經網路的特徵資料，最後 1 個欄位就是目標值的標籤資料。

5-4-2　使用交叉驗證打造迴歸分析的神經網路

　　當神經網路訓練的資料集是小資料量的資料集時，如果將訓練資料集再分割出驗證資料集，可供訓練的資料將會更少，為了能夠完整使用訓練資料集來進行模型的訓練和驗證，我們準備使用交叉驗證來打造迴歸分析的神經網路。

K-fold 交叉驗證（K-fold Cross Validation）

　　「交叉驗證」（Cross Validation）是將資料集分割成 2 個或更多個的分隔區（Partitions），並且將每一個分隔區都一一作為驗證資料集，將其他剩下的分隔區作為訓練資料集，最常用的交叉驗證是 K-fold 交叉驗證，如下圖所示：

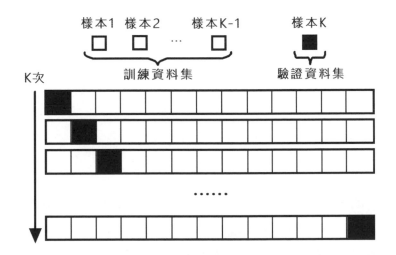

　　上述圖例的 K-fold 是將資料集隨機分割成相同大小的 K 個分隔區，或稱為「折」（Folds）。第 1 次使用第 1 個作為驗證資料集來驗證模型，其他 K-1 分隔區用來訓練模型；第 2 次是使用第 2 個作為驗證資料集來驗證模型，其他 K-1 用來訓練模型；重複執行 K 次來組合出最後的訓練模型。

例如：當 K=4，資料集分成 0~3 共 4 個折。第 1 次使用第 0 折作為驗證資料集，1~3 折是訓練資料集；第 2 次是使用第 1 折作為驗證資料集，0和 2~3 折是訓練資料集；第 3 次是第 2 折作為驗證資料集，0~1 和 3 折是訓練資料集；最後是使用第 3 折作為驗證資料集，0~2 折是訓練資料集。換句話說，交叉驗證可以讓我們使用資料集的所有樣本資料來訓練模型。

建立迴歸分析的神經網路

Python 程式：ch5-4-2.py 在載入波士頓房屋資料集後，使用 Keras 建構神經網路和使用 K-fold 交叉驗證，如下所示：

```
import numpy as np
import pandas as pd
from keras import Sequential
from keras.layers import Input, Dense

np.random.seed(7)
```

上述程式碼匯入相關套件或模組後，指定亂數種子值是 7，然後載入資料集，如下所示：

```
df = pd.read_csv("./boston_housing.csv")
dataset = df.values
np.random.shuffle(dataset)
```

上述程式碼使用 Pandas 載入 CSV 檔案的資料集後，使用 values 屬性轉換成 NumPy 陣列，然後使用亂數來打亂資料，即可在下方分割成前 13 個欄位的特徵資料，和第 14 個欄位的標籤資料，如下所示：

```
X = dataset[:, 0:13]
y = dataset[:, 13]
X -= X.mean(axis=0)
X /= X.std(axis=0)
X_train, y_train = X[:404], y[:404]      # 訓練資料前 404 筆
X_test, y_test = X[404:], y[404:]        # 測試資料後 102 筆
```

　　上述程式碼執行特徵資料　X　的特徵標準化後，切割成　404　筆訓練資料和 102　筆測試資料，然後運用　build_model()　函式來建立模型，如下所示：

```
def build_model():
    model = Sequential()
    model.add(Input(shape=(X_train.shape[1],)))
    model.add(Dense(32, activation="relu"))
    model.add(Dense(1))
    model.compile(loss="mse", optimizer="adam",
                  metrics=["mae"])
    return model
```

　　上述　Keras　模型是三層神經網路，在　Input　層之後是一個　Dense　隱藏層和一個　Dense　輸出層。因為是迴歸問題，輸出層沒有啟動函數，而且在　compile()　函式使用的損失函數是　MSE；由於迴歸模型的輸出並不是機率，metrics　不是使用　Accuracy　準確度，而是使用　**MAE**（Mean Absolute Error，平均絕對誤差），**這是誤差絕對值的平均**，可以真實反應預測值與標籤值誤差的實際情況。

　　接著執行　K=4　的　K-fold　交叉驗證，變數　nb_val_samples　是每一折的樣本數，nb_epochs　是訓練週期數，如下所示：

```
k = 4
nb_val_samples = len(X_train) // k
nb_epochs = 80
mse_scores = []
mae_scores = []
```

　　上述　mse_scores　和　mae_scores　串列變數記錄每一次迴圈評估模型的 MSE　和　MAE　值；而下方　for　迴圈共執行　K=4　次，首先使用切割運算子取出第　K　個驗證資料集　X_val　和　y_val，如下所示：

```
for i in range(k):
    print("Processing Fold #" + str(i))
```

```
X_val = X_train[i*nb_val_samples: (i+1)*nb_val_samples]
y_val = y_train[i*nb_val_samples: (i+1)*nb_val_samples]
X_train_p = np.concatenate(
        [X_train[:i*nb_val_samples],
        X_train[(i+1)*nb_val_samples:]], axis=0)
y_train_p = np.concatenate(
        [y_train[:i*nb_val_samples],
        y_train[(i+1)*nb_val_samples:]], axis=0)
```

上述程式碼使用 concatenate() 函式結合剩下的折來建立訓練資料集 X_train_p 和 y_train_p，就可以在下方呼叫 build_model() 函式建立神經網路模型，如下所示：

```
model = build_model()
model.fit(X_train_p, y_train_p, epochs=nb_epochs,
        batch_size=16, verbose=0)
mse, mae = model.evaluate(X_val, y_val)
mse_scores.append(mse)
mae_scores.append(mae)
```

上述程式碼依序呼叫 fit() 函式訓練模型，evaluate() 函式評估模型，最後將評估結果的 mse 和 mae 儲存起來。在下方程式碼顯示完成 4 次迴圈後 K-fold 交叉驗證的 MSE 和 MAE 的平均值，如下所示：

```
print("MSE_val: ", np.mean(mse_scores))
print("MAE_val: ", np.mean(mae_scores))
mse, mae = model.evaluate(X_test, y_test, verbose=0)
print("MSE_test: ", mse)
print("MAE_test: ", mae)
```

上述程式碼使用測試資料呼叫 evaluate() 函式，可以使用測試資料來評估模型，其執行結果如下所示：

```
Processing Fold #0
Processing Fold #1
Processing Fold #2
Processing Fold #3
MSE_val:  25.375818729400635
MAE_val:  3.6695380806922913
MSE_test:  14.256394386291504
MAE_test:  3.1122453212738037
```

上述執行結果共執行 4 次，即 4 折，每一折驗證資料的樣本數是 101
筆，最後分別顯示驗證和測試資料的 MSE 和 MAE，其中 MAE 的值是指每
0.5 即誤差 500 美金，以測試資料集的 MAE 約 3.11 為例，也就指房價差約
3110 美金。

使用比較深的四層神經網路

Python 程式：ch5-4-2a.py 是修改自 ch5-4-2.py，將神經網路從三層的
MLP 神經網路，改為四層的深度神經網路，如下所示：

```
def build_deep_model():
    model = Sequential()
    model.add(Input(shape=(X_train.shape[1],)))
    model.add(Dense(32, activation="relu"))
    model.add(Dense(16, activation="relu"))
    model.add(Dense(1))
    model.compile(loss="mse", optimizer="adam",
                  metrics=["mae"])
    return model
```

上述 build_deep_model() 函式共有兩層隱藏層，其神經元數分別是 32
和 16 個，同樣使用 K=4 的 K-fold 交叉驗證，其執行結果如下所示：

```
MSE_val:  16.684170484542847
MAE_val:  2.8908406496047974
MSE_test:  7.870499610900879
MAE_test:  2.210400342941284
```

上述執行結果測試資料集的 MAE 約 2.21，也就指房價差 2210 美金，
誤差下降了不少。當 Keras 是使用 PyTorch 後端框架，其執行結果的誤差可
以再降了一些，如下所示：

```
MSE_val:  16.951319217681885
MAE_val:  2.853730320930481
MSE_test:  7.79301643371582
MAE_test:  2.1420505046844482
```

Tips 在第 5-4-2 節的 Python 程式範例是使用 7 的亂數種子值，不是之前的 10，
因為驗證和測試樣本數只有 100 多筆的情況下，樣本資料的分佈會嚴重影
響房價預測的誤差，不同的亂數種子值可能產生完全不同的資料分佈。如果
將 Python 程式 ch5-4-2a.py 的亂數種子值改為 10，其執行結果如下所示：

```
MSE_val:  10.934977293014526
MAE_val:  2.3458665013313293
MSE_test:  21.227985382080078
MAE_test:  2.5370981693267822
```

上述執行結果可以看出 K-fold 交叉驗證的誤差比較低，測試資料集的誤差反
而高很多。**請注意！我們是依據亂數種子值的 Python 程式執行結果來進行
預測、分析和除錯，不同的亂數種子值，可能產生完全不同的資料分佈，造
成完全不同的模型預測結果。**

基本上，機器學習 / 深度學習的樣本資料數量和品質對於模型效能有很大
的影響力，如何收集和處理出最佳的樣本資料，才是決定深度學習成敗的關
鍵，因為「資料就是王道」(Data is King)。

使用全部訓練資料來訓練模型

當我們使用 K-fold 交叉驗證分析找出最佳的神經網路結構後，就可以訓練出最後的預測模型，即使用全部訓練資料來訓練模型。Python 程式：ch5-4-2b. py 的神經網路一樣是兩層隱藏層，只是神經元數都是 32 個，如下所示：

```
model = Sequential()
model.add(Input(shape=(X_train.shape[1],)))
model.add(Dense(32, activation="relu"))
model.add(Dense(32, activation="relu"))
model.add(Dense(1))
```

在編譯上述模型後，可以使用全部訓練資料（沒有分割驗證資料）來訓練模型，如下所示：

```
model.fit(X_train, y_train, epochs=80, batch_size=16, verbose=0)
```

最後，我們可以使用測試資料來評估模型，如下所示：

```
mse, mae = model.evaluate(X_test, y_test, verbose=0)
print("MSE_test: ", mse)
print("MAE_test: ", mae)
```

上述 Python 程式的執行結果，如下所示：

```
MSE_test:  7.66745662689209
MAE_test:  2.048474073410034
```

上述執行結果測試資料集的 MAE 約 2.048，也就指房價誤差是 2048 美金。

5-5 儲存與載入神經網路模型

在完成神經網路訓練後，我們就可以儲存神經網路的模型和權重，其主要目的是將訓練過程中找出的最佳權重保留下來，如此，Python 程式就可以直接載入神經網路模型與權重來進行預測，而不用每次都重複花費時間來訓練模型。

5-5-1 儲存神經網路模型結構與權重

Keras 神經網路模型在 3.0 版更改了檔案格式，**將模型結構與權重檔儲存成副檔名 .keras 的單一 ZIP 格式檔案**，在 ZIP 檔案內容包含模型結構檔、權重檔和模型最佳化狀態資料（如果有的話）。

Python 程式：ch5-5-1.py 是修改自 ch5-2-4c.py，我們只是在最後加上呼叫 **save()** 函式來儲存模型結構與權重檔，參數就是檔案路徑字串，如下所示：

```
model.save("ch5-5-1.keras")
```

上述程式碼呼叫 save() 函式儲存模型結構與權重至 ch5-5-1.keras 檔案，這是一個 ZIP 檔案，如下圖所示：

上述 config.json 檔案是模型結構，model.weights.h5 檔案是權重。

5-5-2 載入神經網路模型結構與權重

　　當成功將訓練結果的 Keras 模型儲存成副檔名 .keras 的單一檔案後，
Python 程式：ch5-5-2.py 即可在載入資料集和建立樣本資料後，呼叫 **load_model()** 函式來載入神經網路模型結構與權重，如下所示：

```
from keras.models import load_model
...
model = load_model("ch5-5-1.keras")
model.compile(loss="binary_crossentropy", optimizer="adam",
              metrics=["accuracy"])
```

　　上述程式碼呼叫 load_model() 函式載入模型的結構和權重後，我們就可以
呼叫 compile() 函式來編譯模型，接著即可評估模型和計算預測值，如下所示：

```
loss, accuracy = model.evaluate(X_test, y_test, verbose=0)
print("測試資料集的準確度 = {:.2f}".format(accuracy))
predict_values = model.predict(X_test, batch_size=10, verbose=0)
print(predict_values[0])
```

　　上述神經網路評估模型和計算預測值的執行結果，如下所示：

```
測試資料集的準確度 = 0.71
[0.99348265 0.00651735]
```

Tips　在 Python 程式使用 load_model() 函式載入 Keras 模型後，因為預測並不需要
計算損失和準確度，所以不用呼叫 compile() 函式編譯模型，就可以直接呼
叫 predict() 函式執行模型預測；只有在呼叫 fit() 或 evaluate() 函式，因為需
要計算損失和準確度，所以在呼叫這 2 個函式前，需要先呼叫 compile() 函
式進行編譯。

以此例因為有呼叫 evaluate() 函式來評估模型，所以需要編譯；如果沒有
evaluate() 函式，就不需要 compile() 函式，直接呼叫 predict() 函式執行模型
預測即可。

學習評量

1 請簡單說明如何使用 Keras 打造 MLP 神經網路？

2 請問什麼是皮馬印地安人的糖尿病資料集？ Keras 打造神經網路的基本步驟為何？

3 請舉例說明 3 種調整神經網路的方法？如何使用測試和驗證資料集？

4 請簡單說明什麼是線性迴歸？何謂迴歸線？

5 請問什麼是波士頓房屋資料集？ K-fold 交叉驗證是什麼？

6 請計算 Python 程式 ch5-4-2.py、ch5-4-2a.py 和 ch5-4-2b.py 神經網路各神經層的參數個數，和參數總數。

7 請參考第 5-2-5 節的說明修改 Python 程式 ch5-4-2b.py，可以顯示測試資料集第 1 筆記錄的房屋預測價格。

8 請建立 Python 程式使用不同亂數種子數，例如：使用員工編號或學號，然後重做第 5-2 節糖尿病資料集的二元分類預測。

9 請建立 Python 程式使用不同亂數種子數，例如：使用員工編號或學號，然後使用 K-flod 交叉驗證來重做第 5-4 節波士頓房屋資料集的房價預測。

10 請將 Python 程式 ch5-4-2b.py 的神經網路結構和權重儲存成 .keras 檔案。

多層感知器的
實作案例

6-1　實作案例：鳶尾花資料集的多元分類

　　鳶尾花資料集（Iris Dataset）是三種鳶尾花的花瓣和花萼資料，可以使用神經網路訓練預測模型來分類三種鳶尾花，屬於一種多元分類。

6-1-1　認識與探索鳶尾花資料集

　　鳶尾花資料集是 CSV 檔案 iris_data.csv，我們可以建立 DataFrame 物件 df 來載入資料集（Python 程式：ch6-1-1.py），如下所示：

```
df = pd.read_csv("./iris_data.csv")
print(df.shape)
```

　　上述程式碼呼叫 read_csv() 函式載入資料集後，使用 shape 屬性顯示資料集的形狀，其執行結果如下所示：

```
(150, 5)
```

　　上述鳶尾花資料集有 5 個欄位共 150 筆資料。

探索資料集：ch6-1-1a.py

　　在成功載入資料集後，首先我們來看一看前幾筆資料，如下所示：

```
print(df.head())
```

　　上述程式碼呼叫 head() 函式顯示前 5 筆，其執行結果如下圖所示：

	sepal_length	sepal_width	petal_length	petal_width	target
0	5.1	3.5	1.4	0.2	setosa
1	4.9	3.0	1.4	0.2	setosa
2	4.7	3.2	1.3	0.2	setosa
3	4.6	3.1	1.5	0.2	setosa
4	5.0	3.6	1.4	0.2	setosa

上表的每一列是一種鳶尾花的花瓣和花萼資料，各欄位的說明如下所示：

- sepal_length：花萼的長度。

- sepal_width：花萼的寬度。

- petal_length：花瓣的長度。

- petal_width：花瓣的寬度。

- target：鳶尾花種類，其值是 setosa、versicolor 或 virginica。

接著，我們可以使用 describe() 函式顯示資料集描述，如下所示：

```
print(df.describe())
```

上述程式碼顯示統計摘要資訊，其執行結果如下圖所示：

	sepal_length	sepal_width	petal_length	petal_width
count	150.000000	150.000000	150.000000	150.000000
mean	5.843333	3.054000	3.758667	1.198667
std	0.828066	0.433594	1.764420	0.763161
min	4.300000	2.000000	1.000000	0.100000
25%	5.100000	2.800000	1.600000	0.300000
50%	5.800000	3.000000	4.350000	1.300000
75%	6.400000	3.300000	5.100000	1.800000
max	7.900000	4.400000	6.900000	2.500000

上述表格顯示 4 個數值欄位的統計摘要資訊，可以看到欄位值的資料量、平均值、標準差、最小和最大等資料描述。

顯示視覺化圖表：ch6-1-1b.py

　　我們準備使用 Matplotlib 視覺化顯示花瓣和花萼長寬的散佈圖，這是套用色彩的 2 個子圖，為了套用色彩，需要將 DataFrame 物件 df 的 target 欄位轉換成 0~2 的整數，colmap 是色彩對照表，如下所示：

```python
target_mapping = {"setosa": 0,
                  "versicolor": 1,
                  "virginica": 2}
y = df["target"].map(target_mapping)
colmap = np.array(["r", "g", "y"])
plt.figure(figsize=(10,5))
plt.subplot(1, 2, 1)
plt.subplots_adjust(hspace = .5)
plt.scatter(df["sepal_length"], df["sepal_width"], color=colmap[y])
plt.xlabel("Sepal Length")
plt.ylabel("Sepal Width")
plt.subplot(1, 2, 2)
plt.scatter(df["petal_length"], df["petal_width"], color=colmap[y])
plt.xlabel("Petal Length")
plt.ylabel("Petal Width")
plt.show()
```

　　上述程式碼呼叫 subplots_adjust() 函式調整間距，和 scatter() 函式繪出散佈圖，參數 color 是對應 target 欄位值來顯示不同色彩，可以分別繪出花萼（Sepal）和花瓣（Petal）的長和寬為座標 (x, y) 的散佈圖，其執行結果如下圖所示：

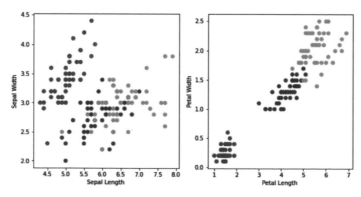

　　上述散佈圖的紅色點是 setosa、綠色點是 versicolor 和黃色點是 virginica 三種鳶尾花。除了使用 Matplotlib，我們也可以使用 Seaborn 資料視覺化（因為 Seaborn 版本問題會有一些警告訊息，所以在 Python 程式匯入 warnings 模組來過濾掉這些訊息），如下所示：

```
import seaborn as sns
```

```
sns.pairplot(df, hue="target")
```

　　上述程式碼呼叫 pairplot() 函式使用各欄位相互配對方式來顯示多個散佈圖，第 1 個參數是 DataFrame 物件 df，hue 參數值是 target 欄位，此欄位值就是資料點的色彩（見右方圖例說明），如下圖所示：

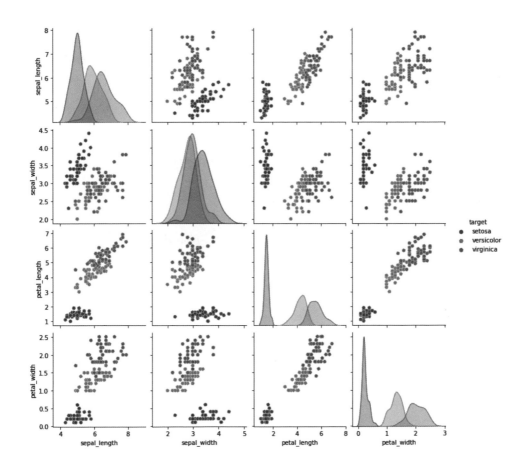

6-1-2 鳶尾花資料集的多元分類

Python 程式：ch6-1-2.py 是建立鳶尾花資料集的多元分類，首先匯入所需的模組與套件，如下所示：

```
import numpy as np
import pandas as pd
from keras import Sequential
from keras.layers import Input, Dense
from keras.utils import to_categorical

np.random.seed(7)
```

上述程式碼匯入 NumPy 和 Pandas 套件，Keras 有 Sequential 模型、Input 輸入層和 Dense 全連接層，而 to_categorical 是 One-hot 編碼，接著指定亂數種子是 7。

Step
1 資料預處理

在載入鳶尾花資料集後，我們需要進行資料預處理，如下所示：

● 將 target 欄位的三種分類轉換成整數 0~2。

● 分割成特徵和標籤資料，執行標籤資料的 One-hot 編碼。

● 執行特徵標準化。

● 將資料集分割成訓練和測試資料集。

Python 程式首先載入鳶尾花資料集，如下所示：

```
df = pd.read_csv("./iris_data.csv")
```

上述程式碼呼叫 read_csv() 函式載入資料集後，建立分類與數值對照表的 target_mapping 字典，如下所示：

```
target_mapping = {"setosa": 0,
                  "versicolor": 1,
                  "virginica": 2}
df["target"] = df["target"].map(target_mapping)
```

　　上述程式碼呼叫 map() 函式將分類欄位轉換成 0~2 值。然後使用 values 屬性取出 NumPy 陣列，並呼叫 np.random.shuffle() 函式使用亂數來打亂資料，如下所示：

```
dataset = df.values
np.random.shuffle(dataset)
X = dataset[:,0:4].astype(float)
y = to_categorical(dataset[:,4])
```

　　上述分割運算子分割前 4 個欄位的特徵資料後，轉換成 float 型態；第 5 個欄位是標籤資料，呼叫 to_categorical() 函式執行 One-hot 編碼；接著再執行特徵資料的標準化（Standardization），如下所示：

```
X -= X.mean(axis=0)
X /= X.std(axis=0)
```

　　最後將資料集共 150 筆資料，分割成前 120 筆的訓練資料集，和後 30 筆的測試資料集，如下所示：

```
X_train, y_train = X[:120], y[:120]
X_test, y_test = X[120:], y[120:]
```

Step

2 定義模型

　　接著定義神經網路模型，規劃的神經網路有四層，這是一個深度神經網路，如下圖所示：

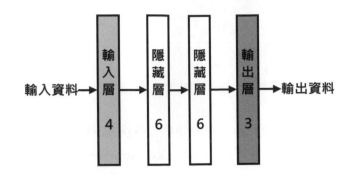

上述輸入層因有 4 個特徵共 4 個神經元,並設定 2 個隱藏層都是 6 個神經元,而由於鳶尾花資料集是預測三種分類的鳶尾花,屬於多元分類問題,所以輸出層是 3 類共 3 個神經元。

Python 程式定義 Keras 神經網路模型,首先建立 Sequential 物件,如下所示:

```
model = Sequential()
model.add(Input(shape=(4,)))
model.add(Dense(6, activation="relu"))
model.add(Dense(6, activation="relu"))
model.add(Dense(3, activation="softmax"))
```

上述程式碼呼叫 4 次 add() 函式新增 1 層 Input 層和 3 層 Dense 層,其說明如下所示:

● **輸入層**:使用 shape 參數指定輸入層的資料是 4 個特徵。

● **第 1~2 層隱藏層**:6 個神經元,啟動函數是 ReLU 函數。

● **輸出層**:3 個神經元,啟動函數是 Softmax 函數。

然後呼叫 summary() 函式顯示模型的摘要資訊,如下所示:

```
model.summary()
```

上述函式顯示每一層神經層的參數個數,和整個神經網路的參數總數,其執行結果如下所示:

Layer (type)	Output Shape	Param #
dense_175 (Dense)	(None, 6)	30
dense_176 (Dense)	(None, 6)	42
dense_177 (Dense)	(None, 3)	21

```
Total params: 93 (372.00 B)
Trainable params: 93 (372.00 B)
Non-trainable params: 0 (0.00 B)
```

上述各神經層的參數計算，如下所示：

隱藏層 1：4×6+6 = 30
隱藏層 2：6×6+6 = 42
輸出層：6×3+3 = 21

Step 3　編譯模型

在定義好模型後，我們需要編譯模型來轉換成低階計算圖，如下所示：

```
model.compile(loss="categorical_crossentropy", optimizer="adam",
              metrics=["accuracy"])
```

上述 compile() 函式是編譯模型，使用 categorical_crossentropy 損失函數，優化器是 adam，評估標準是 accuracy 準確度。

Step 4　訓練模型

在編譯模型成為計算圖後，我們就可以送入特徵資料來訓練模型，如下所示：

```
model.fit(X_train, y_train, epochs=100, batch_size=5)
```

上述 fit() 函式是訓練模型，第 1 個參數是訓練資料集 X_train，第 2 個參數是標籤資料集 y_train，訓練週期是 100 次，批次尺寸是 5，其執行結果只顯示最後幾次訓練週期，如下所示：

```
Epoch 96/100
24/24 ──────────────── 0s 679us/step - accuracy: 0.9791 - loss: 0.0685
Epoch 97/100
24/24 ──────────────── 0s 1ms/step - accuracy: 0.9701 - loss: 0.0769
Epoch 98/100
24/24 ──────────────── 0s 679us/step - accuracy: 0.9739 - loss: 0.0622
Epoch 99/100
24/24 ──────────────── 0s 679us/step - accuracy: 0.9625 - loss: 0.0811
Epoch 100/100
24/24 ──────────────── 0s 1ms/step - accuracy: 0.9869 - loss: 0.0427
```

Step

5 評估與儲存模型

當使用訓練資料集訓練模型後，我們可以使用測試資料集來評估模型效能，如下所示：

```
loss, accuracy = model.evaluate(X_test, y_test, verbose=0)
print("準確度 = {:.2f}".format(accuracy))
```

上述程式碼呼叫 evaluate() 函式評估模型，參數是 X_test 和 y_test 資料集，其執行結果的準確度是 0.97（即 97%），如下所示：

```
準確度 = 0.97
```

然後使用 save() 函式儲存模型結構與權重，如下所示：

```
print("Saving Model: iris.keras ...")
model.save("iris.keras")
```

上述程式碼的執行結果，可以看到儲存成檔案 iris.keras，如下所示：

```
Saving Model: iris.keras ...
```

6-1-3　預測鳶尾花的種類

在第 6-1-2 節已經成功訓練和儲存預測模型，這一節我們準備載入模型來預測鳶尾花種類，Python 程式：ch6-1-3.py 的資料預處理和 ch6-1-2.py 相同，筆者就不重複列出和說明。

載入 Keras 模型

因為模型訓練結果已經儲存成模型結構與權重檔，我們只需呼叫 load_model() 函式載入模型檔 iris.keras，如下所示：

```
model = load_model("iris.keras")
```

預測鳶尾花的種類

現在，我們可以預測 X_test 測試資料集的鳶尾花種類，因為是預測分類資料，請使用 predict() 函式配合 **np.argmax()** 函式來轉換成分類資料，如下所示：

```
y_pred = model.predict(X_test)
y_pred = np.argmax(y_pred, axis=1)
print(y_pred)
y_target = dataset[:,4][120:].astype(int)
print(y_target)
```

上述程式碼首先預測 X_test 測試資料集的鳶尾花種類後，因為 y_test 資料集有執行 One-hot 編碼，所以改從 dataset 陣列再次分割標籤資料且轉換成整數，即可將預測值和標籤資料進行比較，其執行結果如下所示：

```
[0 1 1 2 2 1 1 0 1 1 0 0 0 1 1 0 2 2 1 2 0 2 1 1 0 2 1 2 1 0]
[0 1 1 2 2 1 2 0 1 1 0 0 0 1 1 0 2 2 1 2 0 2 1 1 0 2 1 2 1 0]
```

上述執行結果的上方是預測值，下方是標籤值，2 個陣列只有 1 個錯誤（第 7 個），當預測資料量大時，我們很難一個一個來比對其值，為了方便分析評估結果，我們可以使用混淆矩陣來進行分析。

使用混淆矩陣進行分析

混淆矩陣（Confusion Matrix）是一個二維陣列的矩陣，可以用來評估分類結果的分析表，**每一列是真實標籤值、每一欄是預測值**。我們可以使用 Pandas 的 **crosstab()** 函式來建立混淆矩陣，如下所示：

```
tb = pd.crosstab(y_target, y_pred, rownames=["label"],
                 colnames=["predict"])
print(tb)
```

上述函式的第 1 個參數是真實標籤值，第 2 個參數是預測值，rownames 參數是列名稱，colnames 是欄名稱，其執行結果如右表所示：

predict	0	1	2
label			
0	9	0	0
1	0	12	0
2	0	1	8

上述表格從左上至右下的對角線是預測正確的數量，其他是預測錯誤的數量，可以看出第 3 列的第 2 欄有 1 個預測錯誤 – 其標籤值是 2，預測值卻是 1。

6-2　實作案例：鐵達尼號資料集的生存分析

鐵達尼號（Titanic）是 1912 年 4 月 15 日在大西洋旅程中撞上冰山沈沒的一艘著名客輪，這次意外事件造成 2340 名乘客和船員中有 1514 人死亡，鐵達尼號資料集（Titanic Dataset）就是船上乘客的相關資料。

6-2-1　認識與探索鐵達尼號資料集

鐵達尼號資料集是 CSV 檔案 titanic_data.csv，Python 程式：ch6-2-1. py 是建立 DataFrame 物件 df 來載入資料集，如下所示：

```
df = pd.read_csv("titanic_data.csv")
print(df.shape)
```

上述程式碼呼叫 read_csv() 函式載入資料集後，使用 shape 屬性顯示資料集的形狀，其執行結果如下所示：

```
(1309, 11)
```

上述鐵達尼號資料集有 11 個欄位共 1309 筆記錄，每一列記錄一位乘客的資料。

探索資料集：ch6-2-1a.py

在成功載入資料集後，首先我們來看一看前幾筆資料，如下所示：

```
print(df.head())
```

上述程式碼呼叫 head() 函式顯示前 5 筆，其執行結果如下圖所示：

	pclass	survived	name	sex	age	sibsp	parch	ticket	fare	cabin	embarked
0	1	1	Allen Miss. Elisabeth Walton	female	29.0000	0	0	24160	211.3375	B5	S
1	1	1	Allison Master. Hudson Trevor	male	0.9167	1	2	113781	151.5500	C22 C26	S
2	1	0	Allison Miss. Helen Loraine	female	2.0000	1	2	113781	151.5500	C22 C26	S
3	1	0	Allison Mr. Hudson Joshua Creighton	male	30.0000	1	2	113781	151.5500	C22 C26	S
4	1	0	Allison Mrs. Hudson J C (Bessie Waldo Daniels)	female	25.0000	1	2	113781	151.5500	C22 C26	S

上表的每一列是一位乘客的資料，各欄位說明如下所示：

● pclass：乘客等級，其值是 1~3，依序是頭等、二等和三等艙。

● survived：欄位值是 0 或 1，代表乘客生存或死亡，值 1 是生存、0 是死亡。

- name：乘客姓名。

- sex：乘客性別，欄位值是 male 男、female 女。

- age：乘客年齡是整數資料。

- sibsp：兄弟姊妹或配偶也在船上的人數。

- parch：父母或子女也在船上的人數。

- ticket：船票號碼。

- fare：船票費用。

- cabin：艙位號碼。

- embarked：登船的港口代碼，C 是 Cherbourg、Q 是 Queenstown、S 是 Southampton。

接著，我們可以使用 describe() 函式顯示資料集描述，如下所示：

```
print(df.describe())
```

上述程式碼顯示統計摘要資訊，其執行結果如下圖所示：

	pclass	survived	age	sibsp	parch	fare
count	1309.000000	1309.000000	1046.000000	1309.000000	1309.000000	1308.000000
mean	2.294882	0.381971	29.881135	0.498854	0.385027	33.295479
std	0.837836	0.486055	14.413500	1.041658	0.865560	51.758668
min	1.000000	0.000000	0.166700	0.000000	0.000000	0.000000
25%	2.000000	0.000000	21.000000	0.000000	0.000000	7.895800
50%	3.000000	0.000000	28.000000	0.000000	0.000000	14.454200
75%	3.000000	1.000000	39.000000	1.000000	0.000000	31.275000
max	3.000000	1.000000	80.000000	8.000000	9.000000	512.329200

上述表格顯示 6 個數值欄位的統計摘要資訊，可以看到欄位值的資料量、平均值、標準差、最小和最大等資料描述，其中 age 和 fare 欄位不是 1309，表示有遺漏值（即沒有值的欄位）。

找出遺漏值：ch6-2-1b.py

當發現資料集之中的欄位有遺漏值（即沒有值的欄位）時，我們可以使用 info() 函式進一步檢視欄位是否有遺漏值，如下所示：

```
print(df.info())
```

上述程式碼顯示各欄位的相關資訊，其執行結果如右所示：

```
<class 'pandas.core.frame.DataFrame'>
RangeIndex: 1309 entries, 0 to 1308
Data columns (total 11 columns):
 #   Column    Non-Null Count  Dtype
---  ------    --------------  -----
 0   pclass    1309 non-null   int64
 1   survived  1309 non-null   int64
 2   name      1309 non-null   object
 3   sex       1309 non-null   object
 4   age       1046 non-null   float64
 5   sibsp     1309 non-null   int64
 6   parch     1309 non-null   int64
 7   ticket    1309 non-null   object
 8   fare      1308 non-null   float64
 9   cabin     295 non-null    object
 10  embarked  1307 non-null   object
dtypes: float64(2), int64(4), object(5)
memory usage: 112.6+ KB
None
```

上述欄位資訊可以看出 age、cabin、fare 和 embarked 欄位都有遺漏值，然後，我們可以顯示各欄位沒有資料的筆數，如下所示：

```
print(df.isnull().sum())
```

上述程式碼判斷欄位**是否為 Null 空值**，並且將空值欄位加總，其執行結果可以顯示各欄位是空值的數量，如右所示：

```
pclass      0
survived    0
name        0
sex         0
age         263
sibsp       0
parch       0
ticket      0
fare        1
cabin       1014
embarked    2
dtype: int64
```

上述執行結果顯示 age 欄位有 263 筆、cabin 有 1014 筆、fare 欄位有 1 筆和 embarked 欄位有 2 筆記錄有遺漏值。

6-2-2　鐵達尼號資料集的資料預處理

基本上，鐵達尼號資料集有許多欄位在進行生存分析時並不是特徵資料，有些欄位有遺漏值，有些欄位是分類資料需要轉換，這些資料預處理都可以使用 Pandas 套件來完成。

Python 程式：ch6-2-2.py 在載入鐵達尼號資料集後，依序進行上述資料預處理，最後儲存成 80% 的訓練資料集和 20% 的測試資料集，共有 2 個 CSV 檔案。

刪除不需要的欄位

鐵達尼號資料集的 name、ticket 和 cabin 欄位並不是特徵資料，我們可以使用 drop() 函式將這些欄位刪除掉，如下所示：

```
df = df.drop(["name", "ticket", "cabin"], axis=1)
```

處理遺失資料

在 Python 程式 ch6-2-1b.py 已經找出遺漏值的欄位 age（263 筆）和 fare（1 筆）欄位，這 2 個欄位的遺漏值是填入平均值，如下所示：

```
df[["age"]] = df[["age"]].fillna(value=df[["age"]].mean())
df[["fare"]] = df[["fare"]].fillna(value=df[["fare"]].mean())
```

上述程式碼呼叫 mean() 函式計算出欄位平均值後，使用 fillna() 函式將遺漏值欄位使用 value 參數填入平均值；在下方 embarked（2 筆）欄位的填入值則是使用 value_counts() 計算欄位值的計數且排序後，呼叫 idxmax() 函式回傳最大索引值，如下所示：

```
df[["embarked"]] = df[["embarked"]].fillna(value=df["embarked"].
                    value_counts().idxmax())
print(df["embarked"].value_counts())
print(df["embarked"].value_counts().idxmax())
```

上述 2 個 print() 函式可以分別顯示 embarked 欄位的計數排序，和取出準備填入的值是最大索引值 S，其執行結果如下所示：

```
embarked
S    916
C    270
Q    123
Name: count, dtype: int64
S
```

轉換分類資料

在資料集的 sex 欄位值是分類資料的 female 和 male，我們可以使用 map() 函式，使用參數對照表的字典來轉換分類資料成為數值資料 1 和 0，如下所示：

```
df["sex"] = df["sex"].map( {"female": 1, "male": 0} ).astype(int)
```

embarked 欄位的 One-hot 編碼

在資料集的 embarked 欄位除了 2 筆遺漏值外，因為欄位值是 S、C 和 Q 的代碼，我們可以使用 map() 函式將欄位轉換成數值，或將 1 個欄位拆成 3 個欄位的 One-hot 編碼，如下所示：

```
enbarked_one_hot = pd.get_dummies(df["embarked"],
                                      prefix="embarked")
df = df.drop("embarked", axis=1)
df = df.join(enbarked_one_hot)
```

上述程式碼使用 Pandas 的 **get_dummies()** 函式將欄位依欄位值分拆成 embarked_C、embarked_Q、embarked_S 這 3 個欄位，prefix 參數是分拆欄位名稱的開頭字串，然後使用 drop() 函式刪除 embarked 欄位後，呼叫 join() 函式合併 3 個 One-hot 編碼欄位至 DataFrame 物件的最後。

將標籤資料的 survived 欄位移至最後

因為 survived 欄位是標籤資料，為了方便分割成特徵和標籤資料，我們準備將此欄位移至資料集的最後，如下所示：

```
df_survived = df.pop("survived")
df["survived"] = df_survived
print(df.head())
```

上述程式碼取出 survived 欄位後，再新增同名欄位，可以將欄位新增至最後，現在，我們可以看一看預處理後資料集的前 5 筆記錄，如下表所示：

	pclass	sex	age	sibsp	parch	fare	embarked_C	embarked_Q	embarked_S	survived
0	1	1	29.0000	0	0	211.3375	False	False	True	1
1	1	0	0.9167	1	2	151.5500	False	False	True	1
2	1	1	2.0000	1	2	151.5500	False	False	True	0
3	1	0	30.0000	1	2	151.5500	False	False	True	0
4	1	1	25.0000	1	2	151.5500	False	False	True	0

分割成訓練和測試資料集

現在，我們已經完成鐵達尼號資料集的資料預處理，接著，我們準備隨機將資料集分割成訓練（80%）和測試（20%）資料集，如下所示：

```
mask = np.random.rand(len(df)) < 0.8
df_train = df[mask]
df_test = df[~mask]
print("Train:", df_train.shape)
print("Test:", df_test.shape)
```

上述程式碼使用亂數產生 80% 的遮罩變數 mask（即 80% 值為 True、20% 值為 False 的陣列），然後使用 mask 分割成 80% 的 df_train 和 20% 的 df_test 後，分別顯示分割後的資料集形狀，其筆數分別是 1060 筆和 249 筆，如下所示：

```
Train: (1060, 10)
Test: (249, 10)
```

儲存成訓練和測試資料集的 CSV 檔案

在成功分割成 80% 為 df_train 和 20% 為 df_test 的 DataFrame 物件後，就可以呼叫 to_csv() 函式儲存成訓練資料集的 titanic_train.csv，和測試資料集的 titanic_test.csv（不包含索引），如下所示：

```
df_train.to_csv("titanic_train.csv", index=False)
df_test.to_csv("titanic_test.csv", index=False)
```

上述程式碼可以在 Python 程式的相同目錄建立 titanic_train.csv 和 titanic_test.csv 共兩個 CSV 檔案。

6-2-3　鐵達尼號資料集的生存分析

在第 6-2-2 節已經將鐵達尼號資料集成功分割成 titanic_train.csv 和 titanic_test.csv 兩個 CSV 檔案，這一節我們準備使用 MLP 來進行鐵達尼號資料集的生存分析。

Python 程式：ch6-2-3.py 首先匯入所需的模組與套件，如下所示：

```
import numpy as np
import pandas as pd
from keras import Sequential
from keras.layers import Input, Dense
import warnings
warnings.filterwarnings("ignore")

np.random.seed(7)
```

上述程式碼匯入 NumPy 和 Pandas 套件，Keras 有 Sequential 模型、Input 輸入層和 Dense 全連接層，在忽略警告訊息後，指定亂數種子是 7。

1 資料預處理

在載入鐵達尼號的訓練和測試資料集後，因為大部分資料預處理已經在第 6-2-2 節完成，剩下需要執行的資料預處理，如下所示：

● 分割成特徵與標籤資料。

● 執行特徵標準化。

　　Python 程式首先載入鐵達尼號的訓練和測試資料集，如下所示：

```
df_train = pd.read_csv("./titanic_train.csv")
df_test = pd.read_csv("./titanic_test.csv")
```

　　上述程式碼呼叫 2 次 read_csv() 函式分別載入訓練和測試資料集後，使用 values 屬性分別取出資料集的 2 個 NumPy 陣列，如下所示：

```
dataset_train = df_train.values
dataset_test = df_test.values
```

　　然後使用分割運算子將 2 個資料集分割成前 9 個欄位的特徵資料，與第 10 個欄位的標籤資料，如下所示：

```
X_train = dataset_train[:, 0:9]
y_train = dataset_train[:, 9]
X_test = dataset_test[:, 0:9]
y_test = dataset_test[:, 9]
```

　　最後，執行 X_train 和 X_test 的特徵標準化（Standardization），如下所示：

```
X_train -= X_train.mean(axis=0)
X_train /= X_train.std(axis=0)
X_test -= X_test.mean(axis=0)
X_test /= X_test.std(axis=0)
```

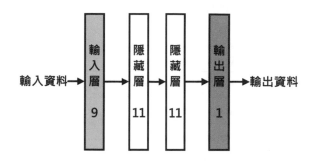

　　接著定義神經網路模型，規劃的神經網路有四層，這是一個深度神經網路，如右圖所示：

　　上述圖例的輸入層有 9 個特徵，並設定 2 個隱藏層都是 11 個神經元，而由於鐵達尼號資料集的生存分析是生存或死亡的二元分類問題，所以輸出層是 1 個神經元。

　　Python 程式定義 Keras 神經網路模型，首先建立 Sequential 物件，如下所示：

```
model = Sequential()
model.add(Input(shape=(X_train.shape[1],)))
model.add(Dense(11, activation="relu"))
model.add(Dense(11, activation="relu"))
model.add(Dense(1, activation="sigmoid"))
```

　　上述程式碼呼叫 4 次 add() 函式新增 1 層 Input 層和 3 層 Dense 層，其說明如下所示：

● **輸入層**：使用 shape 參數指定輸入層的資料是 9 個特徵。

● **第 1~2 層隱藏層**：11 個神經元，啟動函數是 ReLU 函數。

● **輸出層**：1 個神經元，啟動函數是 Sigmoid 函數。

　　然後呼叫 summary() 函式顯示模型的摘要資訊，如下所示：

```
model.summary()
```

上述函式顯示每一層神經層的參數個數，和整個神經網路的參數總數，其執行結果如下所示：

Layer (type)	Output Shape	Param #
dense_178 (Dense)	(None, 11)	110
dense_179 (Dense)	(None, 11)	132
dense_180 (Dense)	(None, 1)	12

```
Total params: 254 (1016.00 B)
Trainable params: 254 (1016.00 B)
Non-trainable params: 0 (0.00 B)
```

上述各神經層的參數計算，如下所示：

隱藏層 1：$9×11+11 = 110$
隱藏層 2：$11×11+11 = 132$
輸出層：$11×1+1 = 12$

Step 3　編譯模型

在定義好模型後，我們需要編譯模型來轉換成低階計算圖，如下所示：

```
model.compile(loss="binary_crossentropy", optimizer="adam",
              metrics=["accuracy"])
```

上述 compile() 函式是編譯模型，使用 binary_crossentropy 損失函數，優化器是 adam，評估標準是 accuracy 準確度。

Step 4　訓練模型

在編譯模型成為計算圖後，我們就可以送入特徵資料來訓練模型，如下所示：

```
history = model.fit(X_train, y_train, validation_split=0.2,
                    epochs=100, batch_size=10)
```

上述 fit() 函式是訓練模型，第 1 個參數是訓練資料 X_train，第 2 個參數是標籤資料 y_train，validation_split 參數分割 20% 的驗證資料集，訓練週期是 100 次，批次尺寸是 10，回傳值是 history。其執行結果只顯示最後幾次，可以看到多了驗證準確度和驗證損失，如下所示：

```
Epoch 95/100
84/84 ━━━━━━━━━━━━━━━━━━━━ 0s 1ms/step - accuracy: 0.8432 - loss: 0.3750 - val_accuracy: 0.8000 - val_loss: 0.4570
Epoch 96/100
84/84 ━━━━━━━━━━━━━━━━━━━━ 0s 1ms/step - accuracy: 0.8309 - loss: 0.3901 - val_accuracy: 0.8000 - val_loss: 0.4582
Epoch 97/100
84/84 ━━━━━━━━━━━━━━━━━━━━ 0s 1ms/step - accuracy: 0.8532 - loss: 0.3346 - val_accuracy: 0.8048 - val_loss: 0.4628
Epoch 98/100
84/84 ━━━━━━━━━━━━━━━━━━━━ 0s 1ms/step - accuracy: 0.8350 - loss: 0.3912 - val_accuracy: 0.8048 - val_loss: 0.4592
Epoch 99/100
84/84 ━━━━━━━━━━━━━━━━━━━━ 0s 1ms/step - accuracy: 0.8410 - loss: 0.3837 - val_accuracy: 0.8048 - val_loss: 0.4552
Epoch 100/100
84/84 ━━━━━━━━━━━━━━━━━━━━ 0s 1ms/step - accuracy: 0.8425 - loss: 0.3899 - val_accuracy: 0.8000 - val_loss: 0.4576
```

Step 5　評估模型

當使用訓練資料集訓練模型後，我們可以使用測試資料集來評估模型效能，如下所示：

```
loss, accuracy = model.evaluate(X_train, y_train, verbose=0)
print("訓練資料集的準確度 = {:.2f}".format(accuracy))
loss, accuracy = model.evaluate(X_test, y_test, verbose=0)
print("測試資料集的準確度 = {:.2f}".format(accuracy))
```

上述程式碼呼叫 2 次 evaluate() 函式來評估模型，參數分別是 X_train 與 y_train，和 X_test 與 y_test 資料集，其執行結果的準確度如下所示：

```
訓練資料集的準確度 = 0.83
測試資料集的準確度 = 0.81
```

Step 6　顯示圖表來分析模型訓練過程

鐵達尼號資料集在訓練神經網路的生存分析時，因為有使用驗證資料集，我們可以繪出訓練和驗證損失的趨勢圖表，幫助我們分析模型的效能，如下所示：

```
import matplotlib.pyplot as plt

loss = history.history["loss"]
epochs = range(1, len(loss)+1)
val_loss = history.history["val_loss"]
plt.plot(epochs, loss, "b-", label="Training Loss")
plt.plot(epochs, val_loss, "r--", label="Validation Loss")
plt.title("Training and Validation Loss")
plt.xlabel("Epochs")
plt.ylabel("Loss")
plt.legend()
plt.show()
```

上述程式碼的執行結果可以看出,約在 18 次訓練週期之後的訓練損失持續減少;驗證損失並沒有減少,反而上升,如右圖所示:

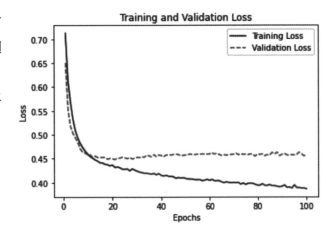

同理,我們也可以繪出練和驗證準確度的趨勢圖表,如下所示:

```
acc = history.history["accuracy"]
epochs = range(1, len(acc)+1)
val_acc = history.history["val_accuracy"]
plt.plot(epochs, acc, "b-", label="Training Acc")
plt.plot(epochs, val_acc, "r--", label="Validation Acc")
plt.title("Training and Validation Accuracy")
plt.xlabel("Epochs")
plt.ylabel("Accuracy")
plt.legend()
plt.show()
```

上述程式碼的執行結果可以看出訓練準確度持續上升;但是,驗證準確度並沒有上升,反而有些下降,如右圖所示:

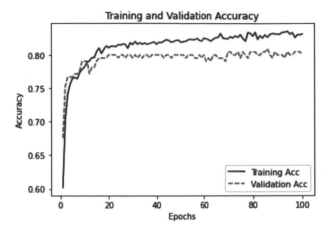

所以,從上述圖表可以看出訓練週期約 18 次,訓練再多次只會產生更嚴重的過度擬合。

Step

7 使用全部的訓練資料集來訓練模型

Python 程式:ch6-2-3a.py 是修改自 ch6-2-3.py,將訓練週期改為 18 次,並且使用全部訓練資料集來訓練模型(沒有分割出驗證資料集),如下所示:

```
...
print("Training ...")
model.fit(X_train, y_train, epochs=18, batch_size=10, verbose=0)
print("\nTesting ...")
loss, accuracy = model.evaluate(X_train, y_train, verbose=0)
print(" 訓練資料集的準確度 = {:.2f}".format(accuracy))
loss, accuracy = model.evaluate(X_test, y_test, verbose=0)
print(" 測試資料集的準確度 = {:.2f}".format(accuracy))
```

上述程式碼在訓練模型完成後,可以顯示訓練資料集和測試資料集的準確度,如下所示:

```
訓練資料集的準確度 = 0.82
測試資料集的準確度 = 0.81
```

然後呼叫 save() 函式儲存模型結構與權重，如下所示：

```
print("Saving Model: titanic.keras ...")
model.save("titanic.keras")
```

上述程式碼的執行結果，可以看到儲存成檔案 titanic.keras，如下所示：

```
Saving Model: titanic.keras ...
```

6-2-4　預測鐵達尼號的乘客是否生存

在第 6-2-3 節已經成功訓練和儲存預測模型，在這一節我們準備載入模型來預測鐵達尼號測試資料集的乘客是否生存，Python 程式：ch6-2-4.py 只需載入 titanic_test.csv，如下所示：

```
df_test = pd.read_csv("./titanic_test.csv")
dataset_test = df_test.values
```

上述程式碼使用 values 屬性轉換成 NumPy 陣列後，測試資料集的資料預處理和 ch6-2-3.py 相同，筆者就不重複列出和說明。

載入 Keras 模型

因為模型訓練結果已經儲存成模型結構與權重檔，我們只需呼叫 load_model() 函式載入模型檔 titanic.keras，如下所示：

```
model = load_model("titanic.keras")
```

預測鐵達尼號乘客是否生存

現在，我們可以預測 X_test 測試資料集的鐵達尼號乘客是否生存，因為是預測分類資料，我們是呼叫 predict() 函式加上篩選條件，即可改為顯示預測的分類，如下所示：

```
y_pred = model.predict(X_test)
y_pred = (y_pred > 0.5).astype(int)
y_pred = y_pred.flatten()
print(y_pred)
print(y_test.astype(int))
```

上述程式碼首先呼叫 predict() 函式預測 X_test 測試資料集後,並使用 (y_pred>0.5) 布林條件改為 2 種分類且轉換成整數,因為是二維陣列,所以呼叫 flatten() 函式轉換成一維陣列後,即可將預測值和標籤資料進行比較,其執行結果如下所示:

```
[1 1 0 1 1 1 1 0 0 1 1 0 0 1 1 0 0 1 0 0 0 1 0 1 0 0 1 1 0 0 1 0 0 1 0 1 0
 0 1 0 0 0 1 0 1 0 0 1 0 1 1 1 0 0 1 1 1 1 0 0 1 1 1 0 1 1 0 0 0 1 0 0 0
 1 1 0 1 0 0 1 1 0 1 0 0 1 1 0 0 0 0 0 0 0 0 0 1 0 1 0 0 0 0 1 1 1 0 0 0
 0 1 0 0 0 0 0 0 0 1 1 1 0 0 0 1 0 1 0 1 0 0 0 0 0 0 0 1 0 1 0 1 0 0 1 0 1
 0 0 0 0 0 0 0 0 0 0 0 0 0 1 0 0 0 0 0 0 0 0 0 1 1 0 0 0 0 0 0 0 0 0 0 1 0
 0 0 0 0 0 0 0 0 0 0 0 1 0 0 0 0 0 0 0 0 1 1 0 0 0 0 1 1 0 0 1 0 0 0
 0 0 0 1 0 0 0 0 0 0 0 0 0 0 0 0 0 0 0 0 0 0 0 0 1 0 0 0 0 0 1 0 0 0 1
 0 0 1 1 0]
[0 1 0 1 1 1 1 0 1 1 1 0 1 1 1 1 0 0 0 1 0 1 0 1 1 0 0 1 0 1 0 1 1 0 1 0
 1 0 0 0 0 1 0 1 0 1 1 0 1 1 1 0 0 1 1 1 1 0 0 0 0 1 1 0 0 1 0 0 0 1 0 0 0
 1 1 0 1 0 0 1 1 0 1 0 0 1 0 0 0 0 0 0 0 0 1 0 0 1 0 0 1 0 0 0 1 1 1 0 0 1
 0 1 1 0 0 1 1 0 0 1 1 1 0 0 0 1 1 1 0 1 0 0 1 0 0 1 0 1 0 1 1 1 0 0 0 0 0
 0 0 0 0 1 0 0 1 0 1 0 0 1 0 0 0 0 0 1 0 0 0 0 1 1 0 0 0 0 0 0 0 1 0 1 1
 0 1 0 0 0 0 0 0 1 0 1 0 0 0 0 1 0 0 0 1 0 1 0 0 0 0 0 0 0 1 1 0 1 1 0 0 0
 0 0 0 0 1 0 0 0 0 0 0 0 0 1 0 1 0 0 0 0 1 0 0 0 0 0 0 0 0 0 0 1
 0 0 0 0 0]
```

上述執行結果的上方是乘客是否生存的預測值,下方是標籤值。

使用混淆矩陣進行分析

我們可以使用 Pandas 的 crosstab() 函式建立混淆矩陣,方便我們分析模型的預測結果,如下所示:

```
tb = pd.crosstab(y_test.astype(int), y_pred,
                 rownames=["label"], colnames=["predict"])
print(tb)
```

上述函式的第 1 個參數是真實標籤值，第 2 個參數是預測值，rownames 參數是列名稱，colnames 是欄名稱，其執行結果如右表所示：

predict label	0	1
0	153	16
1	34	61

上述表格從左上至右下的對角線是預測正確的數量，其他是預測錯誤的數量，可以看到共有 16 位是死亡預測成生存、34 位是生存預測成死亡。

6-3 實作案例：加州房價預測的迴歸問題

加州房價資料集（California Housing Dataset）是 1990 年美國人口普查所衍生出的資料集，在資料集的每一列代表一個人口普查區塊群組，區塊群組是美國人口普查局樣本資料的最小地理單位（一個區塊群組的人口約有 600 到 3000 人）。

6-3-1 認識與探索加州房價資料集

加州房價資料集是 CSV 檔案 california_housing.csv，我們可以建立 DataFrame 物件 df 來載入資料集（Python 程式：ch6-3-1.py），如下所示：

```
df = pd.read_csv("./california_housing.csv")
print(df.shape)
```

上述程式碼呼叫 read_csv() 函式載入資料集後，使用 shape 屬性顯示資料集的形狀，其執行結果如下所示：

```
(20640, 9)
```

上述加州房價資料集有 9 個欄位共 20640 筆資料。

探索資料集：ch6-3-1a.py

在成功載入資料集後，首先我們來看一看前幾筆資料，如下所示：

```
print(df.head())
```

上述程式碼呼叫 head() 函式顯示前 5 筆，其執行結果如下圖所示：

	MedInc	HouseAge	AveRooms	AveBedrms	Population	AveOccup	Latitude	Longitude	MedHouseVal
0	8.3252	41	6.984127	1.023810	322	2.555556	37.88	-122.23	4.526
1	8.3014	21	6.238137	0.971880	2401	2.109842	37.86	-122.22	3.585
2	7.2574	52	8.288136	1.073446	496	2.802260	37.85	-122.24	3.521
3	5.6431	52	5.817352	1.073059	558	2.547945	37.85	-122.25	3.413
4	3.8462	52	6.281853	1.081081	565	2.181467	37.85	-122.25	3.422

上表的每一列是一個人口普查區塊群組的資料，各欄位的說明如下所示：

- MedInc：收入的中位數。

- HouseAge：屋齡的中位數。

- AveRooms：每一戶的平均房間數。

- AveBedrms：每一戶的平均臥室數。

- Population：人口普查區塊群組的人口數。

- AveOccup：每一戶的平均人口數。

- Latitude：人口普查區塊群組的緯度。

- Longitude：人口普查區塊群組的經度。

- MedHouseVal：加州地區中位數的房屋價值，單位是 100,000 美元。

接著，我們可以使用 info() 函式顯示資料集的資訊，如下所示：

```
print(df.info())
```

上述程式碼可以顯示資料集的資訊，顯示每一個欄位的資料型別，因為記錄數都是 20640，表示資料集並沒有遺漏值，如右所示：

```
<class 'pandas.core.frame.DataFrame'>
RangeIndex: 20640 entries, 0 to 20639
Data columns (total 9 columns):
 #   Column       Non-Null Count  Dtype
---  ------       --------------  -----
 0   MedInc       20640 non-null  float64
 1   HouseAge     20640 non-null  int64
 2   AveRooms     20640 non-null  float64
 3   AveBedrms    20640 non-null  float64
 4   Population   20640 non-null  int64
 5   AveOccup     20640 non-null  float64
 6   Latitude     20640 non-null  float64
 7   Longitude    20640 non-null  float64
 8   MedHouseVal  20640 non-null  float64
dtypes: float64(7), int64(2)
memory usage: 1.4 MB
None
```

顯示視覺化圖表：ch6-3-1b.py

我們準備使用視覺化圖表來探索資料集，首先使用直方圖探索整個資料集的資料分佈情況，如下所示：

```
df.hist(bins=50, figsize=(15,15))
```

上述程式碼使用 DataFrame 的 hist() 函式繪製直方圖，bin 參數值是 50（bin 參數可用不同大小，但不宜過大或過小），figsize 參數是圖表尺寸，可以顯示多個直方圖的圖表表格，每一個欄位對應一個直方圖，如下圖所示：

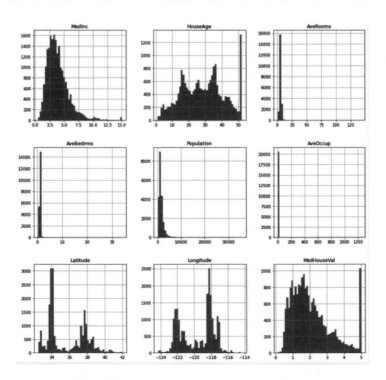

從上述圖表可以看出各特徵都有**不同尺度**，資料需要執行特徵標準化，而且在資料集中有發現一些**異常值**。然後，使用熱地圖顯示資料集的相關係數，如下所示：

```
plt.figure(figsize=(16, 5))
sns.heatmap(df.corr(), annot=True)
```

上述程式碼使用 Seaborn 的 heatmap() 函式來繪製熱地圖，在第 1 個參數呼叫 df.corr() 函式計算出各欄位的**相關係數**，annot 參數值 True 會在色塊中顯示相關係數，如下圖所示：

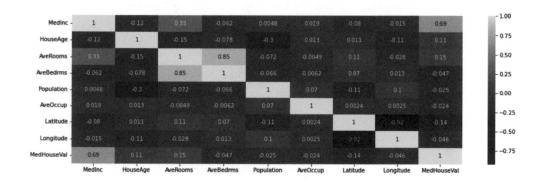

 Tips **請注意！** Seaborn 0.12.2 版和 Matplotlib 3.8.0 版本有些衝突，熱地圖只有第一列的色塊會顯示數字，Matplotlib 需降版至 3.7.3 版，其 pip install 安裝指令，如下所示：

```
pip install matplotlib==3.7.3  Enter
```

從上述熱地圖可以看出 Latitude 與 Longitude、AveRooms 與 AveBedrms，和 MedInc 與 MedHouseVal 欄位都有高度相關性。

Python 程式：ch6-3-2.py 是建立加州房價資料集的迴歸分析，首先匯入所需的模組與套件，如下所示：

```
import pandas as pd
import numpy as np
from keras import Sequential
from keras.layers import Input, Dense
from sklearn.model_selection import train_test_split
from sklearn.preprocessing import StandardScaler

np.random.seed(7)
```

上述程式碼匯入 NumPy 和 Pandas 套件，Keras 有 Sequential 模型、Input 輸入層和 Dense 全連接層，而 train_test_split 和 StandardScaler 屬於 Sklearn 機器學習套件，分別用來分割資料集和執行特徵標準化，接著指定亂數種子是 7。

Step

1 資料預處理

在載入加州房價資料集後，我們需要執行的資料預處理，如下所示：

● 分割成特徵與標籤資料。

● 分割成訓練和測試資料集。

● 執行特徵標準化。

Python 程式在載入資料集後，使用 values 屬性轉換成 NumPy 陣列，然後使用亂數來打亂資料，如下所示：

```
df = pd.read_csv("./california_housing.csv")
dataset = df.values
np.random.shuffle(dataset)
```

接著，分割資料集成特徵資料和標籤資料，如下所示：

```
X = dataset[:, 0:8]
y = dataset[:, 8]
print(X.shape, y.shape)
```

上述程式碼分割成前 8 個欄位的特徵資料，和第 9 個欄位的標籤資料，其執行結果如下所示：

```
(20640, 8) (20640,)
```

然後，將資料集分割成訓練和測試資料集，使用的是 Sklearn 機器學習套件的 **train_test_split()** 函式，如下所示：

```
X_train, X_test, y_train, y_test = train_test_split(X, y,
                                        test_size=0.2,
                                        random_state=42)
print(X_train.shape, y_train.shape)
print(X_test.shape, y_test.shape)
```

上述程式碼呼叫 train_test_split() 函式來分割資料，test_size 參數值 0.2 是分割成 80% 的訓練資料和 20% 的測試資料，random_state 參數就是隨機種子，可以讓每一次分割結果都一致，其執行結果的分割筆數分別是 16512 筆和 4128 筆，如下所示：

```
(16512, 8) (16512,)
(4128, 8) (4128,)
```

接著執行特徵標準化（Standardization），首先建立 **StandardScaler** 物件 sc，如下所示：

```
sc = StandardScaler()
X_train = sc.fit_transform(X_train.astype("float"))
X_test = sc.transform(X_test.astype("float"))
```

上述程式碼呼叫 fit_transform() 函式執行訓練資料的特徵標準化，然後使用 transform() 函式執行測試資料的特徵標準化，之所以沒有再使用 fit_transform() 函式，是因為在訓練資料集已經擬合過，我們只需將相同轉換直接套用到測試資料集即可。

Step

2 **定義模型**

接著定義神經網路模型，規劃的神經網路有五層，這是一個深度神經網路，如右圖所示：

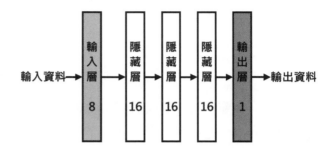

上述輸入層有 8 個特徵，並設定 3 個隱藏層都是 16 個神經元，因為是迴歸問題，輸出層是 1 個神經元。

Python 程式定義 Keras 神經網路模型，首先建立 Sequential 物件，如下所示：

```
model = Sequential()
model.add(Input(shape=(X_train.shape[1],)))
model.add(Dense(16, activation="relu"))
model.add(Dense(16, activation="relu"))
model.add(Dense(16, activation="relu"))
model.add(Dense(1))
```

上述程式碼呼叫 5 次 add() 函式新增 1 層 Input 層和 4 層 Dense 層，其說明如下所示：

- **輸入層**：使用 shape 參數指定輸入層的資料是 8 個特徵。
- **第 1~3 層隱藏層**：16 個神經元，啟動函數是 ReLU 函數。
- **輸出層**：1 個神經元，因為是迴歸問題，所以沒有啟動函數。

然後呼叫 summary() 函式顯示模型的摘要資訊，如下所示：

```
model.summary()
```

上述函式顯示每一層神經層的參數個數，和整個神經網路的參數總數，其執行結果如下所示：

Layer (type)	Output Shape	Param #
dense (Dense)	(None, 16)	144
dense_1 (Dense)	(None, 16)	272
dense_2 (Dense)	(None, 16)	272
dense_3 (Dense)	(None, 1)	17

```
Total params: 705 (2.75 KB)
Trainable params: 705 (2.75 KB)
Non-trainable params: 0 (0.00 B)
```

上述各神經層的參數計算，如下所示：

隱藏層 1：8×16+16 = 144
隱藏層 2~3：16×16+16 = 272
輸出層：16×1+1 = 17

Step

3 編譯模型

在定義好模型後，我們需要編譯模型來轉換成低階計算圖，如下所示：

```
model.compile(optimizer='adam', loss='mse',
              metrics=['root_mean_squared_error'])
```

上述 compile() 函式是編譯模型，使用 mse 損失函數，優化器是 adam，評估標準是 root_mean_squared_error（RMSE），這是 MSE 的平方根，其誤差的測量單位和實際值相同。

訓練模型

在編譯模型成為計算圖後，我們就可以送入特徵資料來訓練模型，如下所示：

```
history = model.fit(X_train, y_train, batch_size=128,
                    validation_split=0.2, epochs=100, verbose=2)
```

上述 fit() 函式是訓練模型，第 1 個參數是訓練資料集 X_train，第 2 個參數是標籤資料集 y_train，validation_split 參數值 0.2 是分割出 20% 的驗證資料集，訓練週期是 100 次，批次尺寸是 128，其執行結果只顯示最後幾次訓練週期，如下所示：

```
Epoch 95/100
104/104 - 0s - 1ms/step - loss: 0.2760 - root_mean_squared_error: 0.5263 - val_loss: 0.3128 - val_root_mean_squared_error: 0.5586
Epoch 96/100
104/104 - 0s - 2ms/step - loss: 0.2766 - root_mean_squared_error: 0.5268 - val_loss: 0.3185 - val_root_mean_squared_error: 0.5638
Epoch 97/100
104/104 - 0s - 1ms/step - loss: 0.2818 - root_mean_squared_error: 0.5310 - val_loss: 0.3110 - val_root_mean_squared_error: 0.5570
Epoch 98/100
104/104 - 0s - 1ms/step - loss: 0.2717 - root_mean_squared_error: 0.5221 - val_loss: 0.3114 - val_root_mean_squared_error: 0.5574
Epoch 99/100
104/104 - 0s - 2ms/step - loss: 0.2755 - root_mean_squared_error: 0.5214 - val_loss: 0.3130 - val_root_mean_squared_error: 0.5588
Epoch 100/100
104/104 - 0s - 1ms/step - loss: 0.2727 - root_mean_squared_error: 0.5223 - val_loss: 0.3097 - val_root_mean_squared_error: 0.5559
```

Step

5 評估與儲存模型

當使用訓練資料集訓練模型後，我們可以使用測試資料集來評估模型效能，如下所示：

```
loss, rmse = model.evaluate(X_test, y_test, verbose=0)
print("測試資料集的 RMSE = {:.2f}".format(rmse))
```

上述程式碼呼叫 evaluate() 函式評估模型，參數是 X_test 和 y_test 資料集，其執行結果的 RMSE 是 0.53，如下所示：

```
測試資料集的 RMSE = 0.53
```

然後使用 save() 函式儲存模型結構與權重，如下所示：

```
print("Saving Model: california_housing.keras ...")
model.save("california_housing.keras")
```

上述程式碼的執行結果，可以看到儲存成檔案 california_housing.keras，如下所示：

```
Saving Model: california_housing.keras ...
```

Step

6 顯示圖表來分析模型訓練過程

加州房價資料集在訓練神經網路時，因為有使用驗證資料集，我們可以繪出訓練和驗證損失的趨勢圖表，幫助我們分析模型的效能。首先是訓練和驗證損失的趨勢圖表，如右圖所示：

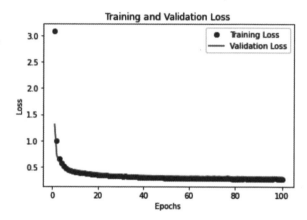

然後是訓練和驗證 RMSE 的趨勢圖表，如右圖所示：

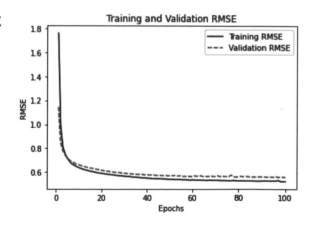

在第 6-3-2 節已經成功訓練和儲存預測模型，Python 程式：ch6-3-3.py 只需呼叫 load_model() 函式載入模型檔 california_housing.keras，如下所示：

```
model = load_model("california_housing.keras")
```

然後，我們可以針對指定資料集的特定筆數，再次呼叫 predict() 函式來預測測試資料的房屋價值，例如：第 2 筆，如下所示：

```
price = model.predict(X_test[1:2], verbose=0)
print("測試資料的房屋價值：", y_test[1])
print("模型預測的房屋價值：", price[0][0])
```

上述 X_test[1:2] 是指第 2 筆測試資料（X_test[0:1] 是第 1 筆），y_test[1] 是第 2 筆標籤值的房屋價值，price[0][0] 是預測的房屋價值，其執行結果如下所示：

```
測試資料的房屋價值： 4.521
模型預測的房屋價值： 4.2324967
```

上述房屋價值的單位是 10 萬美元，因此標籤值是 45 萬 2 千 1 百美元，而預測值是 42 萬 3 千多美元。

CHAPTER

7

圖解
卷積神經網路 (CNN)

7-1 影像資料的穩定性問題

基本上，卷積神經網路的強項是在**電腦視覺**，而電腦視覺的基礎是**影像辨識**，就像讓電腦具備眼睛可以看到東西，進而辨別事物。不過，在討論影像識別問題前，我們需要先了解什麼是點陣圖和影像資料的穩定性問題。

認識點陣圖 Bitmap

點陣圖是使用多個依順序排列的**像素**（Pixels，影像的基本單位）所組成的圖形，每一個像素是很小的正方形，這些正方形排列出圖片的內容，例如：一張手寫數字 5 的點陣圖，當放大圖片，我們就可以看到這個 5 是使用白色和灰階正方形所組合出的圖片，如下圖所示：

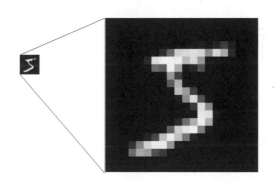

事實上，卷積神經網路處理的就是上述點陣圖，點陣圖如同**矩陣**，每一個像素是矩陣的一個元素，依像素色彩分為兩種，如下所示：

● **黑白圖**：每一個像素的元素值是 0~255 灰階值。

● **彩色圖**：每一個像素的元素值是 RGB 紅綠藍三原色值的向量，稱為**通道**（Channels），3 個值的範圍分別是 0~255。例如：黑色值是 [0, 0, 0]；白色是 [255, 255, 255]；紅色是 [255, 0, 0]；綠色是 [0, 255, 0] 和藍色是 [0, 0, 255]。

Tips　**向量圖**（Vector Images）是另一種常見圖片，圖片是使用數學公式繪出直線、弧線、多邊形和圓形等圖形來組合出內容，因為是使用數學公式繪出，放大圖片也不會看到線條上的鋸齒，而是平滑的線條。

影像資料的穩定性問題

　　為了讓電腦能夠識別影像、看得懂圖片，首先我們需要將圖片資料輸入神經網路，最簡單方式是使用點陣圖的每一個像素值作為神經網路的輸入資料，例如：手寫數字 3 的圖片是 28×28 像素的 256 灰階圖片，共有 784 個像素，也就是一個 784 個元素的向量，其元素值是 0~255 範圍。

　　問題是我們需要如何判斷圖片上的數字是 3，假設已經有一張數字 3 的圖片，另外有一張相同尺寸的新圖片，如果想辨識新圖片是否也是數字 3，我們可以將兩張圖片轉換成 2 個 784 元素的向量，然後一個點一個點比較各元素來看看是否相同，如果完全相同，就表示新圖片是數字 3。如果我們使用這種方式來辨識圖片，就需要面對影像資料的穩定性問題，如下圖所示：

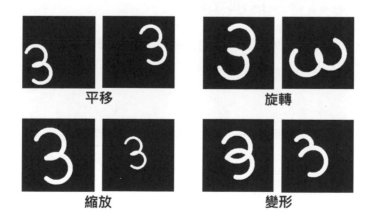

　　上述圖例的 8 個點陣圖都是數字 3，當將像素轉換成向量時，因為圖片內容可能會**平移**（Translation）、**縮放**（Scale）、**旋轉**（Rotation）和**變形**（Deformation），雖然圖片都是 3，但形成的是完全不一樣的向量，這就是影像資料的穩定性問題。

想想看！人類眼睛是如何辨識數字 3？除非你是在玩「大家來找碴」遊戲，相信沒有人是一個點一個點仔細比較 2 張圖有什麼不同，我們一定是看出數字 3 有 2 個超過半圓弧形，並且併排連在一起，這就是數字 3 的**特徵**（Features），而我們也是使用特徵來辨識圖片。

事實上，卷積神經網路就是模仿人腦視覺，使用特徵來辨識圖片，這就是第 7-2-1 節的卷積運算與池化運算。

7-2　卷積運算與池化運算

卷積神經網路的核心觀念就是卷積與池化運算，在這一節筆者準備以範例來說明什麼是卷積與池化運算，接著再實際使用 Python 程式來實作數字手寫圖片的卷積運算。

7-2-1　認識卷積與池化運算

卷積神經網路是依序使用卷積與池化運算來執行特徵萃取，可以偵測出圖片中擁有的**樣式**（Patterns），如下圖所示：

卷積運算

在輸入圖片執行卷積運算前，我們需要先定義**過濾器**（Filters）的濾鏡大小，例如：3×3、5×5 等（可自行調整尺寸），然後執行輸入圖片和過濾器的卷積運算，例如：輸入圖片是「X」形狀，如下圖所示：

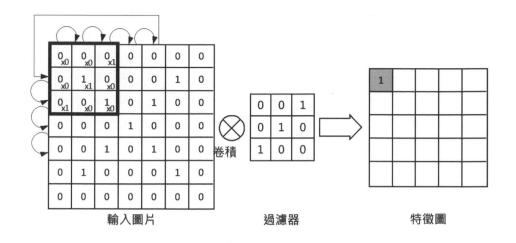

上述輸入圖片和過濾器卷積運算的完整步驟，如下所示：

Step 1 在將過濾器置於輸入圖片的左上角後，請將對應元素相乘後，執行加總，可以輸出特徵圖第一列的第一個值，其運算式如下所示：

0×0+0×0+0×1+0×0+1×1+0×0+0×1+0×0+1×0 = 1

Step 2 將過濾器向右移動一個像素後，重複 **Step 1** 計算對應元素相乘後加總，即可輸出同一列的第 2 個值。

Step 3 重複 **Step 2** 向右移動一個像素，計算對應元素相乘後加總，直到過濾器的右邊邊界到達輸入圖片的右邊邊界，就完成特徵圖的一列。

Step 4 請回到最左邊且向下移動一個像素，即可重複 **Step 2** 和 **Step 3** 計算特徵圖的下一列。

Step 5 重複 **Step 4** 向下移動一個像素，直到過濾器的下方邊界到達輸入圖片的下方邊界為止。

在完成上述步驟的卷積運算後，就可以完成一張**特徵圖**（Feature Map），如下圖所示：

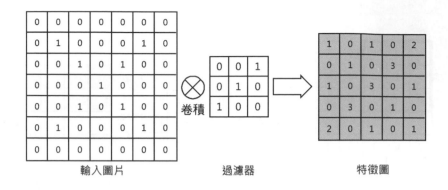

輸入圖片　　　　　過濾器　　　　　特徵圖

　　上述過濾器的目的是在圖片中偵測樣式，以此例是偵測斜線「/」，在卷積運算後，可以看到「X」的斜線「/」有比較強的反應，值是 3，看出來了嗎！我們已經使用卷積運算在圖片中偵測出斜線「/」的樣式。

　　同理！在圖片中可以找到多種邊線、形狀、紋理、曲線、物件或色彩等不同樣式，而我們定義過濾器的目的就是在圖片中偵測出這些樣式。

池化運算

　　池化運算可以壓縮和保留特徵圖的重要資訊，常用的是**最大池化法**（Max Pooling），即取窗格中各元素的最大值。如同卷積運算，池化運算一樣是採用滑動窗格，我們需要指定滑動窗格的大小，例如：滑動步幅（Stride）設為 2，就是 2×2 池化運算，如下圖所示：

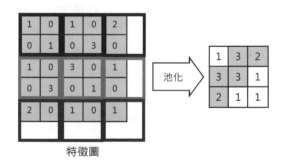

特徵圖

　　上述圖例是使用 2×2 窗格將特徵圖分成 9 格後，取出每一格中的最大值，這就是最大池化運算的結果，**可以看出池化運算會壓縮特徵圖尺寸**，同時顯示出更強的斜線「/」樣式。

7-2-2　使用 Python 程式實作卷積運算

這一節我們準備使用 NumPy、Matplotlib 和 Scipy 套件來實作 Python 程式的卷積運算。

載入 NumPy 陣列的手寫數字圖片：ch7-2-2.py

在書附範例檔的「\ch07」資料夾有 digit0~9.npy 檔，這些是 NumPy 陣列檔案，其內容是手寫數字 0~9，例如：使用 NumPy 載入 digit8.npy 檔案和顯示手寫數字圖片 8，如下所示：

```python
import numpy as np
import matplotlib.pyplot as plt

img = np.load("digit8.npy")

plt.figure()
plt.imshow(img, cmap="gray")
plt.axis("off")
plt.show()
```

上述程式碼載入 NumPy 和 Matplotlib 套件後，呼叫 np.load() 函式載入 NumPy 陣列檔 digit8.npy，可以使用 imshow() 函式顯示手寫數字圖片 8，其執行結果如右圖所示：

卷積運算的邊界偵測和銳化：ch7-2-2a~b.py

我們準備使用標準的**邊界偵測**（Edge Detection）過濾器，執行手寫數字圖片 8 的邊界偵測，邊界偵測過濾器的矩陣，如右所示：

$$\begin{bmatrix} 0,1,0 \\ 1,-4,1 \\ 0,1,0 \end{bmatrix}$$

然後使用 Scipy 的 signal 物件執行卷積運算，如下所示：

```
c_digit = signal.convolve2d(img, edge, boundary="symm", mode="same");
```

上述 **convolve2d()** 函式的第 1 個參數是圖片陣列，第 2 個是過濾器陣列，boundary 屬性指定如何處理邊界，mode 是輸出尺寸，完整 Python 程式如下所示：

```
import numpy as np
import matplotlib.pyplot as plt
from scipy import signal
```

上述程式碼除了匯入 NumPy 和 Matplotlib 外，還有 Scipy 的 signal 物件，然後載入 digit8.npy 陣列檔，並建立邊界偵測過濾器的矩陣，如下所示：

```
img = np.load("digit8.npy")
edge = [[0, 1, 0],
        [1, -4, 1],
        [0, 1, 0]]

plt.figure()
plt.subplot(1, 2, 1)
plt.imshow(img, cmap="gray")
plt.axis("off")
plt.title("original image")

plt.subplot(1, 2, 2)
c_digit = signal.convolve2d(img, edge, boundary="symm", mode="same")
plt.imshow(c_digit, cmap="gray")
plt.axis("off")
plt.title("edge-detection image")
plt.show()
```

　　上述程式碼共繪出 2 張子圖，第 1 張子圖是原始手寫數字圖片，第 2 子圖是在執行卷積運算後，顯示邊界偵測後的數字圖片，其執行結果如下圖所示：

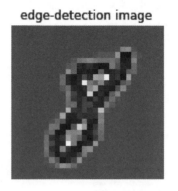

　　標準的圖片**銳化**（Sharpen）過濾器的矩陣，如右所示：

$$\begin{bmatrix} 0,-1,0 \\ -1,5,-1 \\ 0,-1,0 \end{bmatrix}$$

　　Python 程式只需修改過濾器矩陣，就可以使用 Scipy 的 signal 物件執行卷積運算（ch7-2-2b.py），其執行結果如下圖所示：

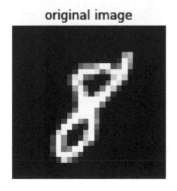 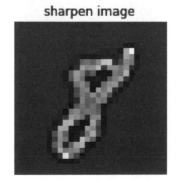

卷積運算的水平和垂直邊線偵測：ch7-2-2c.py

　　一般來說，卷積神經網路都會使用多個過濾器來偵測圖片中的不同樣式，我們準備使用 4 個過濾器來偵測手寫數字圖片中，圖形的上、下方邊線，和垂直的左、右邊邊線，4 個過濾器的矩陣內容，如下圖所示：

-1	-1	-1
1	1	1
0	0	0

-1	1	0
-1	1	0
-1	1	0

0	0	0
1	1	1
-1	-1	-1

0	1	-1
0	1	-1
0	1	-1

　　在 Python 程式首先建立過濾器矩陣的陣列，在顯示原始圖片後，使用 for 迴圈顯示 4 張卷積運算後的子圖。首先載入手寫數字圖片 3 的 NumPy 陣列，如下所示：

```
img = np.load("digit3.npy")
filters = [[
    [-1, -1, -1],
    [ 1,  1,  1],
    [ 0,  0,  0]],
   [[-1,  1,  0],
    [-1,  1,  0],
    [-1,  1,  0]],
   [[ 0,  0,  0],
    [ 1,  1,  1],
    [-1, -1, -1]],
   [[ 0,  1, -1],
    [ 0,  1, -1],
    [ 0,  1, -1]]]
```

　　上述變數 filters 是 4 個過濾器的矩陣，然後顯示原始圖片，如下所示：

```
plt.figure()
plt.subplot(1, 5, 1)
plt.imshow(img, cmap="gray")
```

▶▶

```
plt.axis("off")
plt.title("original")


for i in range(2, 6):
    plt.subplot(1, 5, i)
    c = signal.convolve2d(img, filters[i-2],
                            boundary="symm", mode="same")
    plt.imshow(c, cmap="gray")
    plt.axis("off")
    plt.title("filter"+str(i-1))


plt.show()
```

上述 for 迴圈呼叫 signal.convolve2d() 函式執行 4 次卷積運算，分別使用不同的過濾器矩陣來執行卷積運算，其執行結果如下圖所示：

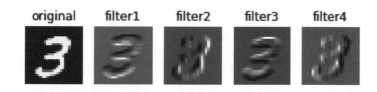

上述執行結果在數字 3 圖形的邊線可以看到白色的亮線，依序是偵測下方的水平邊線、右邊的垂直邊線、上方的水平邊線和左邊的垂直邊線。

7-3 認識卷積神經網路 CNN

卷積神經網路（Convolutional Neural Network，CNN）簡稱 CNNs 或 ConvNets，這是目前深度學習主力發展的領域之一，不要懷疑，卷積神經網路在圖片辨識的準確度上，早已超越了人類的眼睛。

7-3-1 　卷積神經網路的基本結構

卷積神經網路的基礎是在 1998 年 Yann LeCun 提出名為 LeNet-5 的卷積神經網路架構，基本上，卷積神經網路就是模仿人腦視覺處理區域的神經迴路，一種針對圖像處理的神經網路，例如：分類圖片、人臉辨識和手寫辨識等。

卷積神經網路的基本結構是**卷積層**（Convolution Layers）和**池化層**（Pooling Layers），使用多種不同的神經層來依序連接成神經網路，如下圖所示：

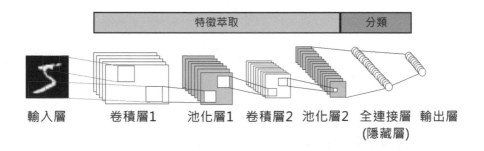

上述圖例是數字手寫辨識的卷積神經網路，數字圖片在送入卷積神經網路的輸入層後，使用 2 組或多組卷積層和池化層來自動執行**特徵萃取**（Feature Extraction），即可從特徵圖中萃取出所需的特徵，再送入全連接層進行分類，最後在輸出層輸出辨識出的數字。

在卷積神經網路的輸入層、輸出層和全連接層與第二篇的 MLP 多層感知器相同，主要差異是在卷積層和池化層，其簡單說明如下所示：

● **卷積層**：在卷積層是執行卷積運算，使用多個過濾器或稱為卷積核（Kernels）掃瞄圖片來萃取出特徵，而過濾器就是卷積層的權重，如下圖所示：

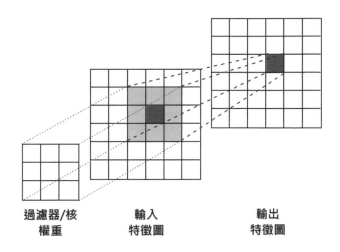

過濾器/核　　　　輸入　　　　　　輸出
　權重　　　　　特徵圖　　　　　特徵圖

● **池化層**：在池化層是執行池化運算，可以壓縮特徵圖來保留重要資訊，其目
　的是讓卷積神經網路專注於圖片中**是否存在**此特徵，而不是此特徵位在哪裡？

7-3-2　卷積神經網路的處理過程

　　在這一節我們準備使用 5×5 輸入圖片和 2 個 3×3 過濾器來完整執行卷
積神經網路的處理過程，而這就是卷積神經網路正向傳播階段計算預測值的流
程，如下圖所示：

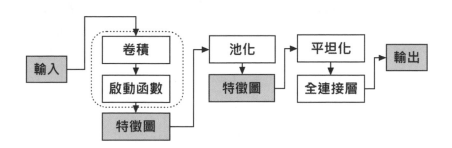

　　上述流程共執行一次卷積、一次池化和一次平坦化，卷積層的啟動函數是
ReLU 函數，輸出的是特徵圖。我們是使用 5×5 輸入圖片和 2 個 3×3 過濾
器，如下圖所示：

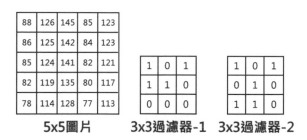

5x5圖片　　　**3x3過濾器-1**　　**3x3過濾器-2**

上述卷積神經網路的整個處理步驟，如下所示：

Step
1
輸入圖片執行卷積運算

第一步是執行輸入圖片的卷積運算，因為有 2 個過濾器，我們需要執行 2 次，首先是第 1 個過濾器的卷積運算，特徵圖第一列卷積運算的計算結果，如下圖所示：

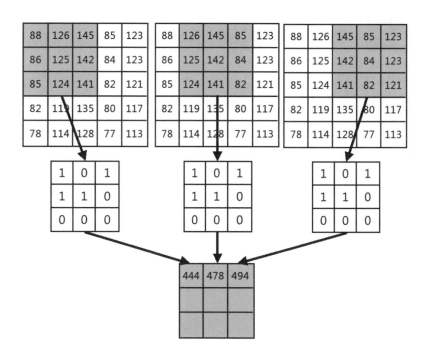

特徵圖第二列卷積運算的計算結果，如下圖所示：

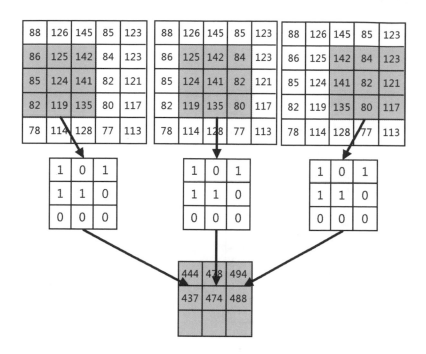

特徵圖第三列卷積運算的計算結果，如下圖所示：

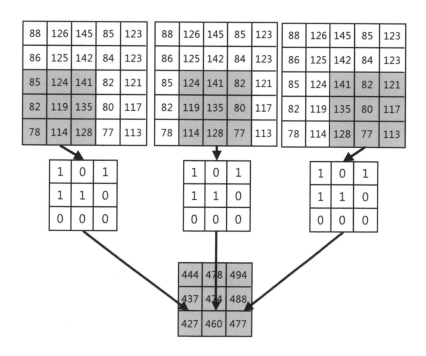

接著執行第 2 個過濾器的卷積運算後，可以產生 2 個特徵圖，這是執行
啟動函數前的特徵圖，如下圖所示：

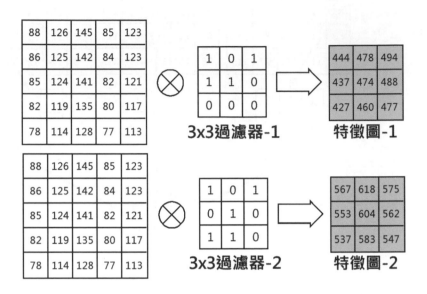

2 使用 ReLU 啟動函數輸出特徵圖

卷積層是使用 ReLU 啟動函數，當輸入小於 0 時，輸出 0；大於 0 就是
線性函數，直接輸出輸入值，如下所示：

$$\mathrm{Re}\,LU(x) = \begin{cases} 0, \ if\,(x<0) \\ x, \ if\,(x\geq 0) \end{cases}$$

因為範例的卷積運算結果並沒有
負值，所以啟動函數輸出結果的
特徵圖和輸入完全相同，如右圖
所示：

如果輸入的特徵圖中有負值，其
輸出結果就是 0，如右圖所示：

Step
3

執行卷積層輸出的池化運算

接著執行卷積層輸出特徵圖的池化運算，其目的是減少特徵圖的尺寸，使用的是最大池化法，因為最大值數據會保留下來，而不會遺失重要資訊，因此執行池化運算的資料數不足時，為了方便計算，請自行在最後補上 0（因為是使用 ReLU 啟動函數，不會有負值），首先是第 1 個卷積層輸出的特徵圖，如下圖所示：

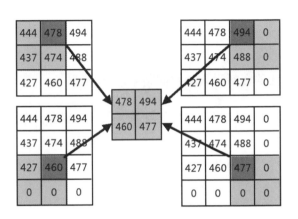

接著進行第 2 個卷積層輸出特徵圖的池化運算。最後，池化運算結果得到的 2 個特徵圖，如右圖所示：

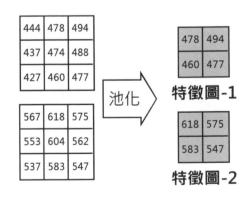

Step
4

將池化層的特徵圖平坦化 Flattening

在計算出池化壓縮的特徵圖後，下一步就是平坦化，我們需要將全部特徵圖（以此例是 2 個）的矩陣轉換成向量，以便送入全連接層的神經網路來處理分類，如下圖所示：

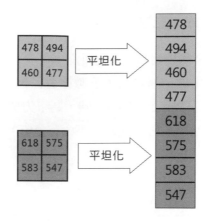

Step

5

將平坦化的資料送入神經網路來進行分類

現在，我們可以將平坦化的向量送入神經網路來進行分類，如下圖所示：

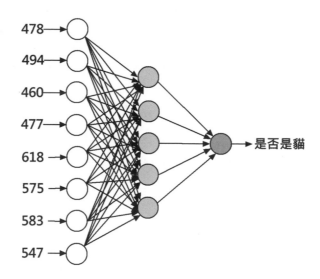

上述圖例就是第二篇分類的 MLP，同樣的，我們使用反向傳播演算法更新卷積神經網路的權重，而卷積層的權重就是過濾器。

所以，卷積神經網路到底是在學什麼呢？學的就是卷積層的權重，即過濾器，首先使用亂數初始過濾器的矩陣內容，然後使用正向和反向傳播學習權重後，過濾器就可以自動辨識出圖片所需萃取的特徵，這也是為什麼我們說：「卷積神經網路是自動執行圖片的特徵萃取」。

7-3-3　卷積神經網路為什麼有用

在了解卷積神經網路的結構和整個運算過程後，我們準備來看一看卷積層和池化層為什麼有用？首先是卷積層，當我們選定過濾器的矩陣後，這個矩陣如同是一個濾鏡，掃過整張輸入圖片後，只有某些特定的數值分佈在濾鏡下會有比較強的反應，這些分佈就是特徵，換句話說，我們是使用濾鏡將圖片上的特徵萃取出來，所以卷積運算的結果稱為特徵圖。

不只如此，因為卷積運算會由左至右、從上至下掃過整張圖片，就算欲識別的影像是位在圖片上的不同區域，或有一些小變形，這些濾鏡都一樣可以凸顯出這些特徵，讓卷積神經網路知道圖片中是否存在這些特徵，例如：線、花紋、邊和角等結構。

池化層的目的是壓縮特徵圖來提取出最強的特徵，也就是將特徵更明顯的浮現出來，能夠解決圖片小範圍不穩定的影像平移、縮放、旋轉和變形。不只如此，因為池化運算會縮小特徵圖的尺寸，這如同是將卷積神經網路的視野逐步拉遠，一開始看到局部特徵的點、線、角和紋理等零件，然後逐步擴大視野，即可看到全域特徵，如下圖所示：

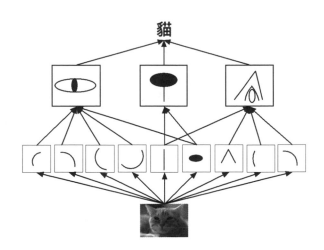

上述圖例可以看出貓圖片使用卷積層找出各種線條、形狀等局部特徵後，經過池化層將視野拉遠，可以找出貓的眼睛、鼻子和耳朵等更全域的特徵，最後辨識出這是一隻貓。

7-4 卷積層

卷積神經網路最重要的是卷積層，卷積層的操作是將點陣圖原來點對點的全域比對，轉換成過濾器較小範圍的局部比對，透過局部小範圍一塊一塊的特徵研判來綜合出辨識的結果。

7-4-1 卷積層和全連接層有何不同

對於全連接層的神經網路來說，如果輸入圖片尺寸是 100×100，輸入層的資料就有 $100 \times 100 = 10,000$ 個向量，而當神經網路有一個隱藏層，神經元數是 100，這個神經網路從輸入層到隱藏層就需要 $10,000 \times 100$ 個權重加上 100 個偏向量，共有 1,000,100 個參數；如果圖片尺寸更大，隱藏層有更多層，整個神經網路的參數量將會是一個天文數字。

基本上，卷積層和全連接層最大的不同就是局部連接與權重共享，簡單的說，卷積層是使用過濾器的窗格來萃取特徵，這個過濾器如同一個局部感知器，且過濾器又是神經元共享的權重，如此可以大幅減少神經網路的參數量。

局部連接 Local Connected

因為我們對於外界事物的觀察都是從局部擴展至全域，一個一個小區域去認識，透過從各個小區域得到的局部特徵後，匯總局部特徵得到完整的全域資訊。

基本上，如果使用全連接層的神經網路來識別圖片，其學習的是整張圖片的所有像素，學到的是**全域樣式**（Global Patterns）；而卷積層是使用過濾器的小區域來萃取特徵，學到的是部分像素的**局部樣式**（Local Patterns），如右圖所示：

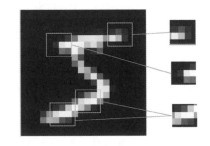

　　上述卷積層在學會局部樣式後，此樣式可以出現在圖片的不同位置，但是，對於全連接層來說，只要位置有些不同，就是一張新圖片，需要學習一種全新的全域樣式。

　　因為需要學習全域樣式，傳統神經網路的隱藏層是一種**全連接**（Fully Connected）神經網路；卷積神經網路的卷積層是使用小區域的**局部連接**（Local Connected），學習的只有區域樣式，如下圖所示：

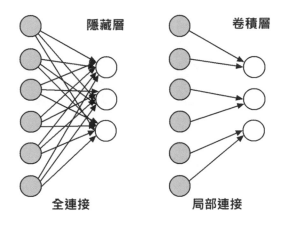

　　上述圖例的左邊是全連接，圖片每一個像素的輸入資料和每一個神經元都完全連接；右邊局部連接的神經元只和部分像素連接，如果是相同 100×100 圖片與 100 個神經元，隱藏層的每一個神經元只需和其中 10×10 個像素建立連接，因此每一個神經元各有 10×10 個權重，共需要 100×(10×10) 個權重，再加上 100 個偏向量，總共有 10,100 個參數。

　　還有一種**重疊**（Overlapping）的局部連接，如右圖所示：

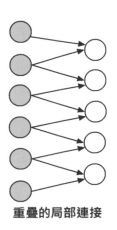

重疊的局部連接

權重共享 Shared Weights

權重共享是指每一個局部連接的神經元都是使用相同的權重，換句話說，前述 100 個神經元共有 $100 \times (10 \times 10) + 100 = 10,100$ 個參數，共享權重後只剩下 $(10 \times 10) + 100 = 200$ 個參數。我們再來看一個例子，現在有 3 個神經元的局部連接，各自連接 3 個輸入資料，如下圖所示：

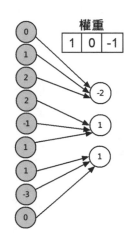

上述 3 個神經元是使用相同的權重（不含偏向量），這就是**權重共享**，很明顯的，這個權重就是指卷積層的過濾器。

7-4-2 多維資料的卷積層輸入與輸出

在本節之前說明的卷積層範例都是使用灰階圖片的矩陣，對於彩色圖片來說，每一張圖片是一個 3D 張量：(寬度 , 高度 , 色彩數)，如下圖所示：

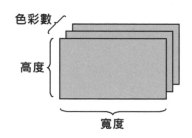

　　上述圖例的色彩數就是 RGB 共 3 個通道（Channels）。如果卷積層輸入的是彩色圖片，輸入通道是 3。**請注意！過濾器通道數和輸入通道數相同也是 3**，如下圖所示：

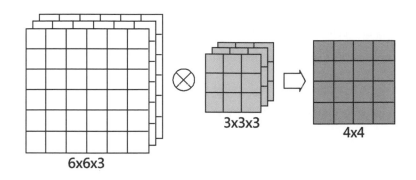

　　上述輸入 6×6×3 的圖片，在和 3×3×3 的過濾器執行卷積運算後，尺寸變成 4×4×3，一樣有 3 個通道，但還沒完，我們還需要將 3 通道的對應元素加總成最後 4×4 的特徵圖。

　　因為只有 1 個過濾器，所以輸出是 4×4，即 4×4×1；如果有 2 個 3×3×3 過濾器，輸出結果就是 4×4×2，即 2 個通道，如下圖所示：

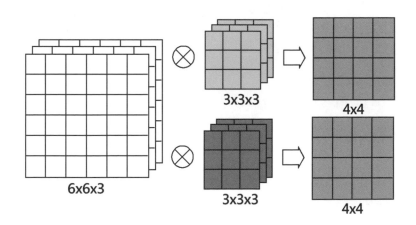

　　上述圖例可以看出卷積運算結果的輸出通道數是 2，那麼過濾器數也為 2，我們可以總結卷積層的過濾器和輸入 / 輸出的通道數，如下所示：

- 卷積層的輸入通道數需視輸入圖片而定，彩色圖的通道是 3，黑白灰階圖是 1。

- 過濾器的通道數和卷積層的輸入通道數相同。

- 卷積層的輸出通道數需視過濾器的數量而定，數量 2 個就是 2，3 個就是 3，以此類推，而且卷積層的輸出通道數，就是下一層卷積層的輸入通道數。

　　例如：輸入彩色圖片 6×6×3，經過 2 層卷積層，第 1 層的過濾器數是 2，第 2 層的過濾器數是 3，如下圖所示：

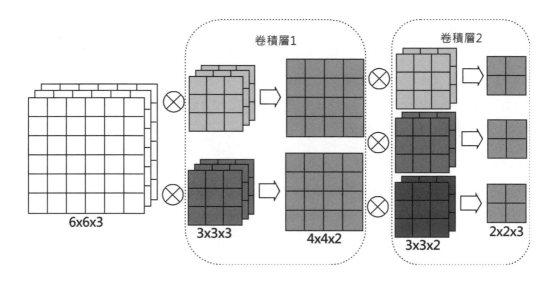

　　上述圖例各層輸入和輸出的通道數，如下所示：

- **輸入層**：輸入層只有輸出通道，就是彩色圖片的 3。

- **卷積層 1**：輸入通道是彩色圖片的 3，過濾器的通道數和輸入通道數相同是 3，輸出通道是過濾器數 2。

- **卷積層 2**：輸入通道是前一層卷積層的輸出通道 2，過濾器的通道數和輸入通道數相同是 2，輸出通道是過濾器數 3。

7-4-3 卷積層輸出的特徵圖數量與尺寸

　　基本上，在卷積層輸出的特徵圖數量和過濾器數量一致，例如：3 個過濾器就是 3 張特徵圖，至於特徵圖尺寸是由步幅和補零決定。

在卷積運算使用不同的步幅 Stride

　　當執行卷積運算時，我們是在圖片上從左至右、從上至下使用過濾器窗格的方框掃過圖片來執行運算，其移動速度是每次一個像素，稱為**步幅**。如果輸入資料是張大尺寸圖片，為了加速掃過圖片，我們可以增加步數，例如：每次移動 2 個像素，如下圖所示：

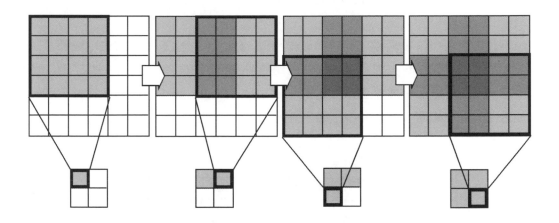

　　上述輸入資料是 6×6，過濾器是 4×4，步幅是 2（向右 2、向下也是 2），可以看到輸出尺寸是 2×2，步幅愈大、特徵圖尺寸愈小。如果輸入資料是 W×W，過濾器是 F×F，步幅是 S，計算輸出特徵圖尺寸的公式，如下所示：

$$特徵圖尺寸 \ = \ \frac{W-F}{S} + 1$$

　　以此例 W 是 6，F 是 4，S 是 2，則 (6-4)/2+1=1+1=2，輸出特徵圖的尺寸為 2×2。

解決圖片愈來愈小的問題 – 補零 Zero-Padding

當執行輸入圖片的卷積運算時,不只圖片尺寸會愈來愈小,而且還會損失資料周圍的資訊,例如:輸入圖片尺寸 6×6 過濾器是 3×3,步幅是 1,如下圖所示:

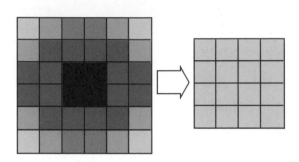

上述圖例可以看到輸出的特徵圖縮小成 4×4,在輸入圖片的愈中央部分灰階愈深,表示採樣的次數愈多,而四周比較少,四個角的位置最少。為了解決此問題,我們可以使用**補零**手法,在輸入圖片的外圍補一圈 0,即可保持輸入和輸出圖片的尺寸相同,不會變小,如下圖所示:

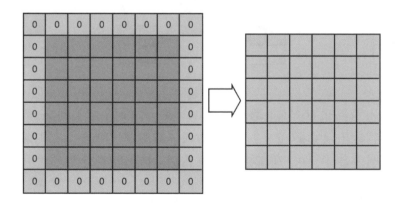

我們可以修改之前輸出特徵圖尺寸的公式,加上補零圈數 P,如下所示:

$$特徵圖尺寸 = \frac{W - F + 2P}{S} + 1$$

以此例輸入是 6×6（W=6），過濾器是 3×3（F=3），步幅是 1（S=1），補零圈數 P 是 1，(6-3+2×1)/1+1=5+1=6，因此輸出特徵圖的尺寸 6×6。

7-5　池化層與 Dropout 層

卷積神經網路的池化層可以壓縮圖片來保留重要的資訊，如同是一個自來水廠過濾的沈澱池，比較重的雜質就會留在池底。而 Dropout 層的主要目的是在對抗神經網路的過度擬合問題。

7-5-1　池化層

在卷積神經網路的池化層除了需要決定窗格大小和間隔多少元素，我們還需要決定使用哪一種池化法來壓縮特徵圖，最常使用的是最大池化法。

池化法到底做了什麼事

在池化層使用**最大池化法**（Max Pooling）可以將卷積層輸入的特徵圖壓縮轉換成一張新的特徵圖，如下所示：

● 在池化層輸出的特徵圖尺寸比輸入的特徵圖小，可以減少神經網路模型的參數，稱為**降低取樣頻率**（Down Sampling），例如：4×4 的輸入特徵圖，經過 2×2 最大池化運算，輸出的是壓縮成 2×2 尺寸的特徵圖，如下圖所示：

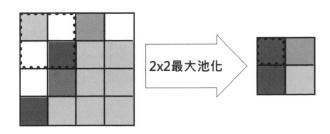

● 最大池化法可以讓卷積層萃取出的特徵，不會受到大小或方向改變的影響。
例如：從圖片中萃取 9 的特徵，在卷積層可以找到不同方向的 9（當方向愈
一致，特徵會有更強的反應，所以值愈大）；在池化層是取出最大值來強化特
徵，所以不論 9 是位在哪一個方向（或什麼尺寸），都可以成功的找出正確
方向 9，如下圖所示：

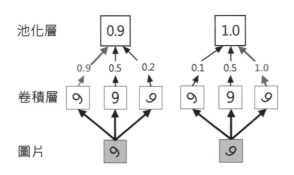

 請注意！ 因為特徵圖很容易因為池化運算而壓縮變小，例如：經過 2×2 的
池化運算，特徵圖尺寸會變成 1/2，3×3 的池化則變成 1/3，如同第 7-4-3
節卷積層輸出的特徵圖尺寸，我們一樣可以使用步幅或補零，讓池化運算後
的特徵圖不會縮得太小。

池化法的種類

在池化層除了使用最大池化法之外，還可以選擇使用最小池化法和平均池化
法，其說明如下所示：

● **最小池化法**（Min Pooling）：最
小池化法和最大池化法相反，取
出的是最小值（Keras 並不支援
最小池化法），如右圖所示：

● **平均池化法**（Average Pooling）：平均池化就是使用平均值，例如：左上角 12+20+8+16=56，56/4=14，如右圖所示：

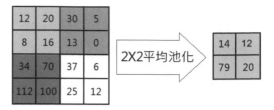

7-5-2 Dropout 層

Dropout 層是神經網路的一種優化方法，可以在不增加訓練資料的情況下**幫助我們對抗過度擬合**（Overfitting），例如：在卷積神經網路新增一層 50% 的 Dropout 層，如下圖所示：

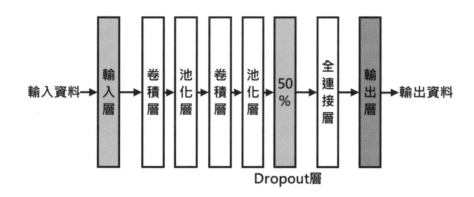

Dropout層

上述卷積神經網路在訓練時，Dropout 層會隨機選擇 50%（百分比的範圍是 10%~80%）的輸入資料，將其輸出資料設為 0，如下圖所示：

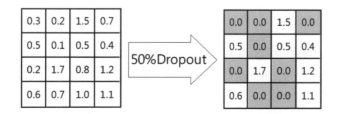

基本上，Dropout 層的目的是在損失函數加入隨機性，和破壞各層神經元之間的**共適性**（Co-adaptations）來修正前一層神經層學習方向的錯誤，能夠讓預測模型更加強壯，和提升預測模型的泛化性。

Tips 共適性（Co-adaptations）是什麼？簡單來說，一個神經層擁有多個神經元，我們希望每一個神經元都能夠獨立偵測出有價值的特徵（不受其他神經元的影響），如果有 2 個或多個神經元重複偵測相似的特徵，如下所示：

神經元 a 的權重：[1.92, -0.5, 0.5, 2.53, 3.61]
神經元 b 的權重：[-1.91, -0.5, 0.5, -2.54, -3.59]

上述 2 個神經元都是偵測出特徵 f：[0, -f, f, 0, 0]，但是乘上欄位的權重值會相互抵消，換句話說，其下一層的輸出就會受到上一層其他神經元的影響，這就是共適性。

Dropout 層為什麼能有效對抗過度擬合？其觀念是從銀行櫃檯找到的靈感，想想看當我們去銀行辦事，是否常常發現櫃檯人員在一段時間都會換人，目的就是希望打破人員之間的關係（在一段時間就換掉小組中的一個人），可以避免產生共犯結構，讓銀行不容易產生金融犯罪。同理，Dropout 層就是在打斷多個神經元之間的共適性，建立出泛化性更佳的預測模型。

7-6 打造你的卷積神經網路

現在，我們已經了解卷積神經網路的結構和其運作原理，在打造你的卷積神經網路前，我們需要先了解卷積神經網路到底能做什麼。

卷積神經網路能做什麼

到目前為止，我們知道卷積神經網路非常適合運用在圖像辨識的相關問題，這是一種空間關係。事實上，卷積神經網路也一樣可以使用在其他問題，只要能夠將資料轉換成類似圖片的空間格式。例如：將聲音依據時間細分，將每一小段聲音分成低音、中音、高音或其他更高頻率後，就可以將這些聲音資訊轉換成矩陣，如右圖所示：

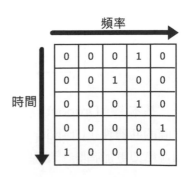

在上述圖例的每一列代表不同時間，每一行是不同頻率，因為有時間序列，我們無法任意排列組合頻率資料，這樣的資料排列如同是一張圖片，所以一樣可以使用卷積神經網路辨識圖片的方式，建立聲音辨識的卷積神經網路。

換句話說，卷積神經網路也能處理可以轉換成圖片格式的空間資料，不論是運用在**自然語言處理**（Natural Language Processing）的文字資料，或新藥研發的化學組成資料等，只要能夠將資料轉換成圖片空間的格式，就可以運用卷積神經網路來處理。

 請注意！ 轉換成矩陣的空間資料，其空間的資料位置是有意義的，如果改變資料位置也不會影響資料的意義，這種資料並不適合使用卷積神經網路來處理，因為以圖片來說，如果我們調換像素的位置，就不再是同一張圖片了。

如何建構你的卷積神經網路

開始建構卷積神經網路時，首先需要考慮神經網路的結構，例如：使用多少組卷積層和池化層、全連接層有幾層、是否需要 Dropout 層、有幾層 Dropout 層、各神經層的順序為何？在確定神經網路的結構後，我們還需要針對各神經層決定下列問題，如下所示：

● 每一層卷積層需要幾個過濾器？過濾器尺寸為何？卷積運算是否需要補零？步幅需多大？

● 每一層池化層的窗格大小為何？需要間隔幾個元素來壓縮特徵圖？

● 每一層 Dropout 層輸出隨機歸零的百分比是多少？

而由於全連接層就是第二篇多層感知器的隱藏層和輸出層，這部分的打造方法請參閱第 4-2-2 節的說明。

1 請說明什麼是影像資料的不穩定問題？

2 請使用圖例說明什麼是卷積運算和池化運算？

3 書附範例檔提供手寫數字 0~9 圖片的 NumPy 陣列檔，請建立 Python 程式載入手寫數字圖片陣列來執行 ch7-2-2c.py 程式的 邊線偵測。

4 請使用圖例說明卷積神經網路的基本結構。

5 請說明卷積神經網路整個分類圖片的過程？為什麼卷積神經網 路可以分類圖片？

6 請問什麼是局部連接和權重分享？

7 請比較第 7-4-2 節多維度卷積操作和第 7-3-2 節卷積操作範例的 差異為何？

8 請簡單說明池化法到底作了什麼？池化運算有幾種？

9 請問什麼是 Dropout 層？我們為什麼需要在卷積神經網路加上 Dropout 層？

10 請想想看除了影像識別外，卷積神經網路還可以用來解決什麼 樣的問題？

CHAPTER

8

打造你的
卷積神經網路

MNIST 手寫數字資料集（Mixed National Institute of Standards and Technology Digits Dataset）是 Yann LeCun 提供的圖片資料庫，包含 60,000 張手寫數字圖片（Handwritten Digit Image）的訓練資料，和 10,000 張測試資料。

MNIST 資料集是成對的手寫數字圖片和對應的標籤資料 0~9，其簡單說明如下所示：

● **手寫數字圖片**：尺寸 28×28 像素的灰階點陣圖。

● **標籤**：手寫數字圖片對應實際的 0~9 數字。

載入和探索 MNIST 手寫數字資料集：ch8-1.py

Keras 內建 MNIST 手寫數字資料集，我們只需匯入 keras.dataset 下的 mnist，就可以載入資料集，如下所示：

```
from keras.datasets import mnist
```

上述程式碼匯入 mnist 後，就可以載入資料集，如下所示：

```
(X_train, y_train), (X_test, y_test) = mnist.load_data()
```

上述程式碼呼叫 load_data() 函式載入 MNIST 手寫數字資料集，如果是第 1 次載入，就會自動下載資料集（Jupyter Notebook 也一樣會先下載資料集），如下圖所示：

```
In [1]: runfile('D:/DL/ch08/ch8-1.py', wdir='D:/DL/ch08')
Downloading data from https://storage.googleapis.com/tensorflow/tf-keras-datasets/mnist.npz
 9863168/11490434 ─────────────── 2s 2us/step
```

　　自動下載的 mnist.npz 資料集是儲存在使用者的
「.keras\datasets」資料夾下，如右圖所示：

　　然後，我們可以顯示訓練資料集中的第 1 張手寫數字圖片和其標籤，這是
一個 NumPy 陣列，如下所示：

```
print(X_train[0])
print(y_train[0])
```

　　上述執行結果首先顯示第 1 張圖片的 NumPy 二維陣列，其元素值是
0~255。因為 IPython console 顯示寬度並不足，陣列內容會自動換行，筆者
已經刪除換行儲存成文字檔案 digit5.txt，可以看出這是數字 5，如下圖所示：

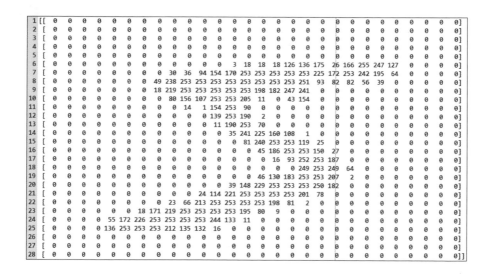

　　然後顯示對應手寫數字圖片的標籤資料，其執行結果是 5，如下所示：

```
5
```

　　如同第 7 章 Python 程式 ch7-2-2.py，我們一樣可以使用 Matplotlib 來
顯示這張數字圖片 5，如下所示：

```
import matplotlib.pyplot as plt

plt.imshow(X_train[0], cmap="gray")
plt.title("Label: " + str(y_train[0]))
plt.axis("off")

plt.show()
```

上述程式碼使用 imshow() 函式顯示第 1 張圖片，標題文字是對應的真實標籤資料，其執行結果如右圖所示：

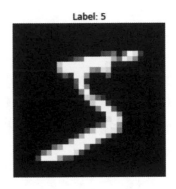

顯示 MNIST 手寫數字資料集的前 9 張圖片：ch8-1a.py

Python 程式可以使用 Matplotlib 子圖來同時顯示多張數字圖片，如下所示：

```
from keras.datasets import mnist
import matplotlib.pyplot as plt

(X_train, y_train), (X_test, y_test) = mnist.load_data()
sub_plot= 330
for i in range(0, 9):
    ax = plt.subplot(sub_plot+i+1)
    ax.imshow(X_train[i], cmap="gray")
    ax.set_title("Label: " + str(y_train[i]))
    ax.axis("off")

plt.subplots_adjust(hspace = .5)
plt.show()
```

上述程式碼載入 MNIST 手寫數字資料集後，使用 for 迴圈顯示資料集的前 9 張圖片，圖表上方的標題文字是對應的標籤資料，其執行結果如下圖所示：

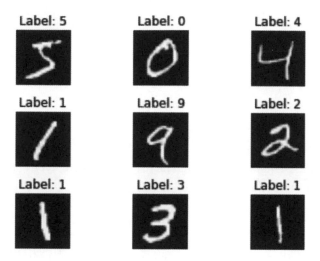

8-2 使用 MLP 打造 MNIST 手寫辨識

MNIST 手寫辨識是一種多元分類，可以將 MNIST 手寫數字圖片分類成 10 類。我們可以使用 MLP 打造 MNIST 手寫辨識，其學習的是整張圖片的所有像素，因為 MLP 學到的是**全域樣式**（Global Patterns）。

8-2-1 MLP 的資料預處理

在建立 MLP 神經網路前，我們需要先執行資料預處理，如下所示：

● 將特徵資料（樣本數，28, 28) 形狀轉換成（樣本數，784) 形狀。

● 執行特徵標準化的正規化（Normalization）。

● 將標籤資料執行 One-hot 編碼。

Python 程式:ch8-2-1.py 首先呼叫 load_data() 函式來載入資料集,如下所示:

```
(X_train, y_train), (X_test, y_test) = mnist.load_data()
```

上述程式碼在載入 MNIST 手寫數字資料集後,我們需要將原(樣本數,28, 28) 形狀的特徵轉換成(樣本數,784) 形狀的特徵,即 28×28=784,以便送入 MLP 神經網路來進行訓練,如下所示:

```
X_train = X_train.reshape(X_train.shape[0], 28*28).astype("float32")
X_test = X_test.reshape(X_test.shape[0], 28*28).astype("float32")
print("X_train Shape: ", X_train.shape)
print("X_test Shape: ", X_test.shape)
```

上述程式碼呼叫 2 次 reshape() 函式,將特徵的訓練和測試資料集轉換成(樣本數,784) 的形狀,並且在轉換成浮點數後,顯示轉換後的形狀,其執行結果如下所示:

```
X_train Shape:  (60000, 784)
X_test Shape:  (10000, 784)
```

上述形狀的第 1 個值是樣本數,第 2 個值是特徵數。接著,直接除以 255 來執行灰階圖片的正規化(因為值是固定範圍 0~255),如下所示:

```
X_train = X_train / 255
X_test = X_test / 255
print(X_train[0][150:175])
```

上述程式碼在執行正規化後,顯示第 1 張數字圖片的範圍 150~174 的值,可以看到特徵值已經正規化至 0~1,如下所示:

```
[0.         0.         0.01176471 0.07058824 0.07058824 0.07058824
 0.49411765 0.53333336 0.6862745  0.10196079 0.6509804  1.
 0.96862745 0.49803922 0.         0.         0.         0.
 0.         0.         0.         0.         0.         0.
 0.         ]
```

最後，因為手寫圖片的數字辨識是多元分類問題，我們需要將標籤資料執行 One-hot 編碼，如下所示：

```
y_train = to_categorical(y_train)
y_test = to_categorical(y_test)
print("y_train Shape: ", y_train.shape)
print(y_train[0])
```

上述程式碼呼叫 2 次 to_categorical() 函式來執行訓練和測試標籤資料的 One-hot 編碼後，顯示訓練標籤資料的形狀，以及第 1 筆資料，其執行結果如下所示：

```
y_train Shape:  (60000, 10)
[0. 0. 0. 0. 0. 1. 0. 0. 0. 0.]
```

上述第 1 個數字圖片是 5，One-hot 編碼是 [0. 0. 0. 0. 0. 1. 0. 0. 0. 0.]。

8-2-2　使用 MLP 打造 MNIST 手寫辨識

Python 程式：ch8-2-2.py 是使用 MLP 打造 MNIST 手寫辨識，因為資料預處理和第 8-2-1 節相同，筆者就不重複列出和說明。

定義模型

我們建立的第 1 個 MNIST 手寫辨識 MLP 是一個三層的神經網路，如下圖所示：

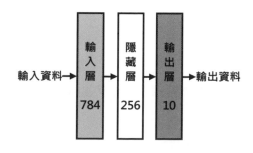

上述神經網路的隱藏層是 256 個神經元，而因為數字有 10 種，所以輸出是 10 個神經元，如下所示：

```
model = Sequential()
model.add(Input(shape=(28*28,)))
model.add(Dense(256, activation="relu"))
model.add(Dense(10, activation="softmax"))
```

上述程式碼的輸入層是 784（28×28）；在第 1 層隱藏層是 256 個神經元，啟動函數是 ReLU；輸出層是 10 個神經元，啟動函數是 Softmax 函數。然後顯示模型摘要資訊，如下所示：

```
model.summary()
```

上述函式顯示每一層神經層的參數個數，和整個神經網路的參數總數，其執行結果如下所示：

Layer (type)	Output Shape	Param #
dense (Dense)	(None, 256)	200,960
dense_1 (Dense)	(None, 10)	2,570

```
Total params: 203,530 (795.04 KB)
Trainable params: 203,530 (795.04 KB)
Non-trainable params: 0 (0.00 B)
```

上述各神經層的參數計算，如下所示：

隱藏層：784×256+256 = 200960
輸出層：256×10+10 = 2570

編譯模型

在定義好模型後，我們需要編譯模型來轉換成低階計算圖，如下所示：

```
model.compile(loss="categorical_crossentropy", optimizer="adam",
              metrics=["accuracy"])
```

上述 compile() 函式的損失函數是 categorical_crossentropy，優化器是 adam，metrics 評估標準是 accuracy。

訓練模型

在編譯模型成為計算圖後，我們就可以送入特徵資料來訓練模型，如下所示：

```
history = model.fit(X_train, y_train, validation_split=0.2,
                    epochs=10, batch_size=128, verbose=2)
```

上述 fit() 函式的第 1 個參數是訓練資料集 X_train，第 2 個參數是標籤資料集 y_train，分割驗證資料 20%，訓練週期是 10 次，批次尺寸是 128，其執行結果如下所示：

```
Epoch 1/10
375/375 - 2s - 5ms/step - accuracy: 0.9081 - loss: 0.3344 - val_accuracy: 0.9473 - val_loss: 0.1857
Epoch 2/10
375/375 - 1s - 2ms/step - accuracy: 0.9560 - loss: 0.1503 - val_accuracy: 0.9629 - val_loss: 0.1302
Epoch 3/10
375/375 - 1s - 2ms/step - accuracy: 0.9708 - loss: 0.1037 - val_accuracy: 0.9694 - val_loss: 0.1064
Epoch 4/10
375/375 - 1s - 2ms/step - accuracy: 0.9781 - loss: 0.0765 - val_accuracy: 0.9690 - val_loss: 0.1001
Epoch 5/10
375/375 - 1s - 2ms/step - accuracy: 0.9835 - loss: 0.0587 - val_accuracy: 0.9733 - val_loss: 0.0887
Epoch 6/10
375/375 - 1s - 2ms/step - accuracy: 0.9870 - loss: 0.0463 - val_accuracy: 0.9757 - val_loss: 0.0806
Epoch 7/10
375/375 - 1s - 2ms/step - accuracy: 0.9902 - loss: 0.0370 - val_accuracy: 0.9747 - val_loss: 0.0824
Epoch 8/10
375/375 - 1s - 2ms/step - accuracy: 0.9925 - loss: 0.0290 - val_accuracy: 0.9775 - val_loss: 0.0791
Epoch 9/10
375/375 - 1s - 2ms/step - accuracy: 0.9944 - loss: 0.0232 - val_accuracy: 0.9772 - val_loss: 0.0784
Epoch 10/10
375/375 - 1s - 2ms/step - accuracy: 0.9952 - loss: 0.0189 - val_accuracy: 0.9768 - val_loss: 0.0782
```

評估模型

當使用訓練資料集訓練模型後，我們可以使用測試資料集來評估模型的效能，如下所示：

```
loss, accuracy = model.evaluate(X_train, y_train, verbose=0)
print("訓練資料集的準確度 = {:.2f}".format(accuracy))
loss, accuracy = model.evaluate(X_test, y_test, verbose=0)
print("測試資料集的準確度 = {:.2f}".format(accuracy))
```

上述程式碼呼叫 2 次 evaluate() 函式來評估模型，其執行結果如下所示：

```
訓練資料集的準確度 = 0.99
測試資料集的準確度 = 0.98
```

上述訓練資料集的準確度是 0.99（即 99%），測試資料集的準確度是 0.98（即 98%）。我們可以繪出訓練和驗證損失的趨勢圖表，幫助我們分析模型的效能，如右圖所示：

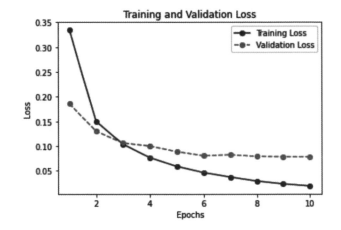

從上述圖表可以看出訓練損失和驗證損失都是持續減少，但驗證損失的減少比起訓練損失來說是愈來愈慢，雖然差距不大，但仍然有些過度擬合的問題。同理，我們可以繪出訓練和驗證準確度的圖表，如右圖所示：

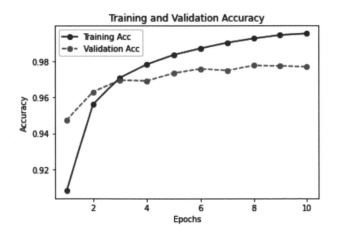

從上述圖表可以看出隨著訓練週期的增加，訓練準確度持續提升，但是驗證準確度的提升幅度是愈來愈小。

8-2-3　增加隱藏層的神經元數

　　為了解決第 8-2-2 節的 MLP 有些過度擬合的問題，我們準備增加隱藏層的神經元數從 256 至 784 個，建立成更寬的 MLP 神經網路。Python 程式：ch8-2-3.py 是修改自 ch8-2-2.py，只是在神經網路結構增加隱藏層的神經元數，如下所示：

```
model = Sequential()
model.add(Input(shape=(784,)))
model.add(Dense(784, activation="relu"))
model.add(Dense(10, activation="softmax"))
```

　　在上述程式碼的第 1 層隱藏層已經改成 784 個神經元。然後我們可以顯示模型摘要資訊，如下所示：

Layer (type)	Output Shape	Param #
dense_4 (Dense)	(None, 784)	615,440
dense_5 (Dense)	(None, 10)	7,850

```
Total params: 623,290 (2.38 MB)
Trainable params: 623,290 (2.38 MB)
Non-trainable params: 0 (0.00 B)
```

　　上述各神經層的參數計算，如下所示：

隱藏層：$784 \times 784 + 784 = 615440$
輸出層：$784 \times 10 + 10 = 7850$

　　當使用訓練資料集訓練模型後，我們可以使用測試資料集來評估模型的效能，其執行結果如下所示：

```
訓練資料集的準確度 = 1.00
測試資料集的準確度 = 0.98
```

上述訓練資料集的準確度是 1.00（即 100%），測試資料集的準確度仍然是 0.98（即 98%）。我們可以繪出訓練和驗證損失的趨勢圖表，幫助我們分析模型的效能，如右圖所示：

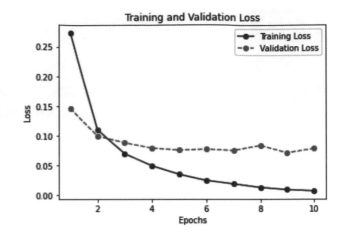

從上述圖表可以看出訓練損失和驗證損失都是持續減少，但是驗證損失減少和訓練損失的差距也加大，換句話說，增加隱藏層的神經元數，並不能解決過度擬合的問題。同理，我們可以繪出訓練和驗證準確度的圖表，如右圖所示：

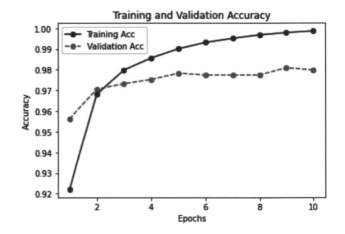

從上述圖表可以看出隨著訓練週期的增加，訓練準確度持續提升，但驗證準確度的提升愈來愈小，而且差距更大了。

8-2-4　在 MLP 新增一層隱藏層

因為增加隱藏層的神經元數不能解決過度擬合的問題，我們準備從更寬的神經網路改成更深的神經網路，即在 MLP 新增一層隱藏層，以便看一看過度擬合的情況是否能夠改善。

　　Python 程式：ch8-2-4.py 也是修改自 ch8-2-2.py，只是在 MLP 增加第 2 層隱藏層，如下所示：

```
model = Sequential()
model.add(Input(shape=(784,)))
model.add(Dense(256, activation="relu"))
model.add(Dense(256, activation="relu"))
model.add(Dense(10, activation="softmax"))
```

　　上述程式碼有 2 層隱藏層，其神經元數都是 256。然後我們可以顯示模型摘要資訊，如下所示：

Layer (type)	Output Shape	Param #
dense_6 (Dense)	(None, 256)	200,960
dense_7 (Dense)	(None, 256)	65,792
dense_8 (Dense)	(None, 10)	2,570

```
Total params: 269,322 (1.03 MB)
Trainable params: 269,322 (1.03 MB)
Non-trainable params: 0 (0.00 B)
```

　　上述各神經層的參數計算，如下所示：

隱藏層 1：784×256+256 = 200960
隱藏層 2：256×256+256 = 65792
輸出層：256×10+10 = 2570

　　當使用訓練資料集訓練模型後，我們可以使用測試資料集來評估模型的效能，其執行結果如下所示：

```
訓練資料集的準確度 = 0.99
測試資料集的準確度 = 0.98
```

上述訓練資料集的準確度是 0.99（即 99%），測試資料集的準確度仍然是 0.98（即 98%）。我們可以繪出訓練和驗證損失的趨勢圖表，幫助我們分析模型的效能，如右圖所示：

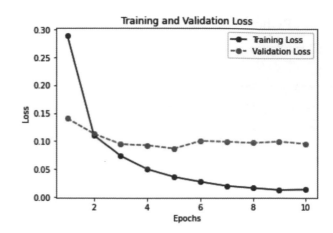

從上述圖表可以看出訓練損失和驗證損失都是持續減少，但驗證損失減少和訓練損失的差距也加大。所以，增加一層隱藏層也不能解決過度擬合的問題。同理，我們可以繪出訓練和驗證準確度的圖表，如右圖所示：

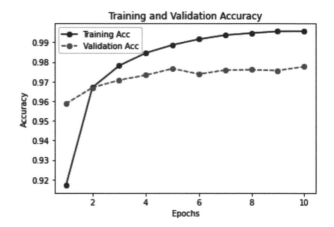

從上述圖表可以看出隨著訓練週期的增加，訓練準確度持續提升，但是驗證準確度的提升愈來愈小，而且誤差更大了。

8-2-5 在 MLP 使用 Dropout 層

Dropout 層可以在不增加訓練資料的情況下幫助我們對抗過度擬合（Overfitting），例如：我們準備在 MLP 神經網路中新增一層 50% 的 Dropout 層，如下圖所示：

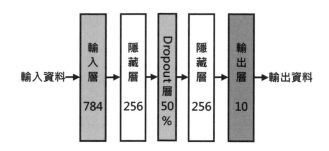

Python 程式：ch8-2-5.py 是修改自 ch8-2-4.py，只是在 MLP 的第 1 層隱藏層後，新增一層 Dropout 層，如下所示：

```
model = Sequential()
model.add(Input(shape=(784,)))
model.add(Dense(256, activation="relu"))
model.add(Dropout(0.5))
model.add(Dense(256, activation="relu"))
model.add(Dense(10, activation="softmax"))
```

上述程式碼呼叫 add() 函式新增 Dropout 層，參數值 0.5 就是 50% 的輸出隨機歸零。然後我們可以顯示模型摘要資訊，如下所示：

Layer (type)	Output Shape	Param #
dense_9 (Dense)	(None, 256)	200,960
dropout (Dropout)	(None, 256)	0
dense_10 (Dense)	(None, 256)	65,792
dense_11 (Dense)	(None, 10)	2,570

```
Total params: 269,322 (1.03 MB)
Trainable params: 269,322 (1.03 MB)
Non-trainable params: 0 (0.00 B)
```

上述各神經層的參數計算（Dropout 層沒有參數），如下所示：

隱藏層 1：784×256+256 = 200960

Dropout 層：0

隱藏層 2：256×256+256 = 65792

輸出層：256×10+10 = 2570

當使用訓練資料集訓練模型後，我們可以使用測試資料集來評估模型的效能，其執行結果如下所示：

```
訓練資料集的準確度 = 0.99
測試資料集的準確度 = 0.98
```

　　上述訓練資料集的準確度是 0.99（即99%），測試資料集的準確度仍然是 0.98（即98%）。我們可以繪出訓練和驗證損失的趨勢圖表，幫助我們分析模型的效能，如右圖所示：

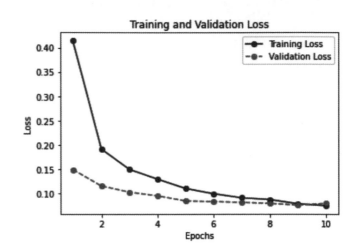

　　從上述圖表可以看出訓練損失和驗證損失都是持續減少，而且差距也愈來愈小至連在一起，所以，在 MLP 增加 Dropout 層可以解決過度擬合的問題。同理，我們可以繪出訓練和驗證準確度的圖表，如右圖所示：

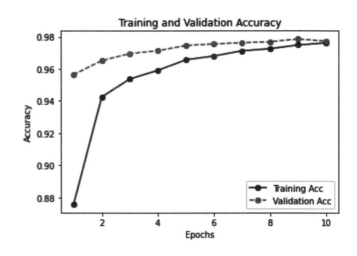

　　從上述圖表可以看出隨著訓練週期的增加，訓練準確度持續提升，驗證準確度也持續提升，而且差距愈來愈小至連在一起。

8-3 使用 CNN 打造 MNIST 手寫辨識

不同於第 8-2 節的 MLP 是學到全域樣式（Global Patterns），CNN 神經網路的卷積層是使用過濾器來萃取小區域特徵，其學到的是**局部樣式**（Local Patterns）。

8-3-1 如何使用 Keras 打造卷積神經網路 (CNN)

在 Keras 的 keras.layers 模組提供打造卷積神經網路 (CNN) 所需的預建神經層，在 Sequential 模型除了新增 Input 和 Dense 層，還需要新增卷積層、池化層、平坦層（Flatten）和 Dropout 層來建立卷積神經網路。

卷積層（Convolutional Layers）

在 keras.layers 模組支援多種預建的卷積層，常用卷積層的簡單說明，如下表所示：

卷積層	說明
Conv1D	建立 1D 卷積層，可以在時間維度的序列資料上執行卷積運算，例如：語意分析
Conv2D	建立 2D 卷積層，可以在空間維度的二維資料上執行卷積運算，例如：圖片分類與識別
UpSampling1D	建立 1D 輸入的上升取樣層，可以沿著時間軸來將資料重複指定次數
UpSampling2D	建立 2D 輸入的上升取樣層，可以沿著二維空間來將資料重複指定次數

池化層（Pooling Layers）

在 keras.layers 模組支援多種預建池化層（沒有最小池化），常用池化層的簡單說明，如右表所示：

池化層	說明
MaxPooling1D	建立序列資料的 1D 最大池化
MaxPolling2D	建立空間資料的 2D 最大池化
AveragePooling1D	建立序列資料的 1D 平均池化
AveragePolling2D	建立空間資料的 2D 平均池化

8-3-2　CNN 的資料預處理

在建立 CNN 神經網路前，我們需要先執行資料預處理，如下所示：

● 將特徵資料（樣本數，28，28）形狀轉換成 4D 張量（樣本數，28，28，1）
形狀，即在最後新增灰階色彩值的通道（Channel）。

● 執行特徵標準化的正規化（Normalization）。

● 將標籤資料執行 One-hot 編碼。

Python 程式：ch8-3-2.py 首先呼叫 load_data() 函式來載入資料集，如
下所示：

```
(X_train, y_train), (X_test, y_test) = mnist.load_data()
```

上述程式碼在載入 MNIST 手寫數字資料集後，我們需要將原（樣本
數，28，28）形狀的特徵轉換成（樣本數，28，28，1）形狀的特徵，以便送入
CNN 神經網路來進行訓練，如下所示：

```
X_train = X_train.reshape(X_train.shape[0], 28, 28, 1).astype("float32")
X_test = X_test.reshape(X_test.shape[0], 28, 28, 1).astype("float32")
print("X_train Shape: ", X_train.shape)
print("X_test Shape: ", X_test.shape)
```

上述程式碼呼叫 2 次 reshape() 函式，將特徵的訓練和測試資料集轉換成
（樣本數，28，28，1）的形狀，並且在轉換成浮點數後，顯示轉換後的形狀，其
執行結果如下所示：

```
X_train Shape:  (60000, 28, 28, 1)
X_test Shape:  (10000, 28, 28, 1)
```

上述形狀的第 1 個值是樣本數，而後面是灰階圖片的形狀。接著，直接除
以 255 來執行灰階圖片的正規化（因為值是固定範圍 0~255），如下所示：

```
X_train = X_train / 255
X_test = X_test / 255
print(X_train[0][150:175])
```

最後，因為是多元分類問題，我們需要將標籤資料執行 One-hot 編碼，如下所示：

```
y_train = to_categorical(y_train)
y_test = to_categorical(y_test)
print("y_train Shape: ", y_train.shape)
print(y_train[0])
```

上述程式碼呼叫 2 次 to_categorical() 函式來執行訓練和測試標籤資料的 One-hot 編碼後，顯示訓練標籤資料的形狀，和第 1 筆資料，其執行結果如下所示：

```
y_train Shape:  (60000, 10)
[0. 0. 0. 0. 0. 1. 0. 0. 0. 0.]
```

上述第 1 個數字圖片是 5，One-hot 編碼是 [0. 0. 0. 0. 0. 1. 0. 0. 0. 0.]。

8-3-3　使用 CNN 打造 MNIST 手寫辨識

Python 程式：ch8-3-3.py 是使用 CNN 打造 MNIST 手寫辨識，首先匯入所需的模組與套件，如下所示：

```
import numpy as np
from keras.datasets import mnist
from keras import Sequential
from keras.layers import Input,Dense,Flatten,Conv2D,MaxPooling2D,Dropout
from keras.utils import to_categorical

np.random.seed(7)
```

上述程式碼匯入 NumPy 套件，Keras 有 Sequential、Input、Dense、Flatten、Conv2D、MaxPooling2D 和 Dropout 層，而 to_categorical 是 One-hot 編碼，然後指定亂數種子是 7。因為接著的資料預處理和第 8-3-2 節相同，筆者就不重複列出和說明。

 Tips 如果讀者電腦執行 CNN 的 MNIST 手寫辨識需花很久的時間，請改用第 2-6 節 Google Colaboratory 雲端服務來執行本節的 Python 程式。

定義模型

在 CNN 的 MNIST 手寫辨識是使用 2 組卷積層和池化層，並且使用 2 個 Dropout 層，如下圖所示：

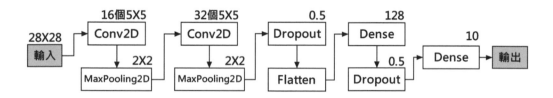

上述 CNN 的第 1 個卷積層是使用 16 個 (5, 5) 過濾器、第 2 個是 32 個 (5, 5)，池化層都是最大池化 (2, 2)，Dropout 層都是 0.5，Dense 全連接層是 128 個神經元，而因為數字有 10 種，最後輸出的 Dense 層是 10 個神經元。

Python 程式在建立 Sequential 模型 model 後，首先新增 Input 輸入層，其 shape 參數是輸入資料的形狀，如下所示：

```
model = Sequential()
model.add(Input(shape=(28, 28, 1)))
```

新增第 1 組的卷積層和池化層

在模型新增 Input 輸入層後，就可以使用 add() 函式新增第 1 組的 **Conv2D 卷積層**，如下所示：

```
model.add(Conv2D(16, kernel_size=(5, 5), padding="same",
                 activation="relu"))
```

上述 Conv2D() 的第 1 個參數 16 是過濾器數（filters 參數），啟動函數是 ReLU 函數，其主要參數的說明，如下所示：

● **filters 參數**：過濾器數量的整數值，即卷積核數。

● **kernel_size 參數**：過濾器窗格尺寸的元組，一般是正方形且為奇數，例如：(3, 3) 或 (5, 5) 等。

● **padding 參數**：補零方式，預設參數值 valid 是不補零；而 same 是補零成相同尺寸。

● **strides 參數**：指定步幅數的元組，即每次過濾器窗口向右和向下移動的像素數，預設值是 (1, 1)，即向右和向下各 1 個像素。

然後新增第 1 組的 **MaxPooling2D 最大池化層**，如下所示：

```
model.add(MaxPooling2D(pool_size=(2, 2)))
```

上述 MaxPooling2D() 的主要參數說明，如下所示：

● **pool_size 參數**：沿著（垂直, 水平）元組方向的縮小比例，(2, 2) 元組是各縮小一半。

● **padding 參數**：同 Conv2D。

● **strides 參數**：同 Conv2D。

新增第 2 組的卷積層和池化層

接著新增第 2 組卷積層和池化層，與第 1 組不同之處只有過濾器數改為 32 個，如下所示：

```
model.add(Conv2D(32, kernel_size=(5, 5), padding="same",
                 activation="relu"))
model.add(MaxPooling2D(pool_size=(2, 2)))
```

新增 Dropout 層、平坦層和全連接層

在新增 2 組卷積層和池化層後，就可以依序新增 Dropout 層、Flatten 平坦層、Dense 全連接層、再加 1 個 Dropout 層，最後是 Dense 輸出層，如下所示：

```
model.add(Dropout(0.5))
model.add(Flatten())
model.add(Dense(128, activation="relu"))
model.add(Dropout(0.5))
model.add(Dense(10, activation="softmax"))
```

上述 Dropout() 的參數是隨機歸零的比例，以此例的 2 個 Dropout 層都是 0.5，即 50%，在新增 Flatten 層轉換成一維向量後，新增第 1 個 Dense 全連接層，神經元數是 128 個，啟動函數是 ReLU。

接著再新增 1 個 Dropout 層，最後輸出層是 10 個神經元，啟動函數是 Softmax 函數。然後，我們可以顯示模型摘要資訊，如下所示：

```
model.summary()
```

上述函式顯示每一層神經層的參數個數，和整個神經網路的參數總數，其執行結果如下所示：

Layer (type)	Output Shape	Param #
conv2d (Conv2D)	(None, 28, 28, 16)	416
max_pooling2d (MaxPooling2D)	(None, 14, 14, 16)	0
conv2d_1 (Conv2D)	(None, 14, 14, 32)	12,832
max_pooling2d_1 (MaxPooling2D)	(None, 7, 7, 32)	0
dropout_1 (Dropout)	(None, 7, 7, 32)	0
flatten (Flatten)	(None, 1568)	0
dense_12 (Dense)	(None, 128)	200,832
dropout_2 (Dropout)	(None, 128)	0
dense_13 (Dense)	(None, 10)	1,290

```
Total params: 215,370 (841.29 KB)
Trainable params: 215,370 (841.29 KB)
Non-trainable params: 0 (0.00 B)
```

上述各神經層的參數計算，第 1 個 Conv2D 卷積層的參數是輸入層的輸出通道 1（黑白圖），乘以過濾器的窗口大小 (5, 5)，再乘以過濾器數 16，再加上過濾器數的偏向量 16，如下所示：

$1×(5×5)×16+16 = 416$

池化層並沒有參數，第 2 個 Conv2D 卷積層是 32 個過濾器，並且需要乘以前一層的通道數 16（即特徵圖數），如下所示：

$16×(5×5)×32+32 = 12832$

同樣的，池化層、Dropout 層和平坦層並沒有參數，第 1 個 Dense 全連接層是 128 個神經元，平坦層的輸入是 $7×7×32=1568$，其參數數量的計算，如下所示：

$1568×128+128 = 200832$

最後輸出層的 Dense 層有 10 個神經元，如下所示：

$128×10+10 = 1290$

編譯模型

在定義好模型後，我們需要編譯模型來轉換成低階計算圖，如下所示：

```
odel.compile(loss="categorical_crossentropy", optimizer="adam",
             metrics=["accuracy"])
```

上述 compile() 函式的損失函數是 categorical_crossentropy，優化器是 adam，metrics 評估標準是 accuracy。

訓練模型

在編譯模型成為計算圖後，我們就可以送入特徵資料來訓練模型，如下所示：

```
history = model.fit(X_train, y_train, validation_split=0.2,
                    epochs=10, batch_size=128, verbose=2)
```

上述 fit() 函式的第 1 個參數是訓練資料集 X_train，第 2 個參數是標籤資料集 y_train，分割驗證資料 20%，訓練週期是 10 次，批次尺寸是 128，其執行結果如下所示：

```
Epoch 1/10
375/375 - 6s - 17ms/step - accuracy: 0.8692 - loss: 0.4168 - val_accuracy: 0.9767 - val_loss: 0.0800
Epoch 2/10
375/375 - 4s - 11ms/step - accuracy: 0.9614 - loss: 0.1287 - val_accuracy: 0.9831 - val_loss: 0.0574
Epoch 3/10
375/375 - 4s - 11ms/step - accuracy: 0.9705 - loss: 0.0999 - val_accuracy: 0.9862 - val_loss: 0.0474
Epoch 4/10
375/375 - 4s - 11ms/step - accuracy: 0.9750 - loss: 0.0811 - val_accuracy: 0.9875 - val_loss: 0.0423
Epoch 5/10
375/375 - 4s - 11ms/step - accuracy: 0.9775 - loss: 0.0726 - val_accuracy: 0.9877 - val_loss: 0.0424
Epoch 6/10
375/375 - 4s - 11ms/step - accuracy: 0.9803 - loss: 0.0630 - val_accuracy: 0.9893 - val_loss: 0.0354
Epoch 7/10
375/375 - 4s - 12ms/step - accuracy: 0.9822 - loss: 0.0591 - val_accuracy: 0.9896 - val_loss: 0.0357
Epoch 8/10
375/375 - 4s - 11ms/step - accuracy: 0.9825 - loss: 0.0573 - val_accuracy: 0.9911 - val_loss: 0.0323
Epoch 9/10
375/375 - 4s - 11ms/step - accuracy: 0.9836 - loss: 0.0513 - val_accuracy: 0.9916 - val_loss: 0.0321
Epoch 10/10
375/375 - 4s - 11ms/step - accuracy: 0.9855 - loss: 0.0478 - val_accuracy: 0.9912 - val_loss: 0.0328
```

評估模型

當使用訓練資料集訓練模型後,我們可以使用測試資料集來評估模型的效能,如下所示:

```
loss, accuracy = model.evaluate(X_train, y_train, verbose=0)
print(" 訓練資料集的準確度 = {:.2f}".format(accuracy))
loss, accuracy = model.evaluate(X_test, y_test, verbose=0)
print(" 測試資料集的準確度 = {:.2f}".format(accuracy))
```

上述程式碼呼叫 2 次 evaluate() 函式來評估模型,其執行結果如下所示:

```
訓練資料集的準確度 = 0.99
測試資料集的準確度 = 0.99
```

上述訓練資料集的準確度是 0.99(即 99%),測試資料集的準確度是 0.99(即 99%),然後儲存模型結構和權重成為 mnist.keras 檔案。接著,我們可以繪出訓練和驗證損失的趨勢圖表,幫助我們分析模型的效能,如下圖所示:

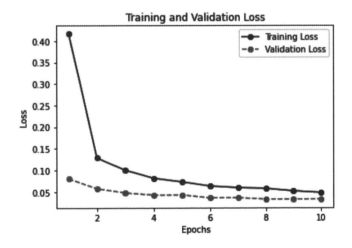

上述圖表可以看出訓練損失和驗證損失都是持續減少。同理，我們可以繪出訓練和驗證準確度的圖表，如下圖所示：

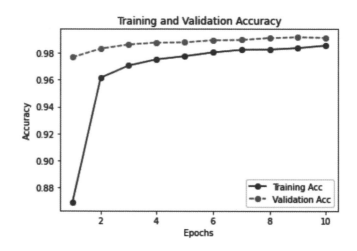

　　從上述圖表可以看出隨著訓練週期的增加，訓練和驗證準確度都是持續的提升。

8-4 MNIST 手寫辨識的預測結果

　　Python 程式 ch8-3-3.py 已經將 CNN 模型結構和權重儲存成 mnist.keras 檔案，在這一節我們準備建立 Python 程式載入模型結構和權重來分析 MNIST 手寫辨識的預測結果。

使用混淆矩陣分析預測結果：ch8-4.py

　　我們可以使用 Pandas 建立混淆矩陣來分析模型的預測結果。首先呼叫 predict() 函式配合 np.argmax() 函式轉換成分類資料後，即可計算出測試資料集的預測值 y_pred，如下所示：

```
y_test_bk = y_test.copy()
...
predict_x = model.predict(X_test)
y_pred = np.argmax(predict_x , axis=1)
tb = pd.crosstab(y_test_bk.astype(int), y_pred.astype(int),
                 rownames=["label"], colnames=["predict"])
print(tb)
```

上述 crosstab() 函式的第 1 個參數是真實標籤值（y_test_bk 是原始標籤資料的備份），第 2 個參數是預測值；rownames 參數是列名稱，colnames 是欄名稱，其執行結果如下表所示：

predict label	0	1	2	3	4	5	6	7	8	9
0	975	0	0	0	0	0	3	1	1	0
1	0	1132	1	0	0	0	0	2	0	0
2	1	0	1028	0	0	0	0	2	1	0
3	0	0	0	1005	0	2	0	1	2	0
4	0	0	0	0	974	0	4	0	0	4
5	1	0	0	5	0	883	2	0	0	1
6	2	2	0	0	1	1	952	0	0	0
7	0	1	4	0	0	0	0	1014	1	6
8	0	0	2	1	0	1	0	2	967	1
9	1	1	0	1	4	2	0	3	1	996

上述表格從左上至右下的對角線是分類預測正確的數量，其他是分類預測錯誤的數量。

繪出 0~9 數字的預測機率：ch8-4a.py

我們準備繪出模型預測指定數字圖片的預測機率，Python 程式可以使用亂數從測試資料集隨機取出 1 個數字（註解掉的程式碼），以此例是直接指定變數 i 索引值是 7，如下所示：

```
# i = np.random.randint(0, len(X_test))
i = 7
digit = X_test[i].reshape(28, 28)
X_test_digit = X_test[i].reshape(1, 28, 28, 1).astype("float32")
X_test_digit = X_test_digit / 255
```

上述變數 digit 是索引值 7 的手寫數字圖片，然後轉換成 4D 張量 X_test_digit 後，執行測試資料正規化。在載入 mnist.keras 檔案的模型結構和權重後，首先繪出索引值 7 的手寫數字圖片，如下所示：

```
plt.figure()
plt.subplot(1,2,1)
plt.title("Example of Digit:" + str(y_test[i]))
plt.imshow(digit, cmap="gray")
plt.axis("off")
```

上述程式碼繪出變數 digit 的數字圖片後，在下方呼叫 predict() 函式計算 0~9 數字的預測機率，然後繪出預測各數字機率的長條圖，如下所示：

```
print("Predicting ...")
probs = model.predict(X_test_digit, batch_size=1)[0]
print(probs)
plt.subplot(1,2,2)
plt.title("Probabilities for Each Digit Class")
plt.bar(np.arange(10), probs.reshape(10), align="center")
plt.xticks(np.arange(10),np.arange(10).astype(str))
plt.show()
```

上述程式碼計算出 0~9 數字的機率後，呼叫 plt.bar() 函式繪製長條圖，Y 軸是機率 0.0~1.0，X 軸是預測 0~9 的數字，因為 probs 是二維陣列，所以呼叫 reshape() 函式轉換成 10 個元素的一維向量，其執行結果如下圖所示：

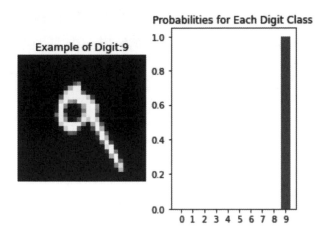

上述圖例是一張預測數字 9 的圖片，左邊是原圖，右邊是機率長條圖，可以看到 99.9% 是預測成數字 9，如下圖所示：

```
[3.7608364e-10 9.0959587e-09 5.5096194e-08 1.1497827e-07 1.8329716e-04
 5.6484396e-07 7.6276013e-11 1.0053630e-08 6.1126666e-06 9.9980980e-01]
```

篩選分類錯誤和繪出各預測錯誤的機率：ch8-4b.py

我們準備篩選出測試資料中模型預測錯誤的資料，並繪出 0~9 各數字預測錯誤的機率。首先需要備份 X_test 測試資料集成為 X_test_bk 後，呼叫 predict() 函式和 np.argmax() 函式計算測試資料集的分類和機率的預測值，如下所示：

```
X_test_bk = X_test.copy()
...
print("Predicting ...")
y_probs = model.predict(X_test)
y_pred = np.argmax(y_probs, axis=1)
df = pd.DataFrame({"label":y_test, "predict":y_pred})
df = df[y_test!=y_pred]   # 篩選出分類錯誤的資料
print(df.head())
```

上述程式碼建立分類錯誤的 DataFrame 物件，第 1 個 label 欄位是真實標籤值，第 2 欄位 predict 是預測值，然後使用 df[y_test!=y_pred] 篩選出分類錯誤的記錄資料，和顯示前 5 筆，如下表所示：

	label	predict
247	4	6
412	5	3
445	6	0
582	8	2
716	1	7

上表的索引是錯誤記錄的原始索引值，接著，我們可以呼叫 sample() 函式隨機選出 1 個錯誤分類的索引值 i（更改亂數種子可取出不同錯誤分類的索引值），或是直接指定上表的索引值 i，例如：582，如下所示：

```
#np.random.seed(4)
#i = df.sample(n=1).index.values.astype(int)[0]
i = 582
print("Index: ", i)
digit = X_test_bk[i].reshape(28, 28)
```

上述程式碼取得索引變數 i 後，使用 X_test_bk[i] 取得數字圖片並更改形狀成為 (28, 28)。然後繪出圖片和預測錯誤的機率圖表，如下所示：

```
plt.figure()
plt.subplot(1,2,1)
plt.title("Example of Digit:" + str(y_test[i]))
plt.imshow(digit, cmap="gray")
plt.axis("off")
plt.subplot(1,2,2)
plt.title("Probabilities for Each Digit Class")
plt.bar(np.arange(10), y_probs[i].reshape(10), align="center")
plt.xticks(np.arange(10),np.arange(10).astype(str))
plt.show()
```

上述程式碼先繪出原數字圖片後，接著繪出預測錯誤 0~9 各數字機率的長條圖，其執行結果如下圖所示：

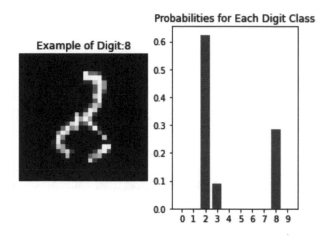

上述圖例是一張預測錯誤的數字 8 圖片，左邊是原圖，右邊是機率長條圖，其機率值就是 y_probs[i].reshape(10) 陣列，如下所示：

```
print(((y_probs[i].reshape(10)*100).astype(int)))
```

上述 0~9 數字的機率值陣列在乘以 100 後，轉換成整數，其執行結果如下所示：

[0　0 62　9　0　0　0　0 28　0]

從上述機率值陣列可以看出該圖片有 6 成 2 是預測成數字 2（索引值是 2）；2 成 8 是預測成數字 8；0.9 成是預測成數字 3，所以結果就是本圖被錯誤預測成數字 2。

學習評量

1 請說明什麼是 MNIST 手寫辨識資料集？

2 當使用 MLP 打造 MNIST 手寫辨識神經網路時，請問建立更寬或更深的神經網路比較好？如果都沒有比較好，我們可以怎麼辦？

3 請使用 MNIST 資料集為例，試著比較 MLP 和 CNN 的資料預處理有何不同？

4 請使用 MNIST 資料集為例，試著比較 MLP 和 CNN 神經網路的參數總數有何差異？

5 請簡單說明 Keras 支援 CNN 預建神經層有哪些？

6 請修改第 8-3-3 節的 CNN，試著刪除 Dropout 層、更改隨機歸零比例或增減 Dropout 層的數量，以便分析是否會影響模型的泛化性。

7 請參考第 8-4 節的說明，分析第 8-2-5 節 MNIST 手寫辨識的預測結果。

8 請修改第 8-2-5 節和第 8-3-3 節 MLP 和 CNN 的亂數種子數，然後重新分析手寫辨識神經網路的預測結果。

CHAPTER

9

卷積神經網路的
實作案例

9-1 實作案例：辨識 CIFAR-10 資料集的彩色圖片

在第 8 章的 MNIST 手寫數字資料集是黑白灰階的點陣圖，這一節我們準備使用 CIFAR-10 資料集來說明 CNN 如何辨識彩色圖片。

9-1-1 認識 CIFAR-10 彩色圖片資料集

CIFAR-10 資料集（CIFAR-10 Dataset）是由 Alex Krizhevsky、Vinod Nair 和 Geoffrey Hinton 收集的圖片資料集，包含 60,000 張 32×32 尺寸的彩色圖片，其官方網址如下所示：

https://www.cs.toronto.edu/~kriz/cifar.html

The CIFAR-10 dataset

The CIFAR-10 dataset consists of 60000 32x32 colour images in 10 classes, with 6000 images per class. There are 50000 training images and 10000 test images.

The dataset is divided into five training batches and one test batch, each with 10000 images. The test batch contains exactly 1000 randomly-selected images from each class. The training batches contain the remaining images in random order, but some training batches may contain more images from one class than another. Between them, the training batches contain exactly 5000 images from each class.

Here are the classes in the dataset, as well as 10 random images from each:

airplane
automobile
bird

上述網頁顯示圖片共分成 10 類，CIFAR-10 資料集的每一類有 6,000 張圖片，10 類共 60,000 張圖片，分成 50,000 張訓練資料集和 10,000 張測試資料集。

載入和探索 CIFAR-10 彩色圖片資料集：ch9-1-1.py

Keras 內建 CIFAR-10 彩色圖片資料集，Python 程式只需匯入 keras. dataset 下的 cifar10，就可以載入 CIFAR-10 資料集，如下所示：

```
from keras.datasets import cifar10
```

上述程式碼匯入 cifar10 後，就可以載入資料集，如下所示：

```
(X_train, y_train), (X_test, y_test) = cifar10.load_data()
```

上述程式碼呼叫 load_data() 函式載入 CIFAR-10 資料集，如果是第 1 次載入，就會自動下載資料集，如下圖所示：

```
In [1]: runfile('D:/DL/ch09/ch9-1/ch9-1-1.py', wdir='D:/DL/ch09/ch9-1')
Downloading data from https://www.cs.toronto.edu/~kriz/cifar-10-python.tar.gz
    1867776/170498071 ─────────────────── 5:19 2us/step
```

然後，我們可以顯示訓練和測試資料集的形狀，如下所示：

```
print("X_train.shape: ", X_train.shape)
```
```
print("y_train.shape: ", y_train.shape)
```
```
print("X_test.shape: ", X_test.shape)
```
```
print("y_test.shape: ", y_test.shape)
```

上述程式碼分別使用 shape 屬性來顯示資料集的形狀，其執行結果如下所示：

```
X_train.shape:  (50000, 32, 32, 3)
y_train.shape:  (50000, 1)
X_test.shape:   (10000, 32, 32, 3)
y_test.shape:   (10000, 1)
```

上述執行結果可以看到訓練資料集有 50,000 張，每一張圖片是 (32, 32, 3)，前 2 個值是尺寸，最後是 RGB 通道 3，這是張彩色圖片；而測試資料集有 10,000 張圖片。

接著，我們可以顯示訓練資料集中的第 1 張圖片，如下所示：

```
print(X_train[0])
```

上述執行結果顯示第 1 張圖片的 NumPy 陣列 (32, 32, 3)，其執行結果如右所示：

```
[[[ 59  62  63]       # 第1列畫素開始(0)
  [ 43  46  45]
  [ 50  48  43]
  ...
  [158 132 108]
  [152 125 102]
  [148 124 103]]      # 第1列畫素結束(31)
 ...
 [[177 144 116]       # 第32列畫素開始(0)
  [168 129  94]
  [179 142  87]
  ...
  [216 184 140]
  [151 118  84]
  [123  92  72]]]     # 第32列畫素結束(31)
```

上述執行結果是一個三維陣列，前二維是 32×32 的列和行，第一維是列，第二維是行，第三維是每一個色彩點，例如：[59   62   63] 是第一個像素點 RGB 的 3 個色彩值。接著，我們可以顯示此張圖片的標籤資料，如下所示：

```
print(y_train[0])
```

上述程式碼顯示對應圖片的標籤資料，其執行結果是一維陣列 [6]，如下所示：

```
[6]
```

上述執行結果可以看到標籤是 6，即青蛙。CIFAR-10 的標籤值是 0~9，依序對應飛機（airplane，0）、汽車（automobile，1）、鳥（bird，2）、貓（cat，3）、鹿（deer，4）、狗（dog，5）、青蛙（frog，6）、馬（horse，7）、船（ship，8）和卡車（truck、9）。

同樣的，我們可以使用 Matplotlib 顯示青蛙的彩色圖片，如下所示：

```
import matplotlib.pyplot as plt
```

```
plt.imshow(X_train[0])
plt.title("Label: " + str(y_train[0]))
plt.axis("off")
```

```
plt.show()
```

上述程式碼使用 imshow() 函式顯示第 1
張圖片，標題文字是對應的真實標籤資料，其
執行結果如右圖所示：

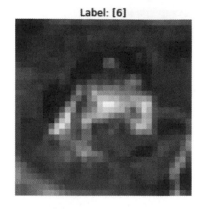

顯示 CIFAR-10 彩色圖片資料集的前 9 張圖片：ch9-1-1a.py

我們可以使用 Matplotlib 子圖來同時顯示多張圖片，如下所示：

```
...
sub_plot= 330
for i in range(0, 9):
    ax = plt.subplot(sub_plot+i+1)
    ax.imshow(X_train[i])
    ax.set_title("Label: " + str(y_train[i]))
    ax.axis("off")

plt.subplots_adjust(hspace = .5)

plt.show()
```

上述程式碼的變數 sub_plot 指
定數值 330，即 3×3 共 9 張子圖，
然後使用 for 迴圈顯示資料集的前
9 張圖片，圖表的標題文字是對應的
標籤資料，其執行結果如右圖所示：

9-1-2　使用 CNN 辨識 CIFAR-10 圖片

Python 程式：ch9-1-2.py 是建立 CNN 來辨識 CIFAR-10 圖片，首先匯入所需的模組與套件，如下所示：

```
import numpy as np
from keras.datasets import cifar10
from keras import Sequential
from keras.layers import Input,Dense,Flatten,Conv2D,MaxPooling2D,Dropout
from keras.utils import to_categorical

np.random.seed(10)
```

上述程式碼匯入 NumPy 套件，Keras 有 Sequential、Input、Dense、Flatten、Conv2D、MaxPooling2D 和 Dropout 層，而 to_categorical 是 One-hot 編碼，然後指定亂數種子是 10。

Step 1　資料預處理

因為 CIFAR-10 資料集已經是 4D 張量，資料預處理只需進行正規化和 One-hot 編碼。Python 程式首先載入資料集，如下所示：

```
(X_train, y_train), (X_test, y_test) = cifar10.load_data()
```

上述程式碼呼叫 load_data() 函式載入資料集後，執行特徵標準化的正規化（Normalization），將色彩值從 0~255 轉換成 0~1，如下所示：

```
X_train = X_train.astype("float32") / 255
X_test = X_test.astype("float32") / 255
```

然後是標籤資料的 One-hot 編碼，如下所示：

```
y_train = to_categorical(y_train)
y_test = to_categorical(y_test)
```

2 定義模型

接著定義神經網路模型，我們規劃的卷積神經網路 CNN，如下圖所示：

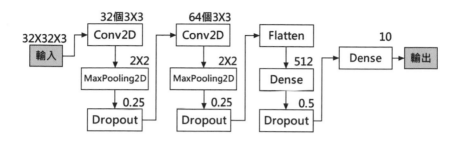

上述圖例有 2 組卷積層和池化層、3 個 Dropout 層、1 個 Flatten 層和 2 個 Dense 層。因為 CIFAR-10 資料集是預測 10 種類別，這是多元分類問題，所以輸出層是 10 個神經元，如下所示：

```
model = Sequential()
model.add(Input(shape=X_train.shape[1:]))
model.add(Conv2D(32, kernel_size=(3, 3), padding="same",
                 activation="relu"))
model.add(MaxPooling2D(pool_size=(2, 2)))
model.add(Dropout(0.25))
model.add(Conv2D(64, kernel_size=(3, 3), padding="same",
                 activation="relu"))
model.add(MaxPooling2D(pool_size=(2, 2)))
model.add(Dropout(0.25))
model.add(Flatten())
model.add(Dense(512, activation="relu"))
model.add(Dropout(0.5))
model.add(Dense(10, activation="softmax"))
```

上述 2 組卷積和池化層分別是 32 個和 64 個 (3, 3) 過濾器，最後的 Dense 輸出層物件是 10 個神經元，啟動函數是 Softmax 函數。然後呼叫 summary() 函式顯示模型的摘要資訊，如下所示：

```
model.summary()
```

上述函式顯示每一層神經層的參數個數，和整個神經網路的參數總數，其執行結果如下所示：

Layer (type)	Output Shape	Param #
conv2d (Conv2D)	(None, 32, 32, 32)	896
max_pooling2d (MaxPooling2D)	(None, 16, 16, 32)	0
dropout (Dropout)	(None, 16, 16, 32)	0
conv2d_1 (Conv2D)	(None, 16, 16, 64)	18,496
max_pooling2d_1 (MaxPooling2D)	(None, 8, 8, 64)	0
dropout_1 (Dropout)	(None, 8, 8, 64)	0
flatten (Flatten)	(None, 4096)	0
dense (Dense)	(None, 512)	2,097,664
dropout_2 (Dropout)	(None, 512)	0
dense_1 (Dense)	(None, 10)	5,130

Total params: 2,122,186 (8.10 MB)
Trainable params: 2,122,186 (8.10 MB)
Non-trainable params: 0 (0.00 B)

上述各神經層的參數計算，第 1 個 Conv2D 卷積層的參數是輸入層的輸出通道 3（彩色圖），乘以過濾器的窗口大小 (3, 3)，再乘以過濾器數 32，再加上過濾器數的偏向量 32，如下所示：

$$3 \times (3 \times 3) \times 32 + 32 = 896$$

第 2 個 Conv2D 卷積層是 64 個過濾器，需要乘以前一層的通道數 32（即特徵圖數），如下所示：

$$32 \times (3 \times 3) \times 64 + 64 = 18496$$

第 1 個 Dense 全連接層是 512 個神經元，平坦層的輸入是 $8 \times 8 \times 64 = 4096$，其參數數量的計算，如下所示：

$$4096 \times 512 + 512 = 2097664$$

最後輸出層的 Dense 層有 10 個神經元，如下所示：

512×10+10 ＝ 5130

3　編譯模型

在定義好模型後，我們需要編譯模型來轉換成低階計算圖，如下所示：

```
model.compile(loss="categorical_crossentropy", optimizer="adam",
              metrics=["accuracy"])
```

上述 compile() 函式的損失函數是 categorical_crossentropy，優化器是 adam，評估標準是 accuracy 準確度。

4　訓練模型

成功編譯模型成為低階計算圖後，就可以開始訓練模型，如下所示：

```
history = model.fit(X_train, y_train, validation_split=0.2,
                    epochs=9, batch_size=128, verbose=2)
```

上述 fit() 函式的第 1 個參數是訓練資料集 X_train，第 2 個參數是標籤資料集 y_train，並且分割出驗證資料集 20%，其訓練週期是 9 次，批次尺寸是 128，訓練模型的執行結果，如下所示：

```
Epoch 1/9
313/313 - 18s - 57ms/step - accuracy: 0.3663 - loss: 1.7386 - val_accuracy: 0.5026 - val_loss: 1.4144
Epoch 2/9
313/313 - 16s - 50ms/step - accuracy: 0.5180 - loss: 1.3490 - val_accuracy: 0.5903 - val_loss: 1.1851
Epoch 3/9
313/313 - 15s - 48ms/step - accuracy: 0.5741 - loss: 1.1968 - val_accuracy: 0.6239 - val_loss: 1.0886
Epoch 4/9
313/313 - 15s - 47ms/step - accuracy: 0.6098 - loss: 1.0976 - val_accuracy: 0.6562 - val_loss: 0.9992
Epoch 5/9
313/313 - 14s - 45ms/step - accuracy: 0.6374 - loss: 1.0279 - val_accuracy: 0.6727 - val_loss: 0.9558
Epoch 6/9
313/313 - 14s - 46ms/step - accuracy: 0.6563 - loss: 0.9757 - val_accuracy: 0.6933 - val_loss: 0.9101
Epoch 7/9
313/313 - 14s - 46ms/step - accuracy: 0.6769 - loss: 0.9235 - val_accuracy: 0.6796 - val_loss: 0.9252
Epoch 8/9
313/313 - 14s - 46ms/step - accuracy: 0.6887 - loss: 0.8845 - val_accuracy: 0.6971 - val_loss: 0.8691
Epoch 9/9
313/313 - 14s - 46ms/step - accuracy: 0.7015 - loss: 0.8459 - val_accuracy: 0.7132 - val_loss: 0.8294
```

評估與儲存模型

當使用訓練資料集訓練模型後，我們可以使用測試資料集來評估模型效能，如下所示：

```
loss, accuracy = model.evaluate(X_train, y_train, verbose=0)
print("訓練資料集的準確度 = {:.2f}".format(accuracy))
loss, accuracy = model.evaluate(X_test, y_test, verbose=0)
print("測試資料集的準確度 = {:.2f}".format(accuracy))
```

上述程式碼呼叫 evaluate() 函式來評估模型，其執行結果的準確度分別是 0.78（即 78%）和 0.71（即 71%），如下所示：

```
訓練資料集的準確度 = 0.78
測試資料集的準確度 = 0.71
```

然後使用 save() 函式儲存模型結構和權重檔 cifar10.keras。最後繪出訓練和驗證損失的趨勢圖表，可以幫助我們分析模型的效能，如下圖所示：

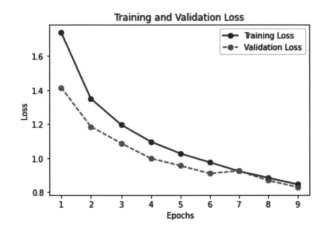

從上述圖表可以看出訓練損失和驗證損失都是持續減少。同理，我們可以繪出訓練和驗證準確度的圖表，如下圖所示：

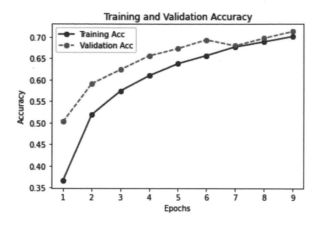

從上述圖表可以看出隨著訓練週期的增加，訓練和驗證準確度都是持續的提升。

9-1-3　彩色圖片影像辨識的預測結果

Python 程式 ch9-1-2.py 已經將 CNN 模型結構和權重儲存成 cifar10. keras 檔案，這一節我們準備建立 Python 程式載入模型結構和權重來分析彩色圖片影像辨識的預測結果。

使用混淆矩陣分析預測結果：ch9-1-3.py

我們可以使用 Pandas 建立混淆矩陣來分析模型的預測結果。首先呼叫 predict() 函式和 np.argmax() 函式計算測試資料集的預測值 y_pred，如下所示：

```
y_pred = model.predict(X_test)
y_pred = np.argmax(y_pred, axis=1)
tb = pd.crosstab(y_test_bk.astype(int).flatten(),
                 y_pred.astype(int),
                 rownames=["label"], colnames=["predict"])
print(tb)
```

上述 crosstab() 函式的第 1 個參數是真實標籤值（y_test_bk 是原始標籤資料的備份），使用 flatten() 函式轉換成一維陣列，第 2 個參數是預測值；rownames 參數是列名稱，colnames 是欄名稱，其執行結果如右表所示：

predict label	0	1	2	3	4	5	6	7	8	9
0	753	15	50	18	13	5	8	16	82	40
1	16	851	11	5	2	4	9	3	36	63
2	67	7	578	56	106	65	48	49	17	7
3	26	16	70	479	70	208	55	40	15	21
4	27	3	76	57	659	32	39	90	14	3
5	19	2	47	137	47	633	20	71	13	11
6	4	5	47	59	53	29	780	7	13	3
7	12	3	27	21	46	63	5	806	7	10
8	57	39	6	10	6	10	4	5	843	20
9	28	120	9	21	3	6	7	22	39	745

上述表格從左上至右下的對角線是分類預測正確的數量，其他是分類預測錯誤的數量。

繪出圖片 0~9 分類的預測機率：ch9-1-3a.py

我們準備繪出模型預測指定圖片的預測機率，Python 程式是修改自 ch8-4a.py，直接指定變數 i 索引值是 10，可以顯示圖片是 0~9 分類的預測機率，如下圖所示：

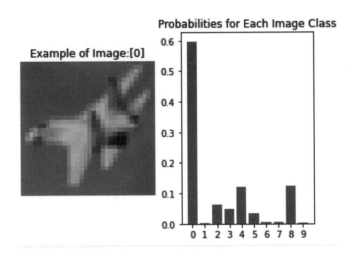

上述圖例是預測一張類別 0（飛機）的圖片，左邊是原圖，右邊是機率長條圖，可以顯示各分類預測結果的機率。

篩選分類錯誤和繪出錯誤分類的預測機率：ch9-1-3b.py

　　我們準備篩選出測試資料中模型預測錯誤的資料，和顯示圖片是 0~9 分類的預測機率。Python 程式是修改自 ch8-4b.py，首先呼叫 predict() 函式和 np.argmax() 函式計算測試資料集的機率和分類的預測值，如下所示：

```
y_probs = model.predict(X_test)
y_pred = np.argmax(y_probs, axis=1)
y_test = y_test.flatten()
df = pd.DataFrame({"label":y_test, "predict":y_pred})
df = df[y_test!=y_pred]
print(df.head())
```

　　上述程式碼建立分類錯誤的 DataFrame 物件，第 1 個 label 欄位是真實標籤值（呼叫 flatten() 函式轉換成一維陣列），第 2 欄位 predict 是預測值，然後使用 df[y_test!=y_pred] 篩選出分類錯誤的記錄資料，並顯示前 5 筆，如右表所示：

	label	predict
17	7	3
21	0	2
22	4	2
24	5	4
31	5	4

　　接著，我們可以呼叫 sample() 函式隨機選出 1 個錯誤分類的索引值 i（更改亂數種子可取出不同錯誤分類的索引值），或是直接指定上表的索引值 i，例如：24，然後使用 X_test[i] 取得圖片，即可繪出圖片和預測機率的圖表，如下圖所示：

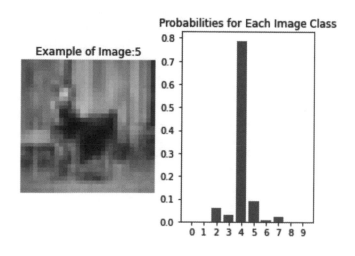

上述圖例是預測錯誤的一張類別 5（狗）的圖片，左邊是原圖，右邊是機率長條圖，可以顯示各分類預測結果的機率，其中類別 4（鹿）有 7 成 8，所以錯誤預測是 4，如下所示：

```
[ 0  0  6  2 78  9  0  2  0  0]
```

9-2 實作案例：使用 MLP 或 CNN 實作自編碼器

「自編碼器」（Autoencoder，AE）是一種神經網路的類型，我們可以使用 MLP 或 CNN 來實作自編碼器。

9-2-1 認識自編碼器（AE）

自編碼器（Autoencoder）是一種實現編碼和解碼的神經網路，一種**資料壓縮演算法**，可以將原始資料透過**編碼器**（Encoder）的神經網路進行壓縮，和使用**解碼器**（Decoder）的神經網路來還原成原始資料，如下圖所示：

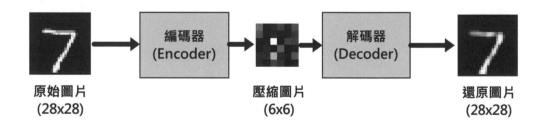

上述編碼器和解碼器是 2 個神經網路，可以將原始 28×28 的圖片壓縮成 6×6，最後再還原成 28×28。自編碼器的主要特點，如下所示：

● **只適用特定資料**（Data-specific）：自編碼器只適用與訓練資料集相似的資料壓縮。

● **資料損失**：自編碼器壓縮和還原會有資料損失，還原資料並不會和原始資料完全相同。

● **非監督式學習**：自編碼器是自行從資料學習，屬於一種非監督式學習，因為不需要標籤資料，事實上，自編碼器是一種自我監督式學習，因為訓練資料集就是和自己比較損失來進行學習。

在實務上，自編碼器可以應用在機器學習的「**主成分分析**」（Principal Component Analysis，PCA），主成分分析的目的是在減少資料集的維數，但是仍然可以保留資料集的主要特徵，換句話說，這是一種**降維**（Dimensionality Reduction）**的特徵擷取**（Feature Extraction）。

當 CNN 需要處理很大的圖片時，我們就可以先建立自編碼器來降維取出主要特徵，然後使用主要特徵來進行學習。

9-2-2　Keras 的 Functional API

Keras 除了使用 Sequential 模型建立神經網路模型外，如果需要定義複雜的多輸入 / 多輸出模型、擁有共享層模型，或需要重複使用已訓練的模型，我們需要使用 Functional API 來建立 Model 模型。

Keras 神經層物件就是一個函式

在 Keras 建立的神經層物件可以當成函式來呼叫，也就是將各神經層視為是一個函式，如下所示：

```
a = Input(shape=(32,))
b = Dense(32, activation="relu")(a)
```

上述程式碼先建立 Input 輸入層物件，回傳值是張量 a（這就是輸入層輸入神經網路的特徵資料），然後建立 Dense 物件，我們可以將 Dense 物件視為函式呼叫，函式的參數是此層神經層的輸入張量 a，回傳值是此層神經層的輸出張量 b，然後，我們就可以建立 Model 模型，如下所示：

```
model = Model(inputs=a, outputs=b)
```

上述 Model() 的 inputs 參數是輸入模型的張量，outputs 參數是輸出張量。

Tips 如果是多輸入和多輸出模型，我們可以使用串列來指定輸入和輸出張量，如下所示：

```
model = Model(inputs=[a1, a2], outputs=[b1, b2, b3])
```

使用 Functional API 定義神經網路模型

我們準備將第 5-2-2 節 Python 程式 ch5-2-2.py 的 Sequential 模型改用 Functional API 來建立 Model 模型（只有定義模型部分不同，其他部分完全相同），這是一個四層的深度神經網路，如下圖所示：

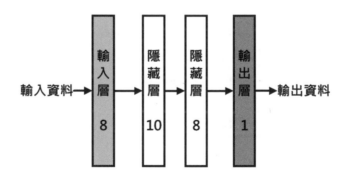

在 Python 程式：ch9-2-2.py 的開頭需要匯入 Model、Input 和 Dense 層，如下所示：

```
from keras import Model
from keras.layers import Input, Dense
```

　　然後使用 Functional API 定義模型，第一步是建立 Input 輸入層，如下所示：

```
inputs = Input(shape=(8,))
```

　　上述程式碼建立 Input 輸入層，shape 是輸入資料的形狀，其回傳值就是用來作為第 1 層隱藏層的輸入資料 inputs 張量，如下所示：

```
hidden1 = Dense(10, activation="relu")(inputs)
```

　　上述程式碼建立 Dense 物件的第 1 層隱藏層，函式呼叫的參數 inputs 是輸入層的回傳張量，其回傳值是第 1 層隱藏層的輸出資料 hidden1 張量，也是第 2 層隱藏層的輸入張量，如下所示：

```
hidden2 = Dense(8, activation="relu")(hidden1)
```

　　上述程式碼建立 Dense 物件的第 2 層隱藏層，函式呼叫的參數 hidden1 是第 1 層隱藏層的輸出張量，回傳值是第 2 層隱藏層的輸出資料 hidden2 張量，也是最後輸出層的輸入張量，如下所示：

```
outputs = Dense(1, activation="sigmoid")(hidden2)
```

　　上述程式碼建立 Dense 物件的輸出層，函式呼叫的參數 hidden2 是第 2 層隱藏層的輸出張量，回傳值是模型的輸出資料 outputs 張量，最後，我們可以建立 Model 模型，如下所示：

```
model = Model(inputs=inputs, outputs=outputs)
```

　　上述程式碼建立 Model 模型，參數 inputs 是模型的輸入張量（Input 層回傳值），outputs 是模型的輸出張量（輸出層的回傳值）。

9-2-3　使用 MLP 建立自編碼器（AE）

　　因為需要重組自編碼器的神經層，Keras 並不能使用 Sequential 模型來建立自編碼器模型，而是改用 Functional API 來建立。首先使用 MLP 建立自編碼器模型，如下圖所示：

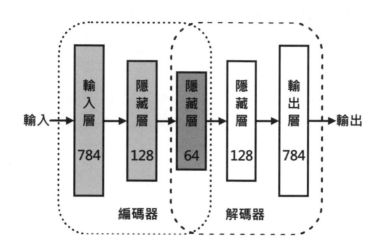

　　上述自編碼器模型的前半段是編碼器，每一層的神經元數都比上一層少；後半段是解碼器（最中間的隱藏層有重疊），每一層的神經元數比上一層多，而且前後各神經層的神經元數是對稱的。

　　Python 程式：ch9-2-3.py 是使用 MLP 打造自編碼器模型，用來壓縮和解壓縮 MNIST 手寫辨識資料集的圖片，首先匯入相關模組與套件，並指定亂數種子數是 7，如下所示：

```
import numpy as np
from keras.datasets import mnist
from keras import Model
from keras.layers import Input, Dense

np.random.seed(7)
```

上述程式碼匯入 Functional API 的 Model、Input 和 Dense，然後載入資料集，因為是非監督式學習，只需要訓練和測試資料集的特徵資料，並**不需要標籤資料**，所以元組的第 2 個項目是使用「**_**」變數代替，如下所示：

```
(X_train, _), (X_test, _) = mnist.load_data()
```

上述程式碼呼叫 load_data() 函式載入 X_train 和 X_test 資料集。

Step 1 資料預處理

在載入資料集後，我們需要執行資料預處理，將特徵資料轉換成 28×28=784 的向量，如下所示：

```
X_train = X_train.reshape(X_train.shape[0], 28*28).astype("float32")
X_test = X_test.reshape(X_test.shape[0], 28*28).astype("float32")
```

因為灰階值是固定範圍 0~255，所以執行正規化從 0~255 轉換成 0~1，如下所示：

```
X_train = X_train / 255
X_test = X_test / 255
```

Step 2 定義模型

現在，我們已經完成資料載入和資料預處理，可以定義自編碼器的神經網路模型。首先定義自編碼器（AE）模型，如下所示：

```
input_img = Input(shape=(784,))
x = Dense(128, activation="relu")(input_img)
encoded = Dense(64, activation="relu")(x)
x = Dense(128, activation="relu")(encoded)
decoded = Dense(784, activation="sigmoid")(x)
```

上述程式碼建立 Input 輸入層後，依序建立 3 層 Dense 層，神經元數依序是 128、64、128 個，啟動函數都是 ReLU，然後是 Dense 輸出層（784 個神經元對應輸入層的 784），啟動函數是 Sigmoid。接著，我們可以建立 Model 物件，如下所示：

```
autoencoder = Model(input_img, decoded)
```

上述 Model() 的第 1 個參數是輸入張量 input_img（即 inputs 參數），第 2 個參數是輸出張量 decoded（即 outputs 參數），其模型摘要資訊如下所示：

Layer (type)	Output Shape	Param #
input_layer_4 (InputLayer)	(None, 784)	0
dense_9 (Dense)	(None, 128)	100,480
dense_10 (Dense)	(None, 64)	8,256
dense_11 (Dense)	(None, 128)	8,320
dense_12 (Dense)	(None, 784)	101,136

```
Total params: 218,192 (852.31 KB)
Trainable params: 218,192 (852.31 KB)
Non-trainable params: 0 (0.00 B)
```

上述摘要資訊可以看到前後神經層的形狀是對稱的。接著建立編碼器模型，這就是自編碼器（AE）模型的前半段，如下所示：

```
encoder = Model(input_img, encoded)
```

上述程式碼建立 Model 物件，第 1 個參數是輸入張量 input_img，第 2 個參數是輸出張量 encoded，其模型摘要資訊如下所示：

Layer (type)	Output Shape	Param #
input_layer_4 (InputLayer)	(None, 784)	0
dense_9 (Dense)	(None, 128)	100,480
dense_10 (Dense)	(None, 64)	8,256

```
Total params: 108,736 (424.75 KB)
Trainable params: 108,736 (424.75 KB)
Non-trainable params: 0 (0.00 B)
```

　　最後是解碼器模型，除了使用自編碼器（AE）模型的後半段外，我們還需要新增 Input 輸入層（形狀是編碼器模型的輸出層），如下所示：

```
decoder_input = Input(shape=(64,))
decoder_layer = autoencoder.layers[-2](decoder_input)
decoder_layer = autoencoder.layers[-1](decoder_layer)
decoder = Model(decoder_input, decoder_layer)
```

　　上述程式碼首先新增解碼器模型的 Input 輸入層，然後使用 Model 物件的 layers 屬性取出 autoencoder 模型最後 2 層神經層（-1 是最後 1 層、-2 是倒數第 2 層），就可以建立解碼器的 Model 模型，其模型摘要資訊如下所示：

Layer (type)	Output Shape	Param #
input_layer_5 (InputLayer)	(None, 64)	0
dense_11 (Dense)	(None, 128)	8,320
dense_12 (Dense)	(None, 784)	101,136

```
Total params: 109,456 (427.56 KB)
Trainable params: 109,456 (427.56 KB)
Non-trainable params: 0 (0.00 B)
```

Step 3 編譯模型

在定義好模型後，我們需要編譯模型來轉換成低階計算圖，如下所示：

```
autoencoder.compile(loss="binary_crossentropy", optimizer="adam")
```

上述 compile() 函式的損失函數是 binary_crossentropy（也可以使用 mse），而優化器是 adam。

Step 4 訓練模型

在成功編譯模型成為低階計算圖後，就可以開始訓練模型，如下所示：

```
autoencoder.fit(X_train, X_train, validation_data=(X_test, X_test),
                epochs=10, batch_size=256, shuffle=True, verbose=2)
```

上述 fit() 函式的第 1 個參數是 X_train 訓練資料集，第 2 個參數也是 X_train（標籤資料就是自己），並且使用 validation_data 參數指定驗證資料集是測試資料集，shuffle 參數值 True 是打亂資料，其訓練週期是 10 次，批次尺寸是 256，訓練模型的執行結果，如下所示：

```
Epoch 1/10
235/235 - 3s - 12ms/step - loss: 0.2214 - val_loss: 0.1396
Epoch 2/10
235/235 - 1s - 4ms/step - loss: 0.1239 - val_loss: 0.1109
Epoch 3/10
235/235 - 1s - 4ms/step - loss: 0.1078 - val_loss: 0.1016
Epoch 4/10
235/235 - 1s - 4ms/step - loss: 0.1007 - val_loss: 0.0964
Epoch 5/10
235/235 - 1s - 4ms/step - loss: 0.0962 - val_loss: 0.0934
Epoch 6/10
235/235 - 1s - 4ms/step - loss: 0.0929 - val_loss: 0.0898
Epoch 7/10
235/235 - 1s - 4ms/step - loss: 0.0901 - val_loss: 0.0877
Epoch 8/10
235/235 - 1s - 4ms/step - loss: 0.0881 - val_loss: 0.0858
Epoch 9/10
235/235 - 1s - 4ms/step - loss: 0.0865 - val_loss: 0.0844
Epoch 10/10
```

5 使用自編碼器來編碼和解碼手寫數字圖片

當使用訓練資料集成功訓練模型後，我們可以使用 encoder 編碼器模型來編碼輸入資料的手寫圖片，也就是壓縮圖片，如下所示：

```
encoded_imgs = encoder.predict(X_test)
```

上述程式碼使用 encoder 模型的 predict() 函式壓縮 X_test 測試資料集的圖片，可以回傳編碼壓縮後的圖片資料，然後使用 decoder 解碼器模型來解壓縮圖片，即解碼圖片，如下所示：

```
decoded_imgs = decoder.predict(encoded_imgs)
```

上述程式碼使用 decoder 模型的 predict() 函式解壓縮 encoded_imgs 的圖片，可以回傳解壓縮後的還原圖片 decoded_imgs。最後，我們可以使用 Matplotlib 繪出前 10 張原始圖片、壓縮圖片和最後的還原圖片，如下所示：

```python
import matplotlib.pyplot as plt

n = 10
plt.figure(figsize=(20, 6))
for i in range(n):
    # 原始圖片
    ax = plt.subplot(3, n, i + 1)
    ax.imshow(X_test[i].reshape(28, 28), cmap="gray")
    ax.axis("off")
    # 壓縮圖片
    ax = plt.subplot(3, n, i + 1 + n)
    ax.imshow(encoded_imgs[i].reshape(8, 8), cmap="gray")
    ax.axis("off")
    # 還原圖片
    ax = plt.subplot(3, n, i + 1 + 2*n)
    ax.imshow(decoded_imgs[i].reshape(28, 28), cmap="gray")
    ax.axis("off")
plt.show()
```

上述 for 迴圈依序繪出測試資料集的前 10 張原始圖片、編碼後的圖片和解碼還原的圖片，其執行結果如下圖所示：

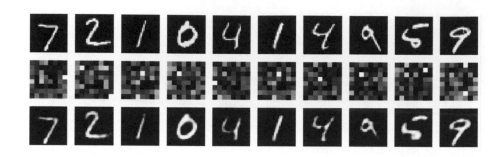

上述執行結果可以看出還原圖片和原始圖片並非完全相同，因為自編碼器有一定的資料損失。

★ 小編註 書附範例檔案中有附上另一種 AE 建模方法的 Python 程式：ch9-2-3a. py 供讀者參考，改為先分別定義 encoder 和 decoder，再合併建立 AE。

9-2-4 使用 CNN 建立自編碼器（CAE）

在這一節我們準備使用 CNN 建立自編碼器，簡稱 CAE，CNN 自編碼器的結構，如下所示：

● **前半段編碼器**：3 組 Conv2D 和 MaxPooling2D 神經層。

● **後半段解碼器**：3 組 Conv2D 和 UpSampling2D 神經層。

上述 **MaxPooling2D 最大池化層會壓縮圖片**，UpSampling2D 是對應 MaxPooling2D 來還原圖片。

Python 程式：ch9-2-4.py 是使用 CNN 打造自編碼器模型，用來壓縮和解壓縮 MNIST 手寫辨識資料集的圖片，程式結構和 ch9-2-3.py 相似，資料預處理是轉換成 4D 張量後，定義自編碼器（CAE）模型，如下所示：

```python
input_img = Input(shape=(28,28,1))
x = Conv2D(16, (3,3), activation="relu", padding="same")(input_img)
x = MaxPooling2D((2,2), padding="same")(x)
x = Conv2D(8, (3,3), activation="relu", padding="same")(x)
x = MaxPooling2D((2,2), padding="same")(x)
x = Conv2D(8, (3,3), activation="relu", padding="same")(x)
encoded = MaxPooling2D((2,2), padding="same")(x)
x = Conv2D(8, (3,3), activation="relu", padding="same")(encoded)
x = UpSampling2D((2,2))(x)
x = Conv2D(8, (3,3), activation="relu", padding="same")(x)
x = UpSampling2D((2,2))(x)
x = Conv2D(16, (3,3), activation="relu")(x)
x = UpSampling2D((2,2))(x)
decoded = Conv2D(1, (3,3), activation="sigmoid", padding="same")(x)
```

上述程式碼建立 Input 輸入層後，依序建立 3 組 Conv2D 和 MaxPooling2D 神經層，和 3 組 Conv2D 和 UpSampling2D 神經層，最後的輸出層也是 Conv2D 層。請注意！為了還原圖片尺寸，6 層 Conv2D 層（不含 Conv2D 輸出層）中，只有最後 1 層沒有指定 padding="same"。

最後我們可以建立 Model 物件的自編碼器，如下所示：

```python
autoencoder = Model(input_img, decoded)
```

上述 Model() 的第 1 個參數是輸入張量 input_img（即 inputs 參數），第 2 個參數是輸出張量 decoded（即 outputs 參數），其模型摘要資訊如下所示：

Layer (type)	Output Shape	Param #
input_layer_6 (InputLayer)	(None, 28, 28, 1)	0
conv2d_2 (Conv2D)	(None, 28, 28, 16)	160
max_pooling2d_2 (MaxPooling2D)	(None, 14, 14, 16)	0
conv2d_3 (Conv2D)	(None, 14, 14, 8)	1,160
max_pooling2d_3 (MaxPooling2D)	(None, 7, 7, 8)	0
conv2d_4 (Conv2D)	(None, 7, 7, 8)	584
max_pooling2d_4 (MaxPooling2D)	(None, 4, 4, 8)	0
conv2d_5 (Conv2D)	(None, 4, 4, 8)	584
up_sampling2d (UpSampling2D)	(None, 8, 8, 8)	0
conv2d_6 (Conv2D)	(None, 8, 8, 8)	584
up_sampling2d_1 (UpSampling2D)	(None, 16, 16, 8)	0
conv2d_7 (Conv2D)	(None, 14, 14, 16)	1,168
up_sampling2d_2 (UpSampling2D)	(None, 28, 28, 16)	0
conv2d_8 (Conv2D)	(None, 28, 28, 1)	145

Total params: 4,385 (17.13 KB)
Trainable params: 4,385 (17.13 KB)
Non-trainable params: 0 (0.00 B)

上述模型摘要資訊可以看到前後神經層的形狀幾乎是對稱，但是，因為池化運算 (2, 2) 是縮小 2 倍，上升取樣運算是放大 2 倍，運算過程會產生誤差，如下所示：

池化運算： 28/2 → 14/2 → 7/2 → 4
上升取樣運算： 4×2 → 8×2 → 16×2 → 32

從上述運算過程可以看出，最後輸出是 32，不是原來的 28，所以在 conv2d_7（第 6 層）的 Conv2D 層沒有使用 padding="same" 參數，以便將尺寸調整成 14，就可以在最後輸出成 28（因為 14×2=28）。

然後建立編碼器模型，這就是自編碼器（CAE）模型的前半段，如下所示：

```
encoder = Model(input_img, encoded)
```

　　上述程式碼建立 Model 物件，第 1 個參數是輸入張量 input_img，第 2 個參數是輸出張量 encoded，其模型摘要資訊如下所示：

Layer (type)	Output Shape	Param #
input_layer_6 (InputLayer)	(None, 28, 28, 1)	0
conv2d_2 (Conv2D)	(None, 28, 28, 16)	160
max_pooling2d_2 (MaxPooling2D)	(None, 14, 14, 16)	0
conv2d_3 (Conv2D)	(None, 14, 14, 8)	1,160
max_pooling2d_3 (MaxPooling2D)	(None, 7, 7, 8)	0
conv2d_4 (Conv2D)	(None, 7, 7, 8)	584
max_pooling2d_4 (MaxPooling2D)	(None, 4, 4, 8)	0

```
Total params: 1,904 (7.44 KB)
Trainable params: 1,904 (7.44 KB)
Non-trainable params: 0 (0.00 B)
```

　　最後是解碼器模型，除了使用自編碼器（CAE）模型的後半段外，我們還需要新增 Input 輸入層，如下所示：

```
decoder_input = Input(shape=(4,4,8))
decoder_layer = autoencoder.layers[-7](decoder_input)
decoder_layer = autoencoder.layers[-6](decoder_layer)
decoder_layer = autoencoder.layers[-5](decoder_layer)
decoder_layer = autoencoder.layers[-4](decoder_layer)
decoder_layer = autoencoder.layers[-3](decoder_layer)
decoder_layer = autoencoder.layers[-2](decoder_layer)
decoder_layer = autoencoder.layers[-1](decoder_layer)
decoder = Model(decoder_input, decoder_layer)
```

　　上述程式碼首先新增解碼器模型的 Input 輸入層，然後使用 Model 物件的 layers 屬性取出 autoencoder 模型最後 7 層神經層，就可以建立解碼器的 Model 模型，其模型摘要資訊如下所示：

Layer (type)	Output Shape	Param #
input_layer_7 (InputLayer)	(None, 4, 4, 8)	0
conv2d_5 (Conv2D)	(None, 4, 4, 8)	584
up_sampling2d (UpSampling2D)	(None, 8, 8, 8)	0
conv2d_6 (Conv2D)	(None, 8, 8, 8)	584
up_sampling2d_1 (UpSampling2D)	(None, 16, 16, 8)	0
conv2d_7 (Conv2D)	(None, 14, 14, 16)	1,168
up_sampling2d_2 (UpSampling2D)	(None, 28, 28, 16)	0
conv2d_8 (Conv2D)	(None, 28, 28, 1)	145

Total params: 2,481 (9.69 KB)
Trainable params: 2,481 (9.69 KB)
Non-trainable params: 0 (0.00 B)

　　當使用訓練資料集成功訓練模型後，我們可以使用自編碼器來編碼和解碼手寫數字圖片，並使用 Matplotlib 繪出前 10 張原始圖片、壓縮圖片和最後的還原圖片，如下圖所示：

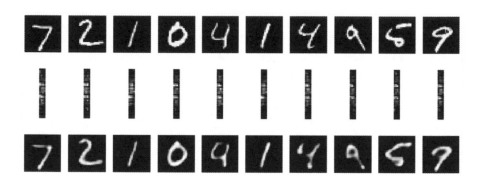

　　上述執行結果可以看出還原圖片和原始圖片並非完全相同，因為自編碼器有一定的資料損失。在中間顯示的壓縮圖片是 8 張 4×4 特徵圖，在 imshow() 函式中改成 (4, 32) 尺寸來繪出壓縮圖片，如下所示：

```
ax.imshow(encoded_imgs[i].reshape(4, 4*8).T, cmap="gray")
```

9-3 實作案例：使用 CNN 自編碼器去除圖片的雜訊

　　CNN 自編碼器（CAE）只需使用有雜訊的圖片來進行訓練，就可以用來去除圖片上的雜訊，Python 程式：ch9-3.py 使用和 ch9-2-4.py 相同的自編碼器模型，只是改用有雜訊圖片來進行訓練，以便使用 CNN 自編碼器來去除圖片上的雜訊。

替 MNIST 手寫數字圖片加上雜訊

　　因為 MNIST 手寫辨識資料集的圖片上並沒有雜訊，我們需要自行使用隨機常態分佈來替圖片加上雜訊。首先替 X_train 訓練資料集的圖片加上雜訊，變數 nf 是雜訊比率，如下所示：

```
nf = 0.5
size_train = X_train.shape
X_train_noisy = X_train + nf*np.random.normal(
                        loc=0.0, scale=1.0, size=size_train)
X_train_noisy = np.clip(X_train_noisy, 0., 1.)
```

　　上述程式碼取得 X_train.shape 形狀後，呼叫 np.random.normal() 函式隨機產生此形狀的常態分佈後，乘以雜訊比率 nf，即可替 X_train 加上雜訊，最後使用 np.clip() 函式將值限制在 0~1 之間。接著替 X_test 資料集的圖片也加上雜訊，如下所示：

```
size_test = X_test.shape
X_test_noisy = X_test + nf*np.random.normal(
                        loc=0.0, scale=1.0, size=size_test)
X_test_noisy = np.clip(X_test_noisy, 0., 1.)
```

上述 X_train_noisy 就是用來訓練 CNN 自編碼器的訓練資料集，X_test_noisy 是用來去除圖片雜訊的測試資料集。

使用 CNN 自編碼器去除圖片雜訊

Python 程式：ch9-3.py 是使用 X_train_noisy 有雜訊圖片來訓練模型，如下所示：

```
autoencoder.fit(X_train_noisy, X_train,
                validation_data=(X_test_noisy, X_test),
                epochs=10, batch_size=128, shuffle=True, verbose=2)
```

上述 fit() 函式的第 1 個參數是 X_train_noisy，在完成訓練後，我們可以壓縮圖片和解壓縮圖片，如下所示：

```
encoded_imgs = encoder.predict(X_test_noisy)
decoded_imgs = decoder.predict(encoded_imgs)
```

上述程式碼先壓縮 X_test_noisy 有雜訊的圖片，而由於 CNN 自編碼器已經訓練成可以去除圖片雜訊，因此最後還原的圖片是沒有雜訊的手寫數字圖片，其執行結果如下圖所示：

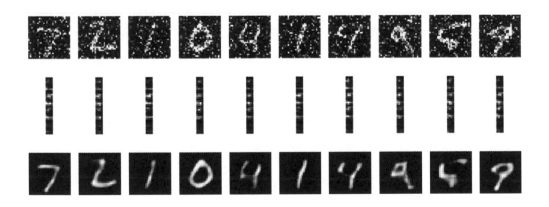

CHAPTER

10

圖解 RNN、LSTM 和 GRU 神經網路

- 10-1／認識序列資料

- 10-2／自然語言處理的基礎

- 10-3／循環神經網路 (RNN)

- 10-4／長短期記憶神經網路 (LSTM)

- 10-5／閘門循環單元神經網路 (GRU)

- 10-6／文字資料向量化 Text Data Vectorization

認識序列資料

　　人類的語言是一種**序列資料**（Sequential Data），而**自然語言處理**（Natural Language Processing，NLP）就是在處理語言的序列資料，這是循環神經網路的主要應用領域之一，在說明自然語言處理前，我們需要先了解什麼是序列資料。

空間和順序關係的問題

　　在第三篇說明的卷積神經網路主要是在處理空間關係的問題，也就是說，在 W×W 矩陣上分佈的像素是有意義的，我們是使用這些像素組合出圖片上的圖形，如果打亂這些像素的位置，就不會是原來的圖片，例如：一群螞蟻形成的圖形，如右圖所示：

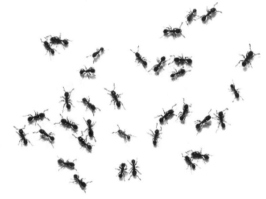

　　上述圖形對於傳統神經網路和卷積神經網路來說，我們重視的是每一隻螞蟻的位置，即以空間關係形成的圖形。問題是當你觀察一群行進中的螞蟻，這些螞蟻部隊是有順序性（Order）的前進，但若是打亂螞蟻的前後關係，就如同打亂了資料的順序關係，如右圖所示：

　　上述的螞蟻部隊每一隻螞蟻的頭是跟隨著前一隻螞蟻的尾行走，如果有任何一隻螞蟻轉了方向，就會影響之後所有螞蟻的行走方向，不同於空間關係，**有些資料的前後關聯性是有意義的**，想想看！如果你將一句話的單字調來調去，馬上就失去句子原來的意義，同理，股價如果將時間順序打亂，我們畫出的分析線型就沒有任何意義，循環神經網路就是設計用來處理這種有順序性的資料，稱為**序列資料**。

什麼是序列資料

　　序列資料是一種有順序的向量資料（不一定是時間順序），簡單的說，序列資料就是資料前後擁有關聯性，例如：DNA 序列是一種與時間序無關的序列資料（與前後位置順序有關），自然語言的句子也是一種序列資料，其相關程度可以使用 N-gram 模型來判斷，分為和前 1 個單字有關的 2-gram（Bi-gram），或與前 2 個單字有關的 3-gram（Tri-gram）。

 N-gram 模型是一種基於統計的語言模型，第 N 個單字的出現機率只和前 N-1 個單字有關，和其他任何單字都無關，可以幫助我們預測接下來會出現的單字，例如：3-gram 模型，如下圖所示：

前 2 個單字決定 x

我 ⟹ 拿 ⟹ 筆 ⟹ 要 ⟹ x

　　當然，序列資料也可能與時間順序相關，例如：公司股價。如果是一種固定時間間隔的序列資料，稱為**時間序列**（Time　Series），常見的有：語言、音樂和影片資料等。

　　如同第三篇圖片的影像資料，序列資料一樣擁有和位置無關的樣式，也就是特徵。例如：人名可以出現在句子中的任何位置；DNA 排列是一種特徵，產生特殊蛋白質的 DNA 片段序列，也可能出現在整個 DNA 序列中的任何位置。

10-2 自然語言處理的基礎

自然語言處理是計算機科學一個很大的研究領域，機器學習和深度學習事實上只涉及自然語言處理的一部分，如右圖所示：

認識自然語言處理

自然語言處理就是在處理人類語言和文字的序列資料，其目的是讓電腦能夠了解語言，並使用語言來進行對話，如下所示：

● **了解自然語言**（Natural Language Understanding）：系統能夠了解語言，包含口語、文章、語法、語意和直譯等。

● **產生自然語言**（Natural Language Generation）：系統能夠使用語言或文字來回應，包含產生單字、有意義的片語和句子等。

機器學習在自然語言處理的應用

機器學習與深度學習使用在自然語言處理的常用領域，如下所示：

● **文件分類與資訊擷取**。

● **機器翻譯**。

● **語音辨識**。

● **語句和語意分析**。

● **拼字與文法檢查**。

● **問答系統** – 聊天機器人。

10-3　循環神經網路 (RNN)

　　循環神經網路基本上和第三篇的卷積神經網路十分相似，卷積神經網路是在空間上執行卷積，循環神經網路是在時間序列資料上執行卷積，這兩種神經網路都是在找特徵，一樣都可以執行自動特徵萃取。

10-3-1　循環神經網路的結構

　　多層感知器的傳統神經網路和卷積神經網路都是一種**前饋神經網路**（Feedforward Neural Network，FNN），訓練過程中的輸入和輸出相互獨立，不會保留任何狀態，也就是說，這種神經網路沒有記憶能力，無法處理擁有順序關係的序列資料。

　　不同於傳統神經網路，循環神經網路是一種**擁有記憶能力**的神經網路，能夠累積之前輸出的資料來分析目前的資料，即處理序列資料。

循環神經網路的基本結構

　　基本上，循環神經網路的結構就是一組全連接的神經網路集合，每一個神經網路的隱藏層輸出，同時也是下一個神經網路的輸入，如右圖所示：

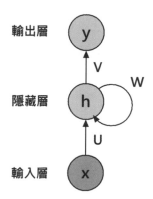

　　上述圖例的每一個圓形頂點代表的是一層神經層，並不是單一神經元，這是沒有展開的循環神經網路，x 是輸入層、y 是輸出層，在隱藏層 h 有一個「**時步**」（Timestep，也稱為時間步長）的迴圈，時步簡單來說就是間隔時間。

在循環神經網路有三種權重，U 是隱藏層權重，V 是輸出層權重，W 是時步的權重，這是用來決定之前神經網路累積資訊的保留量（或稱保留程度）。

展開循環神經網路的隱藏層

因為隱藏層 h 有一個時步的迴圈，當我們展開隱藏層時，就可以看到循環神經網路是一組三層神經網路的集合，如下圖所示：

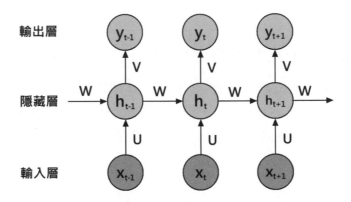

在上述展開的循環神經網路中，下標 t 就是時步，每一個時步都是一個全連接的三層神經網路。假設：現在有一個序列資料，在每一個時步 t 有一個輸入向量 x_t（輸入層），神經網路會輸出向量 y_t（輸出層）；輸入向量除了 x_t，還需要將上一時步 t-1 的隱藏層輸出 h_{t-1} 合併後才是輸入資料；而隱藏層的輸出 h_t，除了輸出至 y_t（輸出層），同時還輸出至下一個時步 t+1 作為輸入，如下圖所示：

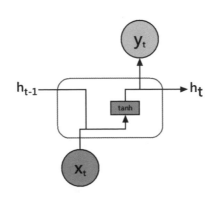

上述圖例是循環神經網路的組成單元，以此例的隱藏層啟動函數是 Tanh 函數，每一個時步的輸入除了目前時步 t，還有上一個時步 t-1 的隱藏層輸出合併輸入來一起預測 y_t，換句話說，循環神經網路的每一個時步 t 不只有當前資料，還包含之前時步的所有累積資訊，這也是為什麼循環神經網路擁有記憶能力。

 請注意！如同卷積神經網路的卷積層，在循環神經網路每一時步的神經網路權重 U、V 和 W 都是**權重共享**（Shared Weights）。

循環神經網路的前向傳播與反向傳播

現在，我們就來看一看循環神經網路前向傳播。在時步 t=0，隨機初始 U、V 和 W 的權重（為了方便說明，沒有使用偏向量），h_0 的隱藏層輸出通常初始為 0。在時步 t=1 時的隱藏層輸出 h_1 和輸出層輸出 y_1，如下所示：

$$h_1 = f(U \bullet x_1 + W \bullet h_0)$$
$$y_1 = g(V \bullet h_1)$$

上述「$\bullet$」是點積運算，$f()$ 函數是隱藏層的啟動函數，可以使用 Tanh、ReLU 或 Sigmoid 函數；$g()$ 函數是輸出層的啟動函數，如果是分類問題，一般來說，就是使用 Softmax 函數。循環神經網路在時步 t 計算預測值 y_t 的公式，如下所示：

$$h_t = f(U \bullet x_t + W \bullet h_{t-1})$$
$$y_t = g(V \bullet h_t)$$

上述 x_t 是目前輸入、h_{t-1} 則視為過去的記憶，所以，循環神經網路的記憶能力，就是使用權重 W 記錄要記住多少過往的歷史資料。循環神經網路損失函數的損失分數計算，如下所示：

$$E = \sum_{i=1}^{t} f_e(y_i - t_i)$$

上述公式可以計算循環神經網路的全部損失 E，$f_e()$ 函數是損失函數，例如：使用均方誤差或交叉熵（Cross-Entropy）。其中 y_i 是輸出的預測值，t_i 是對應的標籤值。

在計算出循環神經網路的全部損失 E 後，我們可以使用反向傳播來更新權重，也就是從最後一個時步 t 累積的損失反向傳遞來更新權重，其作法和一般反向傳播演算法相同，差別在於加入了時步，稱為**透過時間的反向傳播演算法**（Backpropagation Through Time，BPTT），關於 BPTT 的完整推導已經超過本書的範圍，有興趣讀者請參閱網路教學文件或相關圖書。

循環神經網路的情緒分析範例

循環神經網路有很多種，輸出層和輸入層的長度不見得相同，例如：情緒分析的循環神經網路可以分析英文句子的情緒是正面或負面，如下所示：

This movie is not good.

上述句子的標籤是負面情緒，用來分析上述英文句子的循環神經網路，如下圖所示：

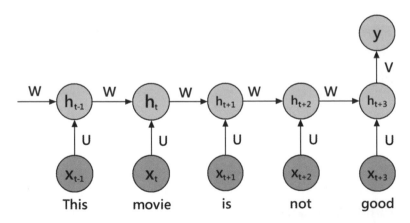

上述循環神經網路的輸入資料是使用 **One-hot 編碼的英文單字**，這是多個輸入的序列資料，每一個時步是一個單字，輸出只有一個。當循環神經網路訓練完成後，我們就可以進行英文句子的情緒分析，只需輸入英文句子，就可以輸出此句子是正面或負面情緒。

10-3-2　循環神經網路的種類

　　基本上，循環神經網路因輸出和輸入的不同，可以分成多種類型的循環神經網路，如下所示：

一對多 One to Many

　　一對多循環神經網路有一個輸入和序列資料的輸出，這類型網路的目的是產生序列資料，例如：一張圖片的輸入可以產生圖片說明文字的序列資料，或產生音樂等，如下圖所示：

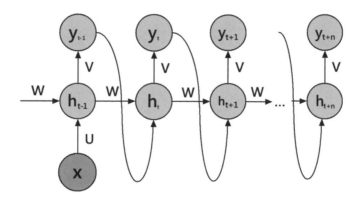

多對一 Many to One

　　多對一循環神經網路是序列資料的輸入，但只產生一個輸出，這類型網路主要是使用在情緒分析，例如：輸入電影評論描述文字，可以輸出正面或負面情緒的結果，即第 10-3-1 節最後的 RNN 範例，如下圖所示：

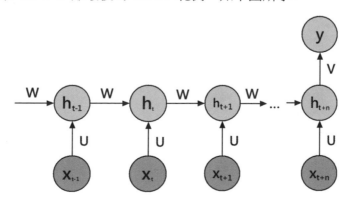

多對多 Many to Many

多對多循環神經網路的輸入與輸出都是序列資料，依輸入與輸出的長度是否相同分成兩種，如下所示：

● **輸入和輸出等長**：這就是第 10-3-1 節說明的循環神經網路結構，每一個輸入都有對應的輸出，此時的每一個輸出如同是二元分類，例如：判斷每一個位置的單字是否是一個人名，如下圖所示：

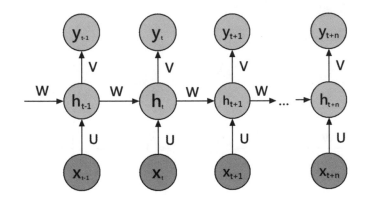

● **輸入與輸出不等長**：因為輸入和輸出的序列資料長度不同，最常是使用在機器翻譯，例如：將中文句子翻譯成英文，通常句子的序列資料不會是相同長度，如下圖所示：

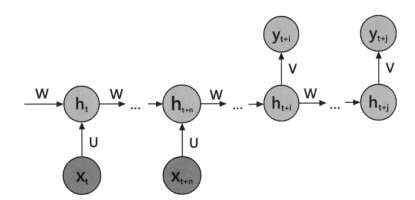

10-3-3　循環神經網路的梯度消失問題

循環神經網路雖然能夠保留之前累積的資訊，幫助我們解決現在的問題（例如：使用之前電影畫面的資訊，幫助我們理解目前畫面的劇情），但是循環神經網路的表現並不好，其記憶能力只能保留很短時步的資訊，如同人類年齡大了，記性就不好，很容易健忘，如下所示：

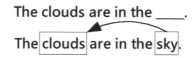

上述英文句子是使用上下文來預測最後的單字，因為答案 sky 和相關訊息 clouds 間隔的時步並不長，循環神經網路足以勝任此單字的預測工作。如果英文句子上下文相關的訊息十分的長，間隔很長的時步，如下所示：

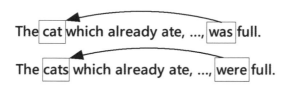

上述 was 或 were 需要依據之前間隔非常長時步的 cat 或 cats 來判斷其詞性，在這種情況下，循環神經網路很難將間隔如此之遠的資訊連接起來，而這也是**梯度消失問題**（Vanishing Gradient Problem）造成的結果，如下圖所示：

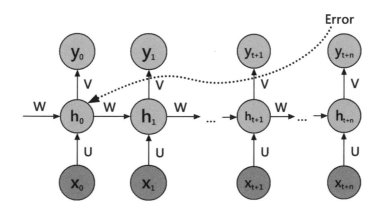

上述循環神經網路如果從各時步的隱藏層來看，是一個很深的深度神經網路。如果反向傳播計算出的梯度小於 1，因為是合成函數，當使用連鎖率計算時會加速呈現指數衰減，造成循環神經網路只能更新最近幾個時步的權重，產生梯度消失問題，換句話說，循環神經網路在結構上只擁有**短期記憶能力**，並沒有長期記憶能力。

相反地，如果反向傳播計算出的梯度大於 1，就會加速呈現指數增加，造成**梯度爆炸問題**（Exploding Gradient Program），但梯度爆炸並不是大問題，我們可以使用神經網路最佳化方法來解決此問題，但是，梯度消失就只能使用第 10-4 節的 LSTM、第 10-5 節的 GRU 或第 16 章的 Transformer 來解決。

10-4 長短期記憶神經網路 (LSTM)

長短期記憶神經網路（Long Short-term Memory，LSTM）改良自 RNN，這是一種擁有**長期記憶能力**的神經網路，因為 RNN 在結構上會產生梯度消失問題，所以實務上的循環神經網路通常不是使用 RNN，而是使用本節的 LSTM 或下一節的 GRU。

10-4-1 長短期記憶神經網路的結構

長短期記憶神經網路（LSTM）是德國的兩位科學家 Hochreiter 和 Schmidhuber 為了解決循環神經網路的梯度消失問題，所開發出的一種循環神經網路結構。LSTM 的作法是建立一條如同輸送帶的長期記憶線，然後使用多個不同**閘門**（Gate）來篩選處理需要長期記憶的資料，如同人腦的海馬迴負責短期記憶和長期記憶的處理。

基本上，長短期記憶神經網路和循環神經網路的結構並沒有什麼不同，只是循環神經網路的隱藏層只有一層神經層，長短期記憶神經網路的隱藏層是一個 **LSTM 單元**（LSTM Cell），如下圖所示：

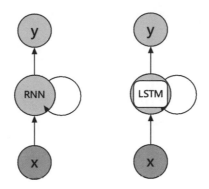

上述圖例的 LSTM 和 RNN 一樣擁有時步的迴圈，其主要差異是隱藏層的 LSTM 單元，這個單元不只 1 層神經層，而是 4 層神經層，如右圖所示：

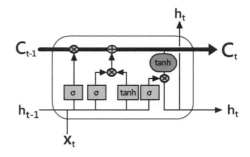

在上述 LSTM 單元上方的那條輸送帶就是長期記憶線，也稱為**單元狀態**（Cell State），位在下方 4 個小方框是 4 層神經層，依啟動函數分成兩種，如下所示：

● **Sigmoid 神經層**：3 個 σ 符號的小方框是 3 種閘門的神經層，使用 Sigmoid 函數的值 0~1 來控制資料通過的比例，如同開啟閘門的大小，0 是關閉不讓任何資料通過、1 是開啟表示全部通過，然後與資料執行逐元素相乘 $\otimes$，例如：刪除上方輸送帶保留的記憶資料，如右圖所示：

● **Tanh 神經層**：Sigmoid 神經層只是決定通過哪些資料，我們還需要 Tanh 啟動函數的神經層來取得欲通過的候選資料，才能使用逐元素相乘 $\otimes$ 建立資料，接著再以逐元素相加 $\oplus$ 來更新上方輸送帶保留的記憶資料，如右圖所示：

簡單的說，循環神經網路的記憶能力並沒有區分哪些是長期記憶、哪些是短期記憶，對於時步間隔太久的資料，就如同人類回想數年前一些沒有特別印象深刻的記憶，當然會記憶模糊。

長短期記憶神經網路的記憶力是使用閘門來篩選資料，能夠自動學習哪些資料需要保留久一點（如同再次回憶）、哪些不再使用可以刪除（永遠忘記），能夠保留面對現在問題所需的長期記憶資料。

10-4-2 　長短期記憶神經網路的運作機制

在了解 LSTM 單元的結構後，我們就來看一看長短期記憶神經網路的運作機制，也就是輸入閘、遺忘閘和輸出閘這三種閘門是如何運作來建立擁有長期記憶力的神經網路。

基本上，長短期記憶神經網路的運作機制可以想像是一部很多集的電視劇，在每一集都有主角、配角和跑龍套等多種角色會登場，但並不是所有角色都會和下一集有關係，我們需要記得一些和之後集數有關係的角色，以便在下一集或之後集數能夠看懂劇情，而這些角色就是儲存在 LSTM 單元上方的長期記憶線中，其運作方式如下所示：

● **在這一集就領便當或跑龍套的角色**：因為角色在之後不會再出現，我們可以使用**遺忘閘**讓這些角色從長期記憶線中刪除。

● **在這一集新出現的角色且在之後的集數會登場**：因為角色在之後會登場，為了在之後的集數可以看得懂劇情，我們需要使用**輸入閘**將新增角色加入長期記憶線中。

● **在下一集會登場的角色**：對於下一集登場的角色，我們是使用**輸出閘**從長期記憶線中取出這些角色，然後送至下一集中，以便幫助我們看得懂下一集的劇情。

遺忘閘 Forget Gate

遺忘閘是用來決定保留哪些資料、哪些資料可以忘掉,也就是從長期記憶線中刪除資料。遺忘閘的輸入資料是合併 h_{t-1} 和 x_t 成為 $[h_{t-1}, x_t]$ 向量,如右圖所示:

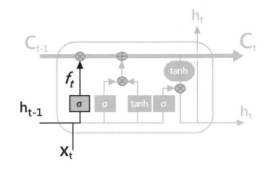

上述遺忘閘是一層 Sigmoid 神經層,輸出 f_t 的值是 0~1 之間的向量,表示通過遺忘閘資料的比例,沒有通過就是需忘掉的資料。輸出 f_t 的計算公式如下所示:

$$f_t = \sigma(W_f \bullet [h_{t-1}, x_t] + b_f)$$

上述 σ 是 Sigmoid 函數,「 $\bullet$ 」是點積運算,$[h_{t-1}, x_t]$ 向量是輸入資料,W_f 是遺忘閘權重,b_f 是遺忘閘偏向量,即 wx+b 的權重計算。

輸入閘 Input Gate

在輸入閘決定需要更新長期記憶線中的哪些資料,包含新增資料和需替換的資料。輸入閘的輸入資料也是合併 h_{t-1} 和 x_t 成為 $[h_{t-1}, x_t]$ 向量,如右圖所示:

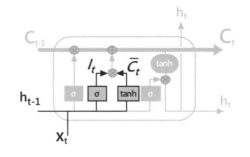

上述輸入閘是一層 Sigmoid 神經層,輸出 I_t 的值是 0~1 之間的向量,用來決定輸入閘需要更新哪些資料,欲更新的資料則是來自另一層 Tanh 神經層。輸出 I_t 和 $\bar{C}_t$ 的計算公式如下所示:

$$I_t = \sigma(W_i \bullet [h_{t-1}, x_t] + b_i)$$

$$\bar{C}_t = \tanh(W_c \bullet [h_{t-1}, x_t] + b_c)$$

上述 σ 是 Sigmoid 函數，$[h_{t-1},\ x_t]$ 向量是輸入資料，W_i 是輸入閘權重，b_i 是輸入閘偏向量，W_c 是 Tanh 層權重，b_c 是 Tanh 層偏向量。

現在，我們已經計算出長期記憶線欲刪除和更新的資料，接著可以更新長期記憶線從前一時步 t-1 的 C_{t-1} 至目前時步 t 的 C_t，如右圖所示：

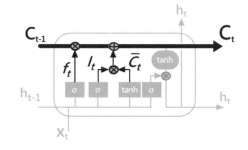

上述圖例有遺忘閘欲刪除的資料和輸入閘欲更新的資料，其公式如下所示：

$$C_t = f_t \times C_{t-1} + I_t \times \bar{C}_t$$

上述 $f_t \times C_{t-1}$ 是逐元素相乘 $\otimes$ 來刪除遺忘閘的資料，然後再逐元素相加 $\oplus$ 輸入閘需更新的資料 $I_t \times \bar{C}_t$ 至長期記憶線中。

輸出閘 Output Gate

輸出閘是用來決定從長期記憶線 C_t 中有哪些資料需要輸出至下一個時步 t+1，作為下一個時步 t+1 的輸入資料，如下圖所示：

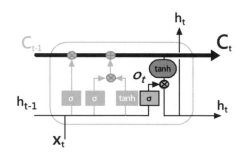

上述圖例右上方 h_t 是送到輸出層的輸出資料、右方 h_t 是輸出至下一個時步 t+1 的輸入資料，其計算公式如下所示：

$$o_t = \sigma(W_o \bullet [h_{t-1}, x_t] + b_o)$$
$$h_t = o_t \times \tanh(C_t)$$

上述 σ 是 Sigmoid 函數，$[h_{t-1}, x_t]$ 向量是輸入資料，W_o 是輸出閘權重，b_o 是輸出閘偏向量。在計算出欲輸出哪些資料 o_t 後，再逐元素相乘 $\otimes$ 經過 Tanh 函數處理的 C_t，即可得到輸出的隱藏層資料 h_t。

10-5　閘門循環單元神經網路 (GRU)

LSTM 還有一個兄弟神經網路稱為閘門循環單元神經網路（Gated Recurrent Unit，GRU），這是 2014 年 Kyunghyun Cho 主導團隊所提出的一種 LSTM 更新版，一個比 LSTM 結構更簡單的版本，可以提供更快的執行速度以及減少記憶體的使用。

閘門循環單元神經網路的基本結構

如同 LSTM 的 LSTM 單元，GRU 的基本結構是 GRU 單元（GRU Cell），如下圖所示：

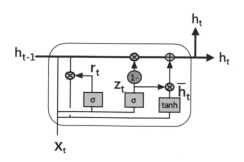

上述圖例的 GRU 單元合併 LSTM 單元的長期記憶線 C_t 和隱藏層狀態 h_t，只使用 2 個閘門來控制資料的保留與更新，在右邊 σ 方框是更新閘，左邊 σ 方框是重設閘，再加上 tanh 方框的 Tanh 神經層，其說明如下所示：

● **重設閘**（Reset Gate）：GRU 使用重設閘決定是否將之前記憶忘掉，換句話說，r_t 就是控制保留多少之前的記憶資料，如果 r_t 是 0，就表示忘掉之前的所有記憶，然後重設成目前輸入資料的狀態。σ 是 Sigmoid 函數，「●」是點積運算，$[h_{t-1},\ x_t]$ 向量是輸入資料，W_r 是重設閘權重，b_r 是重設閘偏向量，其計算公式如下所示：

$$r_t = \sigma(W_r \bullet [h_{t-1}, x_t] + b_r)$$

● **更新閘**（Update Gate）：GRU 是透過更新閘來控制記憶資料的保留與更新。W_z 是更新閘權重，b_z 是更新閘偏向量，其計算公式如下所示：

$$z_t = \sigma(W_z \bullet [h_{t-1}, x_t] + b_z)$$

● **Tanh 神經層**：在 Tanh 神經層產生最後需輸出的候選資料，其輸入資料是將重設閘所保留下來的記憶和目前的輸入資料合併成 $[r_t \times h_{t-1},\ x_t]$ 向量。W_h 是 Tanh 神經層的權重，b_h 是 Tanh 神經層的偏向量，其計算公式如下所示：

$$\bar{h}_t = \tanh(W_h \bullet [r_t \times h_{t-1}, x_t] + b_h)$$

　　最後，我們可以計算出 GRU 單元的輸出資料 h_t，如右圖所示：

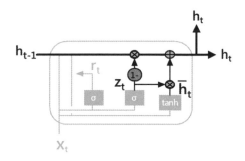

　　上述輸出資料 h_t 的計算共分成 2 個部分，其計算公式如下所示：

$$h_t = (1 - z_t) \times h_{t-1} + z_t \times \bar{h}_t$$

上述 $(1 - z_t) \times h_{t-1}$ 是之前留下來的記憶資料，$z_t \times \bar{h}_t$ 是更新的記憶資料。

GRU 與 LSTM 的主要差異

　　GRU 與 LSTM 都是一種擁有長期記憶能力的循環神經網路，其主要差異如下所示：

- GRU 有 2 個閘門，比 LSTM 的 3 個閘門少一個，而且沒有長期記憶線 C_t，其處理的都是隱藏層狀態 h_t。

- LSTM 需要使用遺忘閘和輸入閘來控制記憶資料的刪除與輸入資料的更新； GRU 是使用重置閘 r_t 控制是否保留之前隱藏層的記憶資料，但並沒有限制目前輸入資料 x_t 的新增。

- LSTM 的長期記憶線 C_t 需要經過 Tanh 函數和輸出閘來產生輸出資料 h_t； GRU 隱藏層狀態 $\bar{h}_t$ 是使用更新閘 z_t 來控制最後的輸出資料 h_t，如下所示：

LSTM的輸出h$_t$:　$h_t = o_t \times \tanh(C_t)$

GRU的輸出h$_t$:　$\bar{h}_t = \tanh(W_h \bullet [r_t \times h_{t-1}, x_t] + b_h)$
$h_t = (1 - z_t) \times h_{t-1} + z_t \times \bar{h}_t$

10-6　文字資料向量化 Text Data Vectorization

　　資料向量化（Data Vectorization）就是將聲音、圖片、文字資料轉換成數值資料的張量，對於自然語言處理來說，就是文字資料向量化。

RNN、LSTM 和 GRU 神經網路的輸入 / 輸出資料都是張量，我們需要將文字資料向量化後，才能使用這些神經網路來進行自然語言處理。

10-6-1　文字資料的 One-hot 編碼

最簡單的文字資料向量化就是使用第 4-6-1 節的 One-hot 編碼，我們可以使用**字元**（Character）或**單字**（Word）為單位來執行文字資料的 One-hot 編碼，將每一個字元或單字轉換成只有 1 個是 1、其他都是 0 的向量。

英文單字的 One-hot 編碼

在這一節我們準備說明如何將英文句子以單字為單位的 One-hot 編碼，例如：現在有 2 個英文句子的樣本資料，如下所示：

I hated this movie.
This movie is not good.

上述英文句子沒有區分英文大小寫（都轉成小寫）和標點符號，我們可以將 2 個樣本的英文句子分割成 7 個不重複的英文單字，稱為「**分詞**」（Tokenization）或斷詞，如下所示：

i、hated、this、movie、is、not、good

如同第 4-6-1 節標籤資料的 One-hot 編碼，我們一樣可以使用 One-hot 編碼，將這些英文單字向量化（在向量的第 1 個元素並沒有使用），如右表所示：

英文單字	One-hot編碼
i	[0. 1. 0. 0. 0. 0. 0. 0.]
hated	[0. 0. 1. 0. 0. 0. 0. 0.]
this	[0. 0. 0. 1. 0. 0. 0. 0.]
movie	[0. 0. 0. 0. 1. 0. 0. 0.]
is	[0. 0. 0. 0. 0. 1. 0. 0.]
not	[0. 0. 0. 0. 0. 0. 1. 0.]
good	[0. 0. 0. 0. 0. 0. 0. 1.]

上表是 7 個英文單字的 One-hot 編碼，然後我們可以使用這些英文單字的編碼來替整個英文句子進行 One-hot 編碼。

Python 程式實作英文句子的 One-hot 編碼：ch10-6-1.py

　　Python 程式首先使用字串函式分割單字來建立樣本的單字索引，然後依據單字索引轉換整個英文句子成為 One-hot 編碼，如下所示：

```python
import numpy as np

samples = ["I hated this movie",
           "This movie is not good"]

token_index = {}

def word_tokenize(text):
    text = text.lower()
    return text.split()
```

　　上述程式碼建立樣本串列和 token_index 索引字典，word_tokenize() 函式是將參數的英文句子轉換成小寫後，分割成單字串列。在下方巢狀 for 迴圈的外層取出每一個句子，內層 for 迴圈取出句子的每一個單字，如下所示：

```python
for text in samples:
    for word in word_tokenize(text):
        if word not in token_index:
            token_index[word] = len(token_index) + 1

print(token_index)
```

　　上述 if 條件判斷單字是否已經存在 token_index 索引字典中，如果沒有，就新增至字典並且將索引值加 1，可以建立英文單字的索引字典，最後顯示建立的 token_index 索引字典，其執行結果如下所示：

```
{'i': 1, 'hated': 2, 'this': 3, 'movie': 4, 'is': 5, 'not': 6, 'good': 7}
```

在建立好單字的 token_index 索引字典後，我們可以依據此字典，將樣本的各英文句子的每一個單字轉換成 One-hot 編碼的向量，如下所示：

```
max_length = 6
results = np.zeros((len(samples), max_length,
                    max(token_index.values())+1 ))

for i, text in enumerate(samples):
    words = list(enumerate(word_tokenize(text)))[:max_length]
    for j, word in words:
        index = token_index.get(word)
        results[i, j, index] = 1.0


print(results[0])
```

上述程式碼首先定義每一個句子的最大單字數 max_length，和轉換結果的二維全零陣列，這是樣本每一個句子 One-hot 編碼的二維陣列，然後使用 2 層 for 巢狀迴圈將樣本的英文句子轉換成 One-hot 編碼。

接著，在 2 層 for 迴圈依序取出句子和單字，同時取出對應索引值 i 和 j，在內層 for 迴圈是呼叫 token_index.get() 函式取出單字對應索引字典的索引值後，指定 results 二維陣列該位置的值是 1（其他預設是 0），即可轉換成 One-hot 編碼，其執行結果顯示第 1 個句子的 One-hot 編碼，如下所示：

```
[[0. 1. 0. 0. 0. 0. 0. 0.]
 [0. 0. 1. 0. 0. 0. 0. 0.]
 [0. 0. 0. 1. 0. 0. 0. 0.]
 [0. 0. 0. 0. 1. 0. 0. 0.]
 [0. 0. 0. 0. 0. 0. 0. 0.]
 [0. 0. 0. 0. 0. 0. 0. 0.]]
```

上述二維陣列就是樣本的第一個英文句子，這個句子共有 i、hated、this 和 movie 四個英文單字。

10-6-2 | 詞向量與詞嵌入

詞向量（Word Vector）或稱為**詞嵌入**（Word Embedding）也是一種文字資料向量化的方法，可以將單字嵌入一個浮點數的**數學空間**中。假設：現在有 10,000 個不同單字（詞庫），分別使用 One-hot 編碼和詞向量（使用 200 個神經元的隱藏層）執行文字資料向量化的差異，如下所示：

● One-hot 編碼需要使用程式碼轉換單字成為向量；詞向量是建立神經網路來自行學習單字的詞向量。

● One-hot 編碼建立的是一個高維度的稀疏矩陣（每一個向量長 10,000，其中只有 1 個 1、其他都是 0），以此例是 10,000×10,000，即 10,000 個單字，每一個單字是長度 10,000 的向量；詞向量是低維度浮點數的緊密矩陣，因為隱藏層是 200 個神經元，可以壓縮成 10,000×200，10,000 個單字，每一個單字是長度 200 的向量。

　詞向量就是將原來**詞庫**（Lexicon）**中每一個單字的高維度 One-hot 編碼的向量**（10,000），**轉換成低維度浮點數向量**（200），不只如此，因為詞向量是透過神經網路自行學習來建立，還可以自動建立單字之間上下文關係，即單字的意義。

詞向量的幾何意義

　詞向量就是將人類的自然語言對應到幾何空間，使用空間來表示單字之間的關係，例如：英文同義字會轉換成相近的詞向量。現在，我們有 4 個英文單字 wolf、tiger、dog、cat，其轉換成的 2D 幾何空間，如右圖所示：

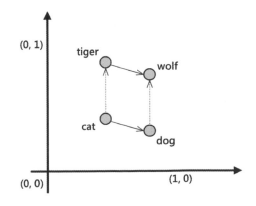

上述圖例是 2D 幾何空間表示的 4 個單字，我們可以使用幾何關係來找出詞向量之間的關係（即意義），如下所示：

- **cat-tiger 和 dog-wolf** 有相同的向量：這個向量的意義是從寵物到野生動物。

- **tiger-wolf 和 cat-dog** 有相同的向量：這個向量的意義是從貓科動物到犬科動物。

同理，對於從詞庫轉換成的詞向量，我們可以在空間中找出各種單字之間關係，例如：性別、英文時態和複數等向量。

CBOW 模型和 Skip-gram 模型

基本上，我們有兩種演算法來找出單字在句子中的**上下文關係**，用來建立神經網路學習詞向量所需的輸入和目標資料，例如：一個英文句子如下所示：

Mary goes crazy about deep learning.

在上述英文句子如果使用 3 個單字的窗格，即從單字 goes 來預測其周圍單字 Mary 和 crazy，共有兩種作法如下所示：

- **CBOW 模型**（Continuous Bag-of-Words model）：使用周圍單字來預測中間的單字，例如：使用 Mary 和 crazy 預測中間的 goes 單字，goes 是目標資料、其他 2 個單字是輸入資料。

- **Skip-gram 模型**（Skip-gram model）：源於 N-gram 模型，我們可以使用一個單字來預測周圍的單字，例如：使用 goes 單字預測 Mary 和 crazy 兩個周圍的單字，此時的 goes 單字是輸入資料、其他 2 個單字是目標資料（轉換成輸出機率）。

使用神經網路學習詞向量

　　當使用 CBOW 或 Skip-gram 模型建立神經網路所需的訓練資料後,我們可以建立神經網路來學習詞向量,例如:輸入層是單字數 10,000 個神經元、隱藏層是 200 個神經元(最後詞向量的維度)、輸出層也是單字數的 10,000 個神經元的三層神經網路,如下圖所示:

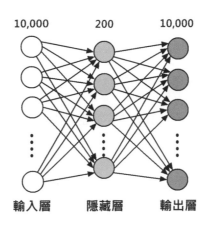

　　上述神經網路的隱藏層**沒有啟動函數**,輸出層是使用 Softmax 函數輸出各預測單字的機率,因為使用 Skip-gram 模型,輸入層的輸入資料是 goes 單字的 One-hot 編碼,在輸出層是輸出這 10,000 個單字的機率分佈,當和 Mary、crazy 目標資料的機率分佈比較後,可以計算出損失分數來訓練神經網路。

　　當訓練完神經網路後,我們可以得到隱藏層權重的 10,000×200 矩陣,權重矩陣的每一列是對應 One-hot 編碼單字的詞向量,即 200 個浮點數元素的向量(原來是 10,000 個元素的 One-hot 編碼向量)。

學習評量

1 請問什麼是序列資料？何謂自然語言處理？

2 請使用圖例說明 RNN 神經網路。

3 請簡單說明 RNN 神經網路有哪幾種？

4 請說明 RNN 神經網路的問題是什麼？

5 請使用圖例說明 LSTM 神經網路？ LSTM 有幾個閘門？這些閘門是如何運作？

6 請使用圖例說明 GRU 神經網路？ GRU 有幾個閘門？ LSTM 和 GRU 神經網路的主要差異為何？

7 請簡單說明什麼是文字資料向量化？

8 請問 One-hot 編碼如何將文字資料向量化？何謂詞向量？詞向量和 One-hot 編碼的差異為何？

11

打造你的
循環神經網路

IMDb 網路電影資料庫（Internet Movie Database）是一個線上的電影、電視節目、家庭影片、網路串流和遊戲資料庫網站，包含詳細影音資料說明、介紹和評論，目前是屬於 Amazon 亞馬遜公司旗下的網站。

IMDb 網路電影資料集（IMDb Dataset）是從 IMDb 網站收集的電影評論，擁有 50,000 筆影評資料，分成訓練與測試資料集各 25,000 筆，其中每一筆影評的文字內容都已經標記成正面評價或負面評價。

載入和探索 IMDb 網路電影資料集：ch11-1.py

Keras 內建 IMDb 網路電影資料集，Python 程式只需匯入 keras.dataset 下的 imdb，就可以載入 IMDb 資料集，如下所示：

```
from keras.datasets import imdb
```

上述程式碼匯入 imdb 後，就可以呼叫 load_data() 函式載入資料集，如下所示：

```
top_words = 1000
(X_train, y_train), (X_test, y_test) = imdb.load_data(
                                num_words=top_words)
```

上述 load_data() 函式的參數 num_words 是指定取出資料集中**前多少個最常出現的單字**，不常見的單字會捨棄，以此例是 1,000 個單字。如果是第 1 次載入資料集，請等待自動下載 IMDb 資料集。

在成功載入 IMDb 資料集後，可以顯示訓練和測試資料集的形狀，如下所示：

```
print("X_train: (", len(X_train), ",", len(X_train[0]), ")")
print("y_train: (", len(y_train), ",)")
```

▶▶

```
print("X_test: (", len(X_test), ",", len(X_test[0]), ")")
print("y_test: (", len(y_test), ",)")
```

　　上述程式碼顯示訓練和測試資料集的形狀，可以看到都是 25,000 筆，每一筆評論內容是一個串列，並且可以看出每一筆的串列長度並不相同，其執行結果如下所示：

```
X_train: ( 25000 , 218 )
y_train: ( 25000 ,)
X_test: ( 25000 , 68 )
y_test: ( 25000 ,)
```

　　接著，我們可以顯示訓練資料集中的第 1 筆評論內容和其標籤，如下所示：

```
print(X_train[0])
print(y_train[0])
```

　　執行上述程式碼首先顯示第 1 筆評論內容的整數值串列，其執行結果如下所示：

```
[1, 14, 22, 16, 43, 530, 973, 2, 2, 65, 458, 2, 66, 2, 4, 173, 36, 256, 5, 25, 100, 43, 838, 112,
50, 670, 2, 9, 35, 480, 284, 5, 150, 4, 172, 112, 167, 2, 336, 385, 39, 4, 172, 2, 2, 17, 546, 38,
13, 447, 4, 192, 50, 16, 6, 147, 2, 19, 14, 22, 4, 2, 2, 469, 4, 22, 71, 87, 12, 16, 43, 530, 38,
76, 15, 13, 2, 4, 22, 17, 515, 17, 12, 16, 626, 18, 2, 5, 62, 386, 12, 8, 316, 8, 106, 5, 4, 2, 2,
16, 480, 66, 2, 33, 4, 130, 12, 16, 38, 619, 5, 25, 124, 51, 36, 135, 48, 25, 2, 33, 6, 22, 12,
215, 28, 77, 52, 5, 14, 407, 16, 82, 2, 8, 4, 107, 117, 2, 15, 256, 4, 2, 7, 2, 5, 723, 36, 71, 43,
530, 476, 26, 400, 317, 46, 7, 4, 2, 2, 13, 104, 88, 4, 381, 15, 297, 98, 32, 2, 56, 26, 141, 6,
194, 2, 18, 4, 226, 22, 21, 134, 476, 26, 480, 5, 144, 30, 2, 18, 51, 36, 28, 224, 92, 25, 104, 4,
226, 65, 16, 38, 2, 88, 12, 16, 283, 5, 16, 2, 113, 103, 32, 15, 16, 2, 19, 178, 32]
```

　　上述評論內容是一個整數值的串列，因為單字已經轉換成**單字索引**（Word Indices），這是**對應詞庫字典中各單字的索引值**，然後顯示對應的標籤資料，如下所示：

```
1
```

　　上述標籤值 1 是正面評價、0 是負面評價。

解碼顯示 IMDb 資料集的評論內容：ch11-1a.py

因為 Keras 內建 IMDb 資料集的評論內容已經轉換成單字索引，我們需要使用詞庫字典才能解碼還原成英文單字，首先來看一看最大的單字索引值為何，如下所示：

```
max_index = max(max(sequence) for sequence in X_train)
print("Max Index: ", max_index)
```

上述程式碼先找出每一筆評論內容的最大索引值串列，然後從串列中找出最大值，可以看到最大值是 999（載入時指定不超過 1,000），其執行結果如下所示：

```
Max Index:  999
```

在解碼評論內容需要先建立評論內容的解碼字典，首先取得單字索引串列，如下所示：

```
word_index = imdb.get_word_index()
word_index = {k:(v+3) for k,v in word_index.items()}
word_index["<PAD>"] = 0
word_index["<START>"] = 1
word_index["<UNK>"] = 2
word_index["<UNUSED>"] = 3
we_index = word_index["we"]
print("'we' index:", we_index)
```

上述程式碼呼叫 get_word_index() 函式取得單字索引字典，在第 1 次呼叫就會自動下載此字典，在字典中的單字是鍵，對應的是索引值。由於評論內容的單字索引值是從 4 開始，索引值 0~3 是保留索引值，分別是 padding、start of sequence、unknown 和 unused；但是單字索引字典沒有 4 個保留索引值，其索引值是從 1 開始，所以需要將索引值位移 3，改成從 4 開始，並補足 0~3 這 4 個索引值，然後我們就可以取得 "we" 單字的索引值是 75。其執行結果首先下載字典，然後顯示索引值 75，如下所示：

現在，我們可以反轉單字索引字典成為索引單字字典，如下所示：

```
decode_word_map = dict([(value, key)
                        for (key, value) in word_index.items()])
print(decode_word_map[we_index])
```

上述程式碼建立一個新字典，然後將每一個項目的鍵和值對調，即可用來解碼索引值 75，其執行結果可以看到是單字 "we"，如下所示：

```
we
```

最後，我們就可以解碼顯示第 1 筆訓練資料集的評論內容，如下所示：

```
decoded_indices = [decode_word_map.get(i)
                   for i in X_train[0]]
print(decoded_indices)
```

上述程式碼呼叫 get() 函式取得索引對應的單字，其執行結果可以看到轉換成的單字串列，如下所示：

```
['<START>', 'this', 'film', 'was', 'just', 'brilliant', 'casting', '<UNK>', '<UNK>', 'story',
'direction', '<UNK>', 'really', '<UNK>', 'the', 'part', 'they', 'played', 'and', 'you', 'could',
'just', 'imagine', 'being', 'there', 'robert', '<UNK>', 'is', 'an', 'amazing', 'actor', 'and',
'now', 'the', 'same', 'being', 'director', '<UNK>', 'father', 'came', 'from', 'the', 'same',
'<UNK>', '<UNK>', 'as', 'myself', 'so', 'i', 'loved', 'the', 'fact', 'there', 'was', 'a', 'real',
'<UNK>', 'with', 'this', 'film', 'the', '<UNK>', '<UNK>', 'throughout', 'the', 'film', 'were',
'great', 'it', 'was', 'just', 'brilliant', 'so', 'much', 'that', 'i', '<UNK>', 'the', 'film',
'as', 'soon', 'as', 'it', 'was', 'released', 'for', '<UNK>', 'and', 'would', 'recommend', 'it',
'to', 'everyone', 'to', 'watch', 'and', 'the', '<UNK>', '<UNK>', 'was', 'amazing', 'really',
'<UNK>', 'at', 'the', 'end', 'it', 'was', 'so', 'sad', 'and', 'you', 'know', 'what', 'they',
'say', 'if', 'you', '<UNK>', 'at', 'a', 'film', 'it', 'must', 'have', 'been', 'good', 'and',
'this', 'definitely', 'was', 'also', '<UNK>', 'to', 'the', 'two', 'little', '<UNK>', 'that',
'played', 'the', '<UNK>', 'of', '<UNK>', 'and', 'paul', 'they', 'were', 'just', 'brilliant',
'children', 'are', 'often', 'left', 'out', 'of', 'the', '<UNK>', '<UNK>', 'i', 'think', 'because',
'the', 'stars', 'that', 'play', 'them', 'all', '<UNK>', 'up', 'are', 'such', 'a', 'big', '<UNK>',
'for', 'the', 'whole', 'film', 'but', 'these', 'children', 'are', 'amazing', 'and', 'should',
'be', '<UNK>', 'for', 'what', 'they', 'have', 'done', "don't", 'you', 'think', 'the', 'whole',
'story', 'was', 'so', '<UNK>', 'because', 'it', 'was', 'true', 'and', 'was', '<UNK>', 'life',
'after', 'all', 'that', 'was', '<UNK>', 'with', 'us', 'all']
```

我們可以使用 join() 函式將串列連接成空白字元間隔的英文字串，如下所示：

```
decoded_review = " ".join(decoded_indices)
print(decoded_review)
```

上述程式碼將串列轉換成空白字元間隔的字串，其執行結果如下所示：

```
<START> this film was just brilliant casting <UNK> <UNK> story direction <UNK> really <UNK> the
part they played and you could just imagine being there robert <UNK> is an amazing actor and now
the same being director <UNK> father came from the same <UNK> <UNK> as myself so i loved the fact
there was a real <UNK> with this film the <UNK> <UNK> throughout the film were great it was just
brilliant so much that i <UNK> the film as soon as it was released for <UNK> and would recommend
it to everyone to watch and the <UNK> <UNK> was amazing really <UNK> at the end it was so sad and
you know what they say if you <UNK> at a film it must have been good and this definitely was also
<UNK> to the two little <UNK> that played the <UNK> of <UNK> and paul they were just brilliant
children are often left out of the <UNK> <UNK> i think because the stars that play them all <UNK>
up are such a big <UNK> for the whole film but these children are amazing and should be <UNK> for
what they have done don't you think the whole story was so <UNK> because it was true and was <UNK>
life after all that was <UNK> with us all
```

11-2　資料預處理與 Embedding 層

在載入和探索 IMDb 網路電影資料集後，我們需要先執行資料預處理和使用 Embedding 層將評論內容的單字轉換成詞向量後，才能送入神經網路模型來進行訓練。

11-2-1　IMDb 資料集的資料預處理

在 IMDb 資料集的每一篇評論內容是轉換成索引值的整數值串列，首先我們需要將串列轉換成張量，並**將串列都填充或剪裁成相同的單字數（即長度）**，也就是將串列轉換成**張量：（樣本數, 最大單字數）**。

Python 程式：ch11-2-1.py 首先匯入 **pad_sequences()** 函式，如下所示：

```
from keras.utils import pad_sequences
...
max_words = 100
X_train = pad_sequences(X_train, maxlen=max_words)
X_test = pad_sequences(X_test, maxlen=max_words)

print("X_train.shape: ", X_train.shape)
print("X_test.shape: ", X_test.shape)
```

上述變數 max_words 是欲填充或剪裁成固定長度的最大單字數，然後呼叫 pad_sequences() 函式將第 1 個參數資料集的串列，填充或剪裁成第 2 個參數的長度，即 100 個單字，其執行結果可以看到轉換成的張量形狀，如下所示：

```
X_train.shape:  (25000, 100)
X_test.shape:  (25000, 100)
```

11-2-2　Keras 的 Embedding 層

第 11-2-1 節已經將整數索引值的評論內容串列填充或剪裁成固定長度的張量，接著需要處理評論內容中的每一個單字，這就是第 10-6 節的**文字資料向量化**（Text Data Vectorization），我們使用的是詞向量（Word Vector）或稱為詞嵌入（Word Embedding）。

Keras 提供 Embedding 層來幫助我們將整數索引值轉換成固定尺寸的詞向量，**請注意！在 Sequential 模型的 Embedding 層一定是位在 Input 輸入層後的第 1 層**，如下所示：

```
from keras import Sequential
from keras.layers import Embedding
...
top_words = 1000
max_words = 100
```

```
...
model = Sequential()
model.add(Input(shape=(max_words, )))
model.add(Embedding(top_words, 32))
...
```

上述 Input 層的 shape 參數是輸入資料的長度，即最大字數的長度 max_words，以此例是 100 個字；Embedding 層的第 1 個參數是最大單字數 top_words（input_dim 參數），第 2 個參數 32 是輸出詞向量的維度（output_dim 參數）。

以此例的最大單字數是 1,000 個單字，如果使用 One-hot 編碼，我們需要 1,000×1,000，即 1,000 個單字，每一個單字是長度 1,000 的向量。但是，**Embedding 層可以建立低維度浮點數的緊密矩陣**，將其壓縮成 1,000×32，即 1,000 個單字，每一個單字是長度 32 的向量。

11-3　使用 MLP 和 CNN 打造 IMDb 情緒分析

「情緒分析」（Sentiment Analysis）也稱為「意見探勘」（Opinion Mining），這是使用**自然語言處理**來找出作者針對某些話題或評論上的態度、情感、評價或情緒。除了使用 RNN，我們一樣可以使用 MLP 和 CNN 來打造 IMDb 情緒分析。

11-3-1　使用 MLP 打造 IMDb 情緒分析

在這一節我們準備使用 MLP 來打造 IMDb 情緒分析，可以預測評論內容是正面或負面評價。因為載入資料集和預處理與第 11-2-1 節相同，筆者就不重複列出和說明。

建立 MLP 的 IMDb 情緒分析

Python 程式：ch11-3-1.py 定義 MLP 模型的程式碼，如下所示：

```
model = Sequential()
model.add(Input(shape=(max_words, )))
model.add(Embedding(top_words, 32))
model.add(Dropout(0.25))
model.add(Flatten())
model.add(Dense(256, activation="relu"))
model.add(Dropout(0.25))
model.add(Dense(1, activation="sigmoid"))
```

上述模型在 Input 層後緊接著 Embedding 層，然後使用 Flatten 層平坦化成向量後，送入 Dense 隱藏層，中間穿插 2 層 Dropout 層，最後，在輸出層是 1 個神經元並使用 Sigmoid 函數進行二元分類，其模型摘要資訊如下所示：

Layer (type)	Output Shape		Param #
embedding (Embedding)	(None, 100, 32)		32,000
dropout (Dropout)	(None, 100, 32)		0
flatten (Flatten)	(None, 3200)		0
dense (Dense)	(None, 256)		819,456
dropout_1 (Dropout)	(None, 256)		0
dense_1 (Dense)	(None, 1)		257

```
Total params: 851,713 (3.25 MB)
Trainable params: 851,713 (3.25 MB)
Non-trainable params: 0 (0.00 B)
```

輸入資料長度是 100 字，其中每一個字皆轉為長度 32 的向量

上述 Embedding 層的參數計算是第 1 個 input_dim 參數值 1000 乘以第 2 個 output_dim 參數值 32，如下所示：

$$1000 \times 32 = 32000$$

接著編譯和訓練模型，如下所示：

```
model.compile(loss="binary_crossentropy", optimizer="adam",
              metrics=["accuracy"])
history = model.fit(X_train, y_train, validation_split=0.2,
                    epochs=5, batch_size=128, verbose=2)
```

上述優化器是 adam，損失函數是 binary_crossentropy，訓練週期是 5，批次尺寸是 128，其訓練過程如下所示：

```
Epoch 1/5
157/157 - 3s - 20ms/step - accuracy: 0.6886 - loss: 0.5604 - val_accuracy: 0.8055 - val_loss: 0.4102
Epoch 2/5
157/157 - 2s - 10ms/step - accuracy: 0.8364 - loss: 0.3655 - val_accuracy: 0.7822 - val_loss: 0.4758
Epoch 3/5
157/157 - 2s - 10ms/step - accuracy: 0.8731 - loss: 0.2969 - val_accuracy: 0.8154 - val_loss: 0.4255
Epoch 4/5
157/157 - 2s - 10ms/step - accuracy: 0.9117 - loss: 0.2221 - val_accuracy: 0.7994 - val_loss: 0.4631
Epoch 5/5
157/157 - 2s - 10ms/step - accuracy: 0.9325 - loss: 0.1738 - val_accuracy: 0.7883 - val_loss: 0.5598
```

最後，我們可以使用測試資料集來評估模型，在實務上，我們訓練模型的目的，就是在儘量提高測試資料集的準確度，如下所示：

```
loss, accuracy = model.evaluate(X_test, y_test, verbose=0)
print("測試資料集的準確度 = {:.2f}".format(accuracy))
```

上述程式碼的執行結果可以看到準確度是 0.79（79%），如下所示：

```
測試資料集的準確度 = 0.79
```

增加 IMDb 資料集最常出現的單字數

Python 程式：ch11-3-1a.py 增加 IMDb 資料集最常出現的單字數至 10,000，如下所示：

```
top_words = 10000
(X_train, y_train), (X_test, y_test) = imdb.load_data(
                                    num_words=top_words)
```

上述 Python 程式的執行結果可以看到準確度提升至 0.83（83%），如下所示：

```
測試資料集的準確度 = 0.83
```

增加每一篇評論內容的字數

Python 程式：ch11-3-1b.py 並沒有增加 IMDb 資料集最常出現的單字數，而是增加每一篇評論內容的字數至 500 個單字，如下所示：

```
max_words = 500
X_train = pad_sequences(X_train, maxlen=max_words)
X_test = pad_sequences(X_test, maxlen=max_words)
```

上述 Python 程式的執行結果可以看到準確度提升至 0.83（83%），如下所示：

```
測試資料集的準確度 = 0.83
```

在 Sequential 模型增加 Dense 層

Python 程式：ch11-3-1b.py 沒有增加 IMDb 資料集最常出現的單字數和每一篇評論內容的字數，而是將原來 256 個神經元的 Dense 層分割成 2 層 128 個神經元的 Dense 層，並且在中間新增 Dropout 層，如下所示：

```
model = Sequential()
model.add(Input(shape=(max_words, )))
model.add(Embedding(top_words, 32))
model.add(Dropout(0.25))
model.add(Flatten())
model.add(Dense(128, activation="relu"))
model.add(Dropout(0.25))
model.add(Dense(128, activation="relu"))
model.add(Dropout(0.25))
model.add(Dense(1, activation="sigmoid"))
```

上述 Python 程式的執行結果可以看到準確度提升至 0.80（80%），如下所示：

```
測試資料集的準確度 = 0.80
```

上述測試可以看出增加字數的準確度提升效果比增加 Dense 層更明顯。

同時增加 IMDb 資料集的最大單字數和評論字數

Python 程式：ch11-3-1d.py 同時增加資料集最大單字數至 10,000，和評論內容字數至 500，其執行結果可以看到準確度提升至 0.87（87%），如下所示：

```
測試資料集的準確度 = 0.87
```

11-3-2 使用 CNN 打造 IMDb 情緒分析

在這一節我們準備改用 CNN 打造相同的 IMDb 情緒分析，預測評論內容是正面或負面評價，於本例 CNN 是在時間維度的序列資料上執行卷積運算，使用的是 1D 卷積層，而不是圖片的 2D 卷積層。

Python 程式：ch11-3-2.py 載入資料集和預處理與第 11-2-1 節相同，筆者就不重複列出和說明，而定義 CNN 模型的程式碼，如下所示：

```
model = Sequential()
model.add(Input(shape=(max_words, )))
model.add(Embedding(top_words, 32))
model.add(Dropout(0.25))
model.add(Conv1D(filters=32, kernel_size=3, padding="same",
                 activation="relu"))
model.add(MaxPooling1D(pool_size=2))
model.add(Flatten())
model.add(Dense(256, activation="relu"))
model.add(Dropout(0.25))
model.add(Dense(1, activation="sigmoid"))
```

上述模型在 Input 層後緊接著 Embedding 層，然後是 **Conv1D 的**
1D 卷積層，過濾器數是 32，過濾器窗格尺寸是 3，接著是 1D 的最大池化
層，參數值 2 是縮小一半比例，然後使用 Flatten 層平坦化成向量後，送入
Dense 隱藏層，中間穿插 2 層 Dropout 層，在輸出層是 1 個神經元並使用
Sigmoid 函數進行二元分類，其模型摘要資訊如下所示：

Layer (type)	Output Shape	Param #
embedding_11 (Embedding)	(None, 100, 32)	32,000
dropout_18 (Dropout)	(None, 100, 32)	0
conv1d (Conv1D)	(None, 100, 32)	3,104
max_pooling1d (MaxPooling1D)	(None, 50, 32)	0
flatten_11 (Flatten)	(None, 1600)	0
dense_24 (Dense)	(None, 256)	409,856
dropout_19 (Dropout)	(None, 256)	0
dense_25 (Dense)	(None, 1)	257

```
Total params: 445,217 (1.70 MB)
Trainable params: 445,217 (1.70 MB)
Non-trainable params: 0 (0.00 B)
```

上述 Conv1D 卷積層的參數計算是 Embedding 層的輸出 32，乘以過濾
器的窗口大小 3，再乘以過濾器數 32，最後加上過濾器數的偏向量 32，如下
所示：

$32 \times 3 \times 32 + 32 = 3104$

接著編譯和訓練模型，如下所示：

```
model.compile(loss="binary_crossentropy", optimizer="adam",
              metrics=["accuracy"])
history = model.fit(X_train, y_train, validation_split=0.2,
                    epochs=5, batch_size=128, verbose=2)
```

上述優化器是 adam，損失函數是 binary_crossentropy，訓練週期是 5，批次尺寸是 128，其訓練過程如下所示：

```
Epoch 1/5
157/157 - 3s - 21ms/step - accuracy: 0.6722 - loss: 0.5685 - val_accuracy: 0.8125 - val_loss: 0.4012
Epoch 2/5
157/157 - 1s - 9ms/step - accuracy: 0.8327 - loss: 0.3738 - val_accuracy: 0.8277 - val_loss: 0.3754
Epoch 3/5
157/157 - 1s - 9ms/step - accuracy: 0.8520 - loss: 0.3382 - val_accuracy: 0.8283 - val_loss: 0.3712
Epoch 4/5
157/157 - 2s - 10ms/step - accuracy: 0.8606 - loss: 0.3211 - val_accuracy: 0.8268 - val_loss: 0.3853
Epoch 5/5
157/157 - 1s - 9ms/step - accuracy: 0.8794 - loss: 0.2878 - val_accuracy: 0.8268 - val_loss: 0.3963
```

最後，我們可以使用測試資料集來評估模型，如下所示：

```
loss, accuracy = model.evaluate(X_test, y_test, verbose=0)
print("測試資料集的準確度 = {:.2f}".format(accuracy))
```

上述程式碼的執行結果可以看到準確度是 0.83（83%），如下所示：

```
測試資料集的準確度 = 0.83
```

上述 Keras 模型是使用 CNN，在沒有增加字數的情況下，其準確度就比第 11-3-1 節的 MLP 高。

Python 程式：ch11-3-2a.py 並沒有增加資料集最大單字數，而是增加每一篇評論內容的字數至 500，其執行結果可以看到提升至 0.87（87%），如下所示：

```
測試資料集的準確度 = 0.87
```

11-4　如何使用 Keras 打造循環神經網路

　　Keras 內建 RNN 預建神經層 SimpleRNN、LSTM 和 GRU，可以讓我們輕鬆使用 Keras 如製作多層蛋糕般的打造循環神經網路。

11-4-1　Keras 的 RNN 預建神經層

　　Keras 除了提供第 11-2 節的 Embedding 層來幫助我們執行文字資料向量化外，更提供多種 RNN 預建神經層來建立第 10 章介紹的三種 RNN 神經網路，在 Python 程式開頭需要匯入這 3 種 RNN 神經層，如下所示：

```
from keras.layers import SimpleRNN
from keras.layers import LSTM
from keras.layers import GRU
```

　　上述三種 RNN 神經層的簡單說明，如下表所示：

RNN 預建神經層	說明
SimpleRNN	全連接 RNN 層，詳見第 10-3-1 節的說明
LSTM	長短期記憶神經層，詳見第 10-4 節的說明
GRU	閘門循環單元神經層，詳見第 10-5 節的說明

11-4-2　使用 Keras 打造循環神經網路

　　Keras 的 Sequential 模型中，在 Input 層之後新增 Embedding 層，接著就可以新增 SimpleRNN、LSTM 或 GRU 神經層來打造循環神經網路。不過，因為 RNN 有多種類型，我們需要指定 RNN 神經層的回傳序列來建構出不同類型的循環神經網路。

建構多對一的循環神經網路

Keras 的 SimpleRNN、LSTM 和 GRU 神經層預設只會**回傳每一個輸入序列的最後一個時步輸出**（return_sequences=False），這是一種多對一的循環神經網路，如右圖所示：

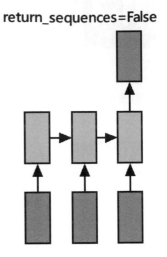

Python 程式：ch11-4-2.py 是使用 SimpleRNN 為例，建構多對一的循環神經網路，如下所示：

```
model = Sequential()
model.add(Input(shape=(100, )))
model.add(Embedding(10000, 32))
model.add(SimpleRNN(32, return_sequences=False,
                    activation="tanh"))
```

上述 **SimpleRNN()** 的參數 32（即 units 參數）是 RNN 的單元數，這就是輸出維度，activation 參數的啟動函數是 Tanh 函數（預設值），return_sequences 參數值是 False（預設值），只回傳輸出序列的最後 1 個輸出，即（樣本數 , 輸出特徵數）的 2D 張量。SimpleRNN 模型的摘要資訊，如下所示：

Layer (type)	Output Shape	Param #
embedding_14 (Embedding)	(None, 100, 32)	320,000
simple_rnn (SimpleRNN)	(None, 32)	2,080

```
Total params: 322,080 (1.23 MB)
Trainable params: 322,080 (1.23 MB)
Non-trainable params: 0 (0.00 B)
```

上述 SimpleRNN 層的參數計算，其計算公式如下所示：

SimpleRNN 參數量 =（特徵數 + 單元數）× 單元數 + 偏向量

　　上述特徵數是 Embedding 層的輸出 32，加上單元數 32，（因為 RNN 單元有前一層輸出和前一時步的隱藏層輸出這 2 種輸入），在乘以單元數 32 後，再加上單元數的偏向量 32，如下所示：

(32+32)×32+32 = 2080

建構多對多的循環神經網路

　　Keras 的 SimpleRNN、LSTM 和 GRU 神經層的輸出是使用 return_sequences 參數來指定，我們只需將參數值設為 True，就可以建構多對多的循環神經網路，如右圖所示：

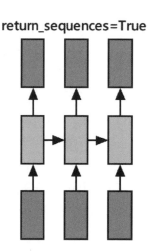

return_sequences=True

　　Python 程式：ch11-4-2a.py 是使用 LSTM 為例，建構多對多的循環神經網路，如下所示：

```
model = Sequential()
model.add(Input(shape=(100, )))
model.add(Embedding(10000, 32))
model.add(LSTM(32, return_sequences=True,
               activation="tanh"))
```

上述 LSTM() 的參數 32（即 units 參數）是單元數，即輸出維度，activation 參數的啟動函數是 Tanh 函數（預設值），**return_sequences 參數值設為 True，回傳全部的輸出序列，即（樣本數 , 時步 , 輸出特徵數）的 3D 張量**。LSTM 模型的摘要資訊，如下所示：

Layer (type)	Output Shape	Param #
embedding_15 (Embedding)	(None, 100, 32)	320,000
lstm (LSTM)	(None, 100, 32)	8,320

```
Total params: 328,320 (1.25 MB)
Trainable params: 328,320 (1.25 MB)
Non-trainable params: 0 (0.00 B)
```

由於 LSTM 單元中有多個神經層，因此上述 LSTM 層的參數計算方式與 SimpleRNN 略為不同，其計算公式如下所示：

LSTM 參數量 ＝ ((特徵數 + 單元數)× 單元數 + 偏向量)×4

上述特徵數是 Embedding 層的輸出 32，加上單元數 32，（因為 LSTM 單元有前一層輸出和前一時步的隱藏層輸出這 2 種輸入），在乘以單元數 32 後，再加上單元數的偏向量 32，而由於共有 3 個閘門和 1 個 Tanh 神經層，所以再乘以 4，如下所示：

((32+32)×32+32)×4 ＝ 8320

建構多個堆疊的循環神經網路

Keras 還可以將多個 SimpleRNN、LSTM 和 GRU 神經層堆疊起來，幫助我們建立更複雜的循環神經網路，其中除了最後一層外，其他層的 return_sequences 參數值皆是 True，如右圖所示：

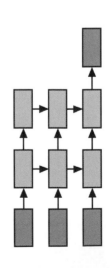

　　Python 程式：ch11-4-2b.py 是使用 GRU 為例，建構多個堆疊的循環神經網路，如下所示：

```
model = Sequential()
model.add(Input(shape=(100, )))
model.add(Embedding(10000, 32))
model.add(GRU(32, return_sequences=True,
              activation="tanh"))
model.add(GRU(32, return_sequences=True,
              activation="tanh"))
model.add(GRU(32, return_sequences=False,
              activation="tanh"))
```

　　上述程式碼有 3 個 GRU，**GRU()** 的參數 32（即 units 參數）是單元數，即輸出維度，activation 參數的啟動函數是 Tanh 函數（預設值），前 2 個 return_sequences 參數值設為 True，回傳全部輸出序列，最後 1 個設為 False（預設值），只回傳最後一個輸出序列。GRU 模型的摘要資訊，如下所示：

Layer (type)	Output Shape	Param #
embedding_16 (Embedding)	(None, 100, 32)	320,000
gru (GRU)	(None, 100, 32)	6,336
gru_1 (GRU)	(None, 100, 32)	6,336
gru_2 (GRU)	(None, 32)	6,336

```
Total params: 339,008 (1.29 MB)
Trainable params: 339,008 (1.29 MB)
Non-trainable params: 0 (0.00 B)
```

　　由於 GRU 單元中有多個神經層，因此上述 GRU 層的參數計算方式與 SimpleRNN 略為不同，其計算公式如下所示：

　　GRU 參數量 ＝（(特徵數 + 單元數)× 單元數 +2× 偏向量)×3

上述特徵數是 Embedding 層的輸出 32，加上單元數 32，（因為 GRU 單元有前一層輸出和前一時步的隱藏層輸出這 2 種輸入），再乘以單元數 32，而由於 GRU 的計算上，將 Embedding 層和單元數的偏向量視為獨立的各 32，因此 32 需乘以 2，最後因為共有 2 個閘門和 1 個 Tanh 神經層，所以再乘以 3，如下所示：

$$((32+32)\times32+2\times32)\times3 = 6336$$

11-5 使用 RNN、LSTM 和 GRU 打造 IMDb 情緒分析

Keras 可以分別使用 RNN、LSTM 和 GRU 來打造 IMDb 情緒分析，在實務上，如果是針對公司產品的話題或評論，情緒分析可以取得顧客對於公司產品的觀感，讓管理者依據分析結果來調整銷售策略。

11-5-1 使用 RNN 打造 IMDb 情緒分析

在這一節我們準備使用 RNN 打造 IMDb 情緒分析，預測評論內容是正面或負面評價，因為載入資料集和預處理與第 11-2-1 節相同，筆者就不重複列出和說明。

使用 SimpleRNN 建構循環神經網路

Python 程式：ch11-5-1.py 定義 SimpleRNN 模型的程式碼，如下所示：

```
model = Sequential()
model.add(Input(shape=(max_words, )))
model.add(Embedding(top_words, 32))
model.add(Dropout(0.25))
model.add(SimpleRNN(32, return_sequences=False,
                    activation="tanh"))
model.add(Dropout(0.25))
model.add(Dense(1, activation="sigmoid"))
```

　　上述模型在 Input 層後是 Embedding 層，接著是 SimpleRNN 層，在中間穿插 2 層 Dropout 層，輸出層是 1 個神經元並使用 Sigmoid 函數進行二元分類，其模型摘要資訊如下所示：

Layer (type)	Output Shape	Param #
embedding_23 (Embedding)	(None, 100, 32)	32,000
dropout_24 (Dropout)	(None, 100, 32)	0
simple_rnn_1 (SimpleRNN)	(None, 32)	2,080
dropout_25 (Dropout)	(None, 32)	0
dense_30 (Dense)	(None, 1)	33

```
Total params: 34,113 (133.25 KB)
Trainable params: 34,113 (133.25 KB)
Non-trainable params: 0 (0.00 B)
```

　　接著編譯和訓練模型，如下所示：

```
model.compile(loss="binary_crossentropy", optimizer="rmsprop",
              metrics=["accuracy"])
history = model.fit(X_train, y_train, validation_split=0.2,
                    epochs=5, batch_size=128, verbose=2)
```

　　上述優化器改用 rmsprop，損失函數是 binary_crossentropy，訓練週期是 5，批次尺寸是 128，其訓練過程如下所示：

```
Epoch 1/5
157/157 - 5s - 29ms/step - accuracy: 0.6280 - loss: 0.6340 - val_accuracy: 0.6545 - val_loss: 0.6797
Epoch 2/5
157/157 - 2s - 14ms/step - accuracy: 0.7527 - loss: 0.5226 - val_accuracy: 0.7795 - val_loss: 0.4838
Epoch 3/5
157/157 - 2s - 14ms/step - accuracy: 0.7929 - loss: 0.4613 - val_accuracy: 0.7832 - val_loss: 0.4608
Epoch 4/5
157/157 - 2s - 14ms/step - accuracy: 0.8081 - loss: 0.4306 - val_accuracy: 0.8004 - val_loss: 0.4617
Epoch 5/5
157/157 - 3s - 17ms/step - accuracy: 0.8108 - loss: 0.4258 - val_accuracy: 0.8062 - val_loss: 0.4404
```

　　最後，我們可以使用測試資料集來評估模型，如下所示：

```
loss, accuracy = model.evaluate(X_test, y_test, verbose=0)
print(" 測試資料集的準確度 = {:.2f}".format(accuracy))
```

上述程式碼經過多次訓練的執行結果，可以看到準確度是 0.81（81%），如下所示：

```
測試資料集的準確度 = 0.81
```

訓練和驗證損失的趨勢圖表，如右圖所示：

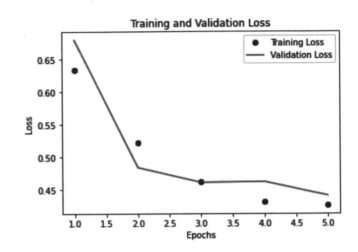

訓練和驗證準確度的趨勢圖表，如右圖所示：

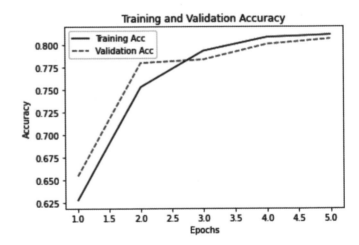

在模型新增一層 Dense 層

Python 程式：ch11-5-1a.py 是在 SimpleRNN 層之後再新增一層 Dense 層，如下所示：

```
model = Sequential()
model.add(Input(shape=(max_words, )))
model.add(Embedding(top_words, 32))
model.add(Dropout(0.25))
model.add(SimpleRNN(32, return_sequences=False,
                    activation="tanh"))
model.add(Dense(128, activation="relu"))
model.add(Dropout(0.25))
model.add(Dense(1, activation="sigmoid"))
```

上述新增的 Dense 層有 128 個神經元，啟動函數是 ReLU 函數，經過多次訓練的執行結果，可以看到準確度提升至 0.82（82%），如下所示：

```
測試資料集的準確度 = 0.82
```

11-5-2　使用 LSTM 打造 IMDb 情緒分析

在這一節我們準備使用 LSTM 打造 IMDb 情緒分析，可以預測評論內容是正面或負面評價，因為載入資料集和預處理與第 11-2-1 節相同，筆者就不重複列出和說明。

使用 LSTM 建構循環神經網路

Python 程式：ch11-5-2.py 定義 LSTM 模型的程式碼，如下所示：

```
model = Sequential()
model.add(Input(shape=(max_words, )))
model.add(Embedding(top_words, 32))
model.add(Dropout(0.25))
model.add(LSTM(32, return_sequences=False,
               activation="tanh"))
model.add(Dropout(0.25))
model.add(Dense(1, activation="sigmoid"))
```

上述模型在 Input 層後是 Embedding 層，接著是 LSTM 層，在中間穿插 2 層 Dropout 層，輸出層是 1 個神經元並使用 Sigmoid 函數進行二元分類，其模型摘要資訊如下所示：

Layer (type)	Output Shape	Param #
embedding_33 (Embedding)	(None, 100, 32)	32,000
dropout_55 (Dropout)	(None, 100, 32)	0
lstm_8 (LSTM)	(None, 32)	8,320
dropout_56 (Dropout)	(None, 32)	0
dense_53 (Dense)	(None, 1)	33

```
Total params: 40,353 (157.63 KB)
Trainable params: 40,353 (157.63 KB)
Non-trainable params: 0 (0.00 B)
```

接著編譯和訓練模型，如下所示：

```
model.compile(loss="binary_crossentropy", optimizer="rmsprop",
              metrics=["accuracy"])
history = model.fit(X_train, y_train, validation_split=0.2,
                    epochs=5, batch_size=128, verbose=2)
```

上述優化器是 rmsprop，損失函數是 binary_crossentropy，訓練週期是 5，批次尺寸是 128，其訓練過程如下所示：

```
Epoch 1/5
157/157 - 7s - 43ms/step - accuracy: 0.6076 - loss: 0.6549 - val_accuracy: 0.5922 - val_loss: 0.8071
Epoch 2/5
157/157 - 4s - 26ms/step - accuracy: 0.7641 - loss: 0.5002 - val_accuracy: 0.7608 - val_loss: 0.4982
Epoch 3/5
157/157 - 4s - 26ms/step - accuracy: 0.7921 - loss: 0.4505 - val_accuracy: 0.7820 - val_loss: 0.4835
Epoch 4/5
157/157 - 4s - 26ms/step - accuracy: 0.8038 - loss: 0.4310 - val_accuracy: 0.8006 - val_loss: 0.4351
Epoch 5/5
157/157 - 4s - 26ms/step - accuracy: 0.8151 - loss: 0.4078 - val_accuracy: 0.8170 - val_loss: 0.3985
```

最後，我們可以使用測試資料集來評估模型，如下所示：

```
loss, accuracy = model.evaluate(X_test, y_test, verbose=0)
print("測試資料集的準確度 = {:.2f}".format(accuracy))
```

上述程式碼經過多次訓練的執行結果，可以看到準確度是 0.82（82%），比起 SimpleRNN 稍好一些，如下所示：

```
測試資料集的準確度 = 0.82
```

訓練和驗證損失的趨勢圖表，如右圖所示：

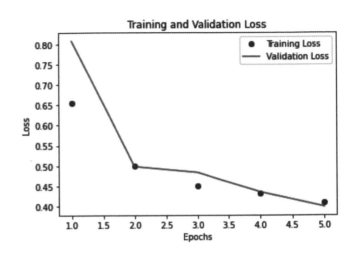

訓練和驗證準確度的趨勢圖表，如右圖所示：

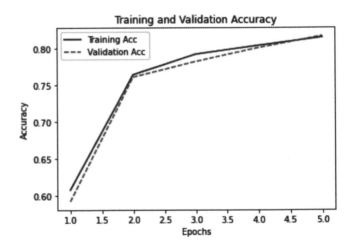

在 LSTM 單元中使用 Dropout 功能

Keras 除了可以在 Sequential 模型新增 Dropout 層，也可以直接在 LSTM 單元指定 dropout 參數來使用 Dropout 功能。Python 程式：ch11-5-2a.py 是在 LSTM 參數使用 Dropout 功能，如下所示：

```
model.add(LSTM(32, dropout=0.2, recurrent_dropout=0.2,
               return_sequences=False, activation="tanh"))
```

上述 dropout 參數是在第 10-4-1 節 LSTM 單元圖例中，從輸入 X_t 至輸出 h_t 垂直方向使用 Dropout 功能，recurrent_dropout 是在循環水平方向使用 Dropout 功能，參數值是 0~1 浮點數，0.2 是 20% 隨機歸零。

Python 程式在經過多次訓練的執行結果，可以看到測試準確度是 0.81（81%），其差異並不大，如下所示：

```
測試資料集的準確度 = 0.81
```

11-5-3　使用 GRU 打造 IMDb 情緒分析

在這一節我們準備使用 GRU 打造 IMDb 情緒分析，可以預測評論內容是正面或負面評價，因為載入資料集和預處理與第 11-2-1 節相同，筆者就不重複列出和說明。

Python 程式：ch11-5-3.py 定義 GRU 模型的程式碼，如下所示：

```
model = Sequential()
model.add(Input(shape=(max_words, )))
model.add(Embedding(top_words, 32))
model.add(Dropout(0.25))
model.add(GRU(32, return_sequences=False,
              activation="relu"))
model.add(Dropout(0.25))
model.add(Dense(1, activation="sigmoid"))
```

上述模型在 Input 層後是 Embedding 層，接著是 GRU 層，指定啟動函數是 ReLU 函數，在中間穿插 2 層 Dropout 層，輸出層是 1 個神經元並使用 Sigmoid 函數進行二元分類，其模型摘要資訊如下所示：

Layer (type)	Output Shape	Param #
embedding_83 (Embedding)	(None, 100, 32)	32,000
dropout_137 (Dropout)	(None, 100, 32)	0
gru_19 (GRU)	(None, 32)	6,336
dropout_138 (Dropout)	(None, 32)	0
dense_117 (Dense)	(None, 1)	33

```
Total params: 38,369 (149.88 KB)
Trainable params: 38,369 (149.88 KB)
Non-trainable params: 0 (0.00 B)
```

接著編譯和訓練模型，如下所示：

```
model.compile(loss="binary_crossentropy", optimizer="adam",
              metrics=["accuracy"])
history = model.fit(X_train, y_train, validation_split=0.2,
                    epochs=5, batch_size=128, verbose=2)
```

上述優化器是 adam，損失函數是 binary_crossentropy，訓練週期是 5，批次尺寸是 128，其訓練過程如下所示：

```
Epoch 1/5
157/157 - 8s - 51ms/step - accuracy: 0.6081 - loss: 0.7944 - val_accuracy: 0.7297 - val_loss: 0.5693
Epoch 2/5
157/157 - 5s - 32ms/step - accuracy: 0.7700 - loss: 0.5035 - val_accuracy: 0.7793 - val_loss: 0.4925
Epoch 3/5
157/157 - 5s - 31ms/step - accuracy: 0.8063 - loss: 0.4321 - val_accuracy: 0.8033 - val_loss: 0.4399
Epoch 4/5
157/157 - 5s - 32ms/step - accuracy: 0.8257 - loss: 0.4018 - val_accuracy: 0.8117 - val_loss: 0.4118
Epoch 5/5
157/157 - 5s - 32ms/step - accuracy: 0.8338 - loss: 0.3839 - val_accuracy: 0.8098 - val_loss: 0.4074
```

最後，我們可以使用測試資料集來評估模型，如下所示：

```
loss, accuracy = model.evaluate(X_test, y_test, verbose=0)
print(" 測試資料集的準確度 = {:.2f}".format(accuracy))
```

上述程式碼經過多次訓練的執行結果，可以看到準確度是 0.82（82%），如下所示：

```
測試資料集的準確度 = 0.82
```

訓練和驗證損失的趨勢圖表，如右圖所示：

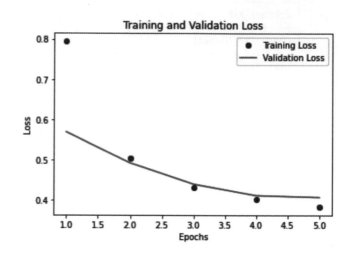

訓練和驗證準確度的趨勢圖表，如右圖所示：

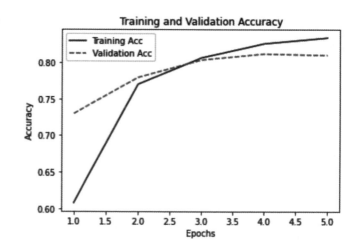

11-6 | 堆疊 CNN 和 LSTM 打造 IMDb 情緒分析

　　深度學習的 CNN 非常適合學習空間結構的資料，IMDb 資料集的評論內容是一種一維的空間結構，在第 11-3-2 節我們已經使用 CNN 從評論內容擷取出正面和負面情緒的特徵資料，然後送入全連接 Dense 層來進行二元分類。

　　在實務上，因為 CNN 適合學習空間結構的資料，LSTM 適合學習序列資料，我們可以堆疊 CNN 和 LSTM，將 CNN 學到的特徵資料（這些特徵是一種序列資料），送入 LSTM 層來進行 IMDb 情緒分析。

　　Python 程式：ch11-6.py 是修改自 ch11-3-2.py，只是將原來 1D 卷積和池化層後的 Dense 層，改為堆疊一層 LSTM 層，如下所示：

```
model = Sequential()
model.add(Input(shape=(max_words, )))
model.add(Embedding(top_words, 32))
model.add(Dropout(0.25))
model.add(Conv1D(filters=32, kernel_size=3, padding="same",
                 activation="relu"))
model.add(MaxPooling1D(pool_size=2))
model.add(LSTM(100, return_sequences=False,
               activation="tanh"))
model.add(Dropout(0.25))
model.add(Dense(1, activation="sigmoid"))
```

　　上述 MaxPooling1D 層之後已經改為 LSTM 層，其執行結果可以看到準確度提升至 0.87（87%），如下所示：

```
測試資料集的準確度 = 0.87
```

學習評量

1 請說明什麼是 IMDb 資料集？什麼是 Embedding 層？其用途為何？

2 請簡單說明如何使用 CNN 打造 IMDb 情緒分析？

3 請問 Keras 的 RNN 預建神經層有哪些？如何使用 Keras 打造循環神經網路？return_sequences 參數是什麼？

4 請舉例說明 SimpleRNN、LSTM 和 GRU 層是如何計算參數的個數？

5 Python 程式 ch11-3-1.py 有使用 Dropout 層，請問如果沒有使用 Dropout 層，對測試資料集的準確度是否會有影響？

6 請修改 Python 程式 ch11-3-1a.py，將原來的 1 個 Dense 層改為 2 個 128 神經元的 Dense 層，此時測試資料集的準確度是否有改變。

7 請修改 Python 程式 ch11-3-2.py，將原來 100 個單字改成 500 個單字，然後重新評估測試資料集的準確度是否有改變。

8 請修改 Python 程式 ch11-5-3.py，分別在 GRU 層後新增 Dense 層、重疊 2 個 GRU 層和在 GRU 單元使用 Dropout 功能，然後重新評估 IMDb 情緒分析的準確度是否有改變。

CHAPTER

12

循環神經網路的
實作案例

12-1 實作案例：使用 LSTM 打造 MNIST 手寫辨識

卷積神經網路 CNN 是在空間上執行卷積，循環神經網路 RNN 是在時間序列資料上執行類似卷積的功能來找特徵，這兩種神經網路都是在找特徵，一樣都可以執行**自動特徵萃取**。

在實務上，我們只需將二維空間中的一個維度視為是時間序列，就可以使用循環神經網路來進行圖片識別，這一節我們準備使用 LSTM 打造 MNIST 手寫辨識，如同 CNN 一般來辨識手寫數字圖片。

使用 LSTM 打造 MNIST 手寫辨識

Python 程式：ch12-1.py 載入資料集與預處理和第 8 章稍有不同，其差異是不需要轉換成 4D 張量，如下所示：

```
(X_train, y_train), (X_test, y_test) = mnist.load_data()
X_train = X_train / 255
X_test = X_test / 255
y_train = to_categorical(y_train)
y_test = to_categorical(y_test)
```

上述程式碼在載入 MNIST 資料集後，只執行特徵資料正規化和標籤資料的 One-hot 編碼，接著定義 LSTM 模型的程式碼，如下所示：

```
model = Sequential()
model.add(Input(shape=(X_train.shape[1:])))
model.add(LSTM(28, activation="relu",
               return_sequences=True))
model.add(LSTM(28, activation="relu",
               return_sequences=False))
model.add(Dropout(0.2))
```
▶▶

```
model.add(Dense(32, activation="relu"))
```
```
model.add(Dropout(0.2))
```
```
model.add(Dense(10, activation="softmax"))
```

上述模型的輸入層指定 shape 參數的輸入資料形狀，然後堆疊 2 層 LSTM 層，在第 1 層 LSTM 層的啟動函數是 ReLU 函數，return_sequences 參數值 True 回傳全部序列資料，接著在模型中間穿插 2 層 Dropout 層，而輸出層是 10 個神經元並使用 Softmax 函數進行多元分類，其模型摘要資訊如下所示：

Layer (type)	Output Shape	Param #
lstm (LSTM)	(None, 28, 28)	6,384
lstm_1 (LSTM)	(None, 28)	6,384
dropout (Dropout)	(None, 28)	0
dense (Dense)	(None, 32)	928
dropout_1 (Dropout)	(None, 32)	0
dense_1 (Dense)	(None, 10)	330

```
Total params: 14,026 (54.79 KB)
Trainable params: 14,026 (54.79 KB)
Non-trainable params: 0 (0.00 B)
```

接著編譯和訓練模型，如下所示：

```
model.compile(loss="categorical_crossentropy", optimizer="adam",
              metrics=["accuracy"])
history = model.fit(X_train, y_train, validation_split=0.2,
                    epochs=10, batch_size=128, verbose=2)
```

上述優化器是 adam，損失函數是 categorical_crossentropy，訓練週期是 10，批次尺寸是 128，其訓練過程如下所示：

```
Epoch 1/10
375/375 - 8s - 23ms/step - accuracy: 0.4961 - loss: 1.3801 - val_accuracy: 0.7861 - val_loss: 0.6501
Epoch 2/10
375/375 - 4s - 12ms/step - accuracy: 0.7986 - loss: 0.6104 - val_accuracy: 0.8912 - val_loss: 0.3490
Epoch 3/10
375/375 - 5s - 12ms/step - accuracy: 0.8789 - loss: 0.4051 - val_accuracy: 0.9250 - val_loss: 0.2572
Epoch 4/10
375/375 - 4s - 12ms/step - accuracy: 0.9086 - loss: 0.3161 - val_accuracy: 0.9339 - val_loss: 0.2231
Epoch 5/10
375/375 - 4s - 12ms/step - accuracy: 0.9287 - loss: 0.2589 - val_accuracy: 0.9326 - val_loss: 0.2334
Epoch 6/10
375/375 - 4s - 12ms/step - accuracy: 0.9391 - loss: 0.2233 - val_accuracy: 0.9473 - val_loss: 0.1779
Epoch 7/10
375/375 - 4s - 12ms/step - accuracy: 0.9450 - loss: 0.1977 - val_accuracy: 0.9613 - val_loss: 0.1302
Epoch 8/10
375/375 - 4s - 12ms/step - accuracy: 0.9515 - loss: 0.1758 - val_accuracy: 0.9653 - val_loss: 0.1186
Epoch 9/10
375/375 - 4s - 12ms/step - accuracy: 0.9565 - loss: 0.1590 - val_accuracy: 0.9660 - val_loss: 0.1221
Epoch 10/10
375/375 - 5s - 12ms/step - accuracy: 0.9584 - loss: 0.1494 - val_accuracy: 0.9666 - val_loss: 0.1156
```

最後，我們可以使用測試資料集來評估模型，如下所示：

```
loss, accuracy = model.evaluate(X_test, y_test, verbose=0)
print(" 測試資料集的準確度 = {:.2f}".format(accuracy))
```

上述程式碼的執行結果可以看到準確度是 0.97（97%），比 CNN 的測試準確度 0.99（99%）低一點，如下所示：

```
測試資料集的準確度 = 0.97
```

訓練和驗證損失的趨勢圖表，如右圖所示：

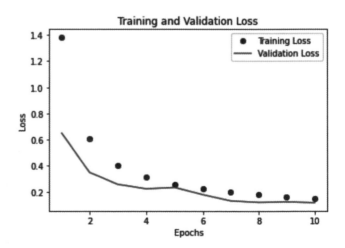

訓練和驗證準確度的
趨勢圖表，如右圖所示：

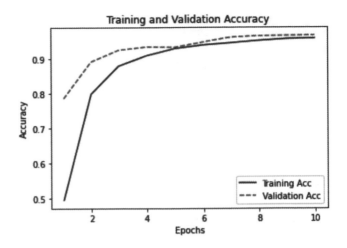

使用 sparse_categorical_crossentropy 損失函數

對於多元分類問題來說，如果標籤資料有執行資料預處理的 One-hot 編碼，損失函數是使用 categorical_crossentropy；如果標籤資料沒有執行 One-hot 編碼，也就是當**標籤資料是整數值**時，例如：0~9，我們可以使用 sparse_categorical_crossentropy 損失函數。

Python 程式：ch12-1a.py 是修改自 ch12-1.py，在資料預處理並沒有替標籤資料 y_train 和 y_test 執行 One-hot 編碼，其標籤值是原來的整數值 0~9，所以，我們需要修改對應的損失函數，如下所示：

```
model.compile(loss="sparse_categorical_crossentropy",
              optimizer="adam", metrics=["accuracy"])
```

上述 compile() 函式已經改用 sparse_categorical_crossentropy 損失函數，其執行結果可以看到準確度是相同的 0.97（97%），如下所示：

```
測試資料集的準確度 = 0.97
```

12-2 實作案例：使用 LSTM 模型預測 Google 股價

因為 LSTM 擁有長期記憶能力，並且可以在時間序列資料上自動執行特徵萃取，也就是說，我們可以使用 LSTM 透過 Google 前 60 天股價的序列資料來預測今天的 Google 股價。

12-2-1 認識 Google 股價資料集

Google 股價資料集是從美國 Yahoo 金融網站下載的股價歷史資料，其網址如下所示：

https://finance.yahoo.com/quote/GOOG/

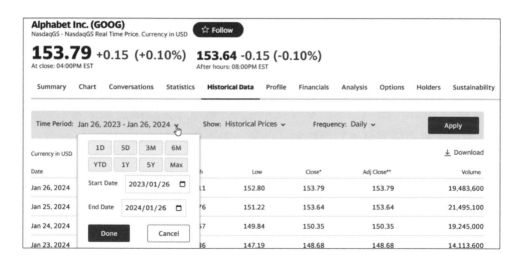

在上述網頁點選 Historical Data 標籤，在指定開始和結束期間後，按 Done 鈕，再按右邊的 Apply 鈕，可以在下方顯示股價歷史資料，最後點選下方 Download Data 超連結，可以下載股價歷史資料的 CSV 檔案（已經更名檔案），如下所示：

- GOOG_Stock_Price_Train.csv：2012/01/01~2016/12/31 的 Google 股價歷史資料。

- GOOG_Stock_Price_Test.csv：2017/01/01~2017/4/30 的 Google 股價歷史資料。

載入和檢視 Google 股價的訓練資料集：ch12-2-1.py

我們可以使用 Pandas 載入和檢視 Google 股價的訓練資料集，如下所示：

```
df_train = pd.read_csv("GOOG_Stock_Price_Train.csv",
                        index_col="Date", parse_dates=True)
print(df_train.head())
```

上述程式碼呼叫 read_csv() 函式載入 GOOG_Stock_Price_Train.csv，索引欄位是 Date，然後顯示前 5 筆記錄資料，如下所示：

Date	Open	High	Low	Close	Adj Close	Volume
2012-01-03	324.360352	331.916199	324.077179	330.555054	330.555054	7400800
2012-01-04	330.366272	332.959412	328.175537	331.980774	331.980774	5765200
2012-01-05	328.925659	329.839722	325.994720	327.375732	327.375732	6608400
2012-01-06	327.445282	327.867523	322.795532	322.909790	322.909790	5420700
2012-01-09	321.161163	321.409546	308.607819	309.218842	309.218842	11720900

上述欄位 Open 是開盤股價、High 是最高股價、Low 是最低股價、Close 是收盤價、Adj Close 是調整後的收盤價和 Volume 是成交量。

產生訓練所需的特徵和標籤資料集：ch12-2-1a.py

因為預測 Google 股價是使用 **Adj Close** 欄位，我們需要從 DataFrame 物件取出此欄位，和產生前 60 天股價資料的序列資料，如下所示：

```
df_train = pd.read_csv("GOOG_Stock_Price_Train.csv",
                        index_col="Date", parse_dates=True)
```

▶▶

```
X_train_set = df_train.iloc[:,4:5].values
X_train_len = len(X_train_set)
print("筆數: ", X_train_len)
```

上述程式碼載入 Google 股價的訓練資料集後，取出第 5 個 Adj Close 欄位的 NumPy 陣列 X_train_set，然後顯示陣列長度的筆數 1258 筆，其執行結果如下所示：

```
筆數:  1258
```

然後建立 create_dataset() 函式來產生回看前幾天股價的特徵和標籤資料，如下所示：

```
def create_dataset(ds, look_back=1):
    X_data, y_data = [],[]
    for i in range(len(ds)-look_back):
        X_data.append(ds[i:(i+look_back), 0])
        y_data.append(ds[i+look_back, 0])

    return np.array(X_data), np.array(y_data)
```

上述函式的第 1 個參數是 Google 股價的 NumPy 陣列，第 2 個參數是回看的天數，以 60 天為例，使用 for 迴圈建立 len(ds)-look_back 筆數的特徵和標籤資料，即 1258-60=1198 筆。

X_data 串列是新增從變數 i 開始的 60 天股價串列項目，y_data 是新增第 61 天股價的項目，也就是**使用前 60 天股價來預測第 61 天的股價**，最後回傳 NumPy 陣列的特徵和標籤資料集。現在，我們可以呼叫 create_dataset() 函式來產生訓練資料集，如下所示：

```
look_back = 60
X_train, y_train = create_dataset(X_train_set, look_back)
print("回看天數:", look_back)
print("X_train.shape: ", X_train.shape)
```

```
print("y_train.shape: ", y_train.shape)
```

　　上述程式碼指定回看天數的 look_back 變數值是 60 天，然後呼叫 create_dataset() 函式產生訓練資料集，其執行結果顯示回看天數和訓練資料集的形狀，如下所示：

```
回看天數： 60
X_train.shape:  (1198, 60)
y_train.shape:  (1198,)
```

　　然後，我們可以顯示前 2 筆特徵資料，和第 1 筆的標籤資料，如下所示：

```
print(X_train[0])
```

```
print(X_train[1])
```

```
print(y_train[0])
```

　　上述程式碼的執行結果，如下所示：

```
[330.555054 331.980774 327.375732 322.90979  309.218842 309.556641
 310.95752  312.785645 310.475647 312.259064 314.410065 317.718536
 291.101654 290.868195 288.588013 282.904968 282.214478 288.116089
 286.978485 288.180664 288.53833  290.66452  296.238251 302.577026
 301.42453  302.954559 303.754364 300.997314 304.121979 302.909851
 300.823425 301.300323 300.366394 305.016174 302.005737 301.096649
 302.979401 302.68631  307.196991 307.127441 309.189026 308.617737
 305.14035  300.52536  301.439423 301.608337 298.185577 300.619751
 306.893951 306.00473  308.558136 310.500488 314.94162  314.698181
 317.922211 320.937622 319.218781 322.567017 321.419464 325.76123 ]
[331.980774 327.375732 322.90979  309.218842 309.556641 310.95752
 312.785645 310.475647 312.259064 314.410065 317.718536 291.101654
 290.868195 288.588013 282.904968 282.214478 288.116089 286.978485
 288.180664 288.53833  290.66452  296.238251 302.577026 301.42453
 302.954559 303.754364 300.997314 304.121979 302.909851 300.823425
 301.300323 300.366394 305.016174 302.005737 301.096649 302.979401
 302.68631  307.196991 307.127441 309.189026 308.617737 305.14035
 300.52536  301.439423 301.608337 298.185577 300.619751 306.893951
 306.00473  308.558136 310.500488 314.94162  314.698181 317.922211
 320.937622 319.218781 322.567017 321.419464 325.76123  322.109985]
322.109985
```

第 60 天

第 61 天　　　　　　　　　　　　　　　第 61 天

上述執行結果是前 2 筆 60 天的股價串列，最後的 y_train[0] 標籤資料 322.109985 是第 61 天的股價，如下所示：

- **X_train[0]**：第 1 天至第 60 天的股價串列。

- **X_train[1]**：第 2 天至第 61 天的股價串列。

12-2-2　打造 LSTM 模型預測 Google 股價

在這一節我們準備打造 LSTM 模型來預測 Google 股價，使用的是前 60 天的股價來預測第 61 天的股價，這是呼叫第 12-2-1 節的 create_dataset() 函式產生訓練所需的特徵和標籤資料。

建立預測 Google 股價的 LSTM 模型

Python 程式：ch12-2-2.py 首先匯入所需的模組與套件，和指定亂數種子，如下所示：

```
import numpy as np
import pandas as pd
from sklearn.preprocessing import MinMaxScaler
from keras import Sequential
from keras.layers import Input, Dense, Dropout, LSTM

np.random.seed(10)
```

上述 MinMaxScaler 屬於 Sklearn 機器學習套件，可以執行特徵標準化的正規化，接著載入 Google 股價的訓練資料集和取出 Adj Close 欄位的股價 NumPy 陣列，如下所示：

```
df_train = pd.read_csv("GOOG_Stock_Price_Train.csv",
                       index_col="Date", parse_dates=True)
X_train_set = df_train.iloc[:,4:5].values
X_train, y_train = create_dataset(X_train_set, look_back)
```

```
sc = MinMaxScaler()
X_train = sc.fit_transform(X_train)
y_train = sc.fit_transform(y_train.reshape(-1, 1))
```

　　上述程式碼呼叫 create_dataset() 函式產生 X_train 和 y_train 訓練資料集後，建立 MinMaxScaler 物件 sc，即可呼叫 fit_transform() 函式執行特徵標準化的正規化，而參數 y_train 需要先呼叫 reshape() 函式轉換成二維陣列。接著，在下方呼叫 np.reshapc() 函式，將 X_train 的形狀轉換成（樣本數, 時步, 特徵）張量，如下所示：

```
X_train = np.reshape(X_train, (X_train.shape[0], X_train.shape[1], 1))
print("X_train.shape: ", X_train.shape)
print("y_train.shape: ", y_train.shape)
```

　　上述程式碼轉換 X_train 資料集的形狀，其執行結果如下所示：

```
X_train.shape:  (1198, 60, 1)
y_train.shape:  (1198, 1)
```

　　然後定義 LSTM 模型的程式碼，如下所示：

```
model = Sequential()
model.add(Input(shape=(X_train.shape[1], 1)))
model.add(LSTM(50, return_sequences=True,
               activation="tanh"))
model.add(Dropout(0.2))
model.add(LSTM(50, return_sequences=True,
               activation="tanh"))
model.add(Dropout(0.2))
model.add(LSTM(50, return_sequences=False,
               activation="tanh"))
model.add(Dropout(0.2))
model.add(Dense(1))
```

上述模型的輸入層指定 shape 參數的輸入資料形狀，然後堆疊 3 層 LSTM 層，前 2 層 LSTM 的 return_sequences 參數值 True 是回傳全部序列資料，接著在模型中間穿插 3 層 Dropout 層，而輸出層是 1 個神經元，因為是迴歸分析所以沒有啟動函數，其模型摘要資訊如下所示：

Layer (type)	Output Shape	Param #
lstm (LSTM)	(None, 60, 50)	10,400
dropout (Dropout)	(None, 60, 50)	0
lstm_1 (LSTM)	(None, 60, 50)	20,200
dropout_1 (Dropout)	(None, 60, 50)	0
lstm_2 (LSTM)	(None, 50)	20,200
dropout_2 (Dropout)	(None, 50)	0
dense (Dense)	(None, 1)	51

```
Total params: 50,851 (198.64 KB)
Trainable params: 50,851 (198.64 KB)
Non-trainable params: 0 (0.00 B)
```

接著編譯和訓練模型，如下所示：

```
model.compile(loss="mse", optimizer="adam")
model.fit(X_train, y_train, epochs=100, batch_size=32)
```

上述優化器是 adam，損失函數是 mse，訓練週期是 100，批次尺寸是 32，其訓練過程的最後幾個週期如右所示：

```
Epoch 95/100
38/38 ——————————— 1s 35ms/step - loss: 0.0014
Epoch 96/100
38/38 ——————————— 1s 35ms/step - loss: 0.0011
Epoch 97/100
38/38 ——————————— 1s 35ms/step - loss: 0.0014
Epoch 98/100
38/38 ——————————— 1s 36ms/step - loss: 0.0013
Epoch 99/100
38/38 ——————————— 1s 36ms/step - loss: 0.0014
Epoch 100/100
38/38 ——————————— 1s 36ms/step - loss: 0.0015
```

然後使用 save() 函式儲存模型結構與權重，如下所示：

```
print("Saving Model: stockprice"+str(look_back)+".keras ...")
model.save("stockprice"+str(look_back)+".keras")
```

上述程式碼的執行結果，因為 look_back 變數值是 60，可以看到儲存成 stockprice60.keras 檔案，如下所示：

```
Saving Model: stockprice60.keras ...
```

請修改 look_back 變數值成為 30 後，再次執行 Python 程式訓練模型，並儲存模型結構與權重檔：stockprice30.keras。

使用已訓練的 LSTM 模型預測 Google 股價

Python 程式：ch12-2-2a.py 在載入 ch12-2-2.py 建立的模型結構與權重檔後，就可以使用此模型來預測 Google 股價，我們以測試資料集 GOOG_Stock_Price_Test.csv 其中 60 天（2~3 月份）的股價資料，來預測 4 月份的 Google 股價。

同樣的，Python 程式需要呼叫 create_dataset() 函式來產生特徵和標籤資料，首先呼叫 read_csv() 函式載入 GOOG_Stock_Price_Test.csv 檔案並取出 adj Close 欄位股價資料，如下所示：

```
df_test = pd.read_csv("GOOG_Stock_Price_Test.csv")
X_test_set = df_test.iloc[:,4:5].values
X_test, y_test = create_dataset(X_test_set, look_back)
sc = MinMaxScaler()
X_test = sc.fit_transform(X_test)
y_test_scaler = sc.fit_transform(y_test.reshape(-1, 1))
X_test = np.reshape(X_test, (X_test.shape[0], X_test.shape[1], 1))
```

上述程式碼呼叫 create_dataset() 函式產生特徵和標籤資料，依序執行 X_test 和 y_test 的正規化後，再將 X_test 轉換成（樣本數，時步，特徵）張量的形狀，即可載入 Keras 的 Sequential 模型，如下所示：

```
model = load_model("stockprice"+str(look_back)+".keras")
```

接著，我們可以呼叫 predict() 函式來預測股價，如下所示：

```
X_test_pred = model.predict(X_test)
y_test_pred_price = sc.inverse_transform(y_test_pred)
```

上述程式碼的模型預測值是正規化後的值，所以，我們需要使用 MinMaxScaler 物件 sc 呼叫 **inverse_transform()** 函式，將預測值再轉換回股價（這也是為什麼使用 MinMaxScaler 物件的原因），就可以繪出 Google 真實和預測股價的趨勢圖表，如下所示：

```
import matplotlib.pyplot as plt


plt.plot(y_test, color="red", label="Real Stock Price")
plt.plot(y_test_pred_price, color="blue",
         label="Predicted Stock Price")
plt.title("2017 Google Stock Price Prediction")
plt.xlabel("Time")
plt.ylabel("Google Time Price")
plt.legend()
plt.show()
```

上述程式碼的 y_test 是測試資料集的真實股價，X_test_pred_price 是模型預測的股價，其執行結果可以看到股價趨勢圖表，如右圖所示：

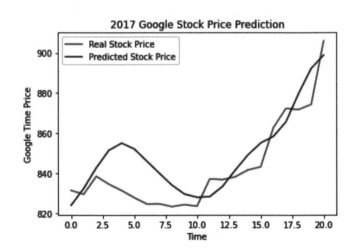

因為前一小節已經訓練和儲存回看 30 天的 stockprice30.keras 模型檔，在 Python 程式只需將 look_back 變數值改為 30，即可繪製回看 30 天股價預測的趨勢圖表，如右圖所示：

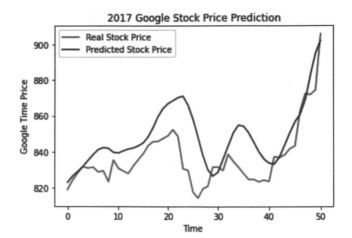

12-3 實作案例：Reuters 路透社資料集的新聞主題分類

在第 11 章我們分別使用 MLP、CNN、SimpleRNN、LSTM 和 GRU 執行 IMDb 情緒分析，這是一種二元分類。在 Keras 內建的 Reuters 路透社資料集可以用來建立分類新聞主題的模型，這是一種多元分類問題。

12-3-1 認識 Reuters 路透社資料集與資料預處理

Reuters 路透社資料集（Reuters Dataset）是英國路透社（Reuters）在 1980 年發佈的簡短新聞電訊，包含 46 種主題，每一種主題至少有 10 個樣本，但各主題的樣本數並不平均，也因如此，多元分類模型的準確度並不會太好。

在 Keras 內建的 Reuters 路透社資料集是精簡版的新聞資料集，擁有 8,982 筆訓練資料和 2,246 筆測試資料。

載入和探索 Reuters 路透社資料集：ch12-3-1.py

Keras 內建 Reuters 路透社資料集，Python 程式只需匯入 keras.dataset 下的 reuters，就可以載入 Reuters 路透社資料集，如下所示：

```
from keras.datasets import reuters
```

上述程式碼匯入 reuters 後，就可以呼叫 load_data() 函式載入資料集，如下所示：

```
top_words = 10000
(X_train, y_train), (X_test, y_test) = reuters.load_data(
                                num_words=top_words)
```

上述 load_data() 函式的參數 num_words 是指定取出資料集中前多少個最常出現的單字，不常見的單字會捨棄，以此例是 10,000 個單字，如果是第 1 次載入資料集，請等待自動下載 Reuters 路透社資料集。

在成功載入 Reuters 路透社資料集後，就可以顯示訓練和測試資料集的形狀，如下所示：

```
print("X_train.shape: ", X_train.shape)
print("y_train.shape: ", y_train.shape)
print("X_test.shape: ", X_test.shape)
print("y_test.shape: ", y_test.shape)
```

上述程式碼顯示訓練和測試資料集的形狀，可以看到分別是 8,982 和 2,246 筆，每一筆新聞內容是一個串列，且每一筆的串列長度並不相同，其執行結果如下所示：

```
X_train.shape:  (8982,)
y_train.shape:  (8982,)
X_test.shape:  (2246,)
y_test.shape:  (2246,)
```

接著，我們可以顯示訓練資料集中的第 1 筆新聞內容和其標籤，如下所示：

```
print(X_train[0])
print(y_train[0])
```

上述執行結果首先顯示第 1 筆新聞內容的整數值串列，其執行結果如下所示：

```
[1, 2, 2, 8, 43, 10, 447, 5, 25, 207, 270, 5, 3095, 111, 16, 369, 186, 90,
67, 7, 89, 5, 19, 102, 6, 19, 124, 15, 90, 67, 84, 22, 482, 26, 7, 48, 4,
49, 8, 864, 39, 209, 154, 6, 151, 6, 83, 11, 15, 22, 155, 11, 15, 7, 48, 9,
4579, 1005, 504, 6, 258, 6, 272, 11, 15, 22, 134, 44, 11, 15, 16, 8, 197,
1245, 90, 67, 52, 29, 209, 30, 32, 132, 6, 109, 15, 17, 12]
```

上述新聞內容是一個串列，而且已經轉換成**單字索引**（Word Indices），這是對應詞庫字典中各單字的索引值。然後顯示對應標籤資料，這是第 3 類新聞主題，如下所示：

```
3
```

解碼顯示 Reuters 路透社資料集的新聞內容：ch12-3-1a.py

因為 Keras 內建 Reuters 路透社資料集的新聞內容已經轉換成單字索引，我們需要使用詞庫字典來解碼還原成英文單字，首先我們來看一看最大的單字索引值為何，如下所示：

```
max_index = max(max(sequence) for sequence in X_train)
print("Max Index: ", max_index)
```

上述程式碼先找出每一筆新聞內容的最大索引值串列，然後從串列中找出最大值，可以看到最大值是 9,999（因為載入時指定不超過 10,000），其執行結果如下所示：

```
Max Index:  9999
```

在解碼新聞內容需要先建立新聞內容的解碼字典，首先取得單字索引串列，如下所示：

```
word_index = reuters.get_word_index()
word_index = {k:(v+3) for k,v in word_index.items()}
word_index["<PAD>"] = 0
word_index["<START>"] = 1
word_index["<UNK>"] = 2
word_index["<UNUSED>"] = 3
we_index = word_index["we"]
print("'we' index:", we_index)
```

上述程式碼呼叫 get_word_index() 函式取得單字索引字典（第 1 次呼叫會下載此串列），這是單字的鍵，對應索引的值，在將索引值位移 3 後，補足 0~3 這 4 個索引值（與第 11-1 節相同），然後，我們就可以取得 "we" 單字的索引值是 115，其執行結果如下所示：

```
'we' index: 115
```

現在，我們需要反轉單字索引字典成為索引單字字典，如下所示：

```
decode_word_map = dict([(value, key)
                        for (key, value) in word_index.items()])
print(decode_word_map[we_index])
```

上述程式碼建立新字典，可以將每一個項目的鍵和值對調，然後，我們就可以解碼索引值 115，其執行結果可以看到是單字 "we"，如下所示：

```
we
```

最後，我們可以解碼顯示第 1 筆訓練資料集的新聞內容，如下所示：

```
decoded_indices = [decode_word_map.get(i)
                   for i in X_train[0]]
print(decoded_indices)
```

上述程式碼呼叫 get() 函式取得索引對應的單字，其執行結果可以看到轉換成的單字串列，如下所示：

```
['<START>', '<UNK>', '<UNK>', 'said', 'as', 'a', 'result', 'of', 'its',
'december', 'acquisition', 'of', 'space', 'co', 'it', 'expects', 'earnings',
'per', 'share', 'in', '1987', 'of', '1', '15', 'to', '1', '30', 'dlrs', 'per',
'share', 'up', 'from', '70', 'cts', 'in', '1986', 'the', 'company', 'said',
'pretax', 'net', 'should', 'rise', 'to', 'nine', 'to', '10', 'mln', 'dlrs',
'from', 'six', 'mln', 'dlrs', 'in', '1986', 'and', 'rental', 'operation',
'revenues', 'to', '19', 'to', '22', 'mln', 'dlrs', 'from', '12', '5', 'mln',
'dlrs', 'it', 'said', 'cash', 'flow', 'per', 'share', 'this', 'year', 'should',
'be', '2', '50', 'to', 'three', 'dlrs', 'reuter', '3']
```

我們可以使用 join() 函式將串列連接成空白字元間隔的英文字串，如下所示：

```
decoded_news = " ".join(decoded_indices)
print(decoded_news)
```

上述程式碼可以將串列轉換成空白字元間隔的字串，其執行結果如下所示：

```
<START> <UNK> <UNK> said as a result of its december acquisition of space co it
expects earnings per share in 1987 of 1 15 to 1 30 dlrs per share up from 70 cts
in 1986 the company said pretax net should rise to nine to 10 mln dlrs from six
mln dlrs in 1986 and rental operation revenues to 19 to 22 mln dlrs from 12 5 mln
dlrs it said cash flow per share this year should be 2 50 to three dlrs reuter 3
```

Reuters 路透社資料集的資料預處理：ch12-3-1b.py

在 Reuters 路透社資料集的每一篇新聞內容是轉換成索引值的整數值串列，首先我們需要將串列轉換成張量，並將串列都填充或剪裁成相同的單字數（即長度），也就是將串列轉換成張量：(樣本數 , 最大單字數)。

Python 程式首先匯入 pad_sequences() 函式，如下所示：

```
from keras.utils import pad_sequences
...
max_words = 200
```

```
X_train = pad_sequences(X_train, maxlen=max_words)
X_test = pad_sequences(X_test, maxlen=max_words)

print("X_train.shape: ", X_train.shape)
print("X_test.shape: ", X_test.shape)
```

　　上述變數 max_words 是欲填充或剪裁成固定長度的最大單字數，然後呼叫 pad_sequences() 函式將第 1 個參數資料集的串列，填充或剪裁成第 2 個參數的長度，即 200 個單字，其執行結果可以看到轉換成的張量形狀，如下所示：

```
X_train.shape:  (8982, 200)
X_test.shape:  (2246, 200)
```

　　而由於標籤資料共有 46 類，需要執行 One-hot 編碼，如下所示：

```
y_train = to_categorical(y_train, 46)
y_test = to_categorical(y_test, 46)
```

12-3-2　使用 MLP 打造 Reuters 路透社資料集的新聞主題分類

　　在這一節我們準備使用 MLP 打造 Reuters 路透社資料集的新聞主題分類，因為載入資料集和預處理與第 12-3-1 節的 ch12-3-1b.py 相同，筆者就不重複列出和說明。

　　Python 程式：ch12-3-2.py 定義 MLP 模型的程式碼，如下所示：

```
model = Sequential()
model.add(Input(shape=(max_words, )))
model.add(Embedding(top_words, 32))
model.add(Dropout(0.75))
model.add(Flatten())
```

▶▶

```
model.add(Dense(64, activation="relu"))
```
```
model.add(Dropout(0.25))
```
```
model.add(Dense(64, activation="relu"))
```
```
model.add(Dropout(0.25))
```
```
model.add(Dense(46, activation="softmax"))
```

　　上述模型在 Input 層後是 Embedding 層，接著是 Flatten 層，然後是 2 層啟動函數為 ReLU 函數的 Dense 層，在模型中間穿插 3 層 Dropout 層，而輸出層是 46 個神經元並使用 Softmax 函數進行多元分類，其模型摘要資訊如下所示：

Layer (type)	Output Shape	Param #
embedding (Embedding)	(None, 200, 32)	320,000
dropout (Dropout)	(None, 200, 32)	0
flatten (Flatten)	(None, 6400)	0
dense (Dense)	(None, 64)	409,664
dropout_1 (Dropout)	(None, 64)	0
dense_1 (Dense)	(None, 64)	4,160
dropout_2 (Dropout)	(None, 64)	0
dense_2 (Dense)	(None, 46)	2,990

```
Total params: 736,814 (2.81 MB)
Trainable params: 736,814 (2.81 MB)
Non-trainable params: 0 (0.00 B)
```

　　接著編譯和訓練模型，如下所示：

```
model.compile(loss="categorical_crossentropy", optimizer="adam",
              metrics=["accuracy"])
```
```
history = model.fit(X_train, y_train, validation_split=0.2,
                    epochs=12, batch_size=32, verbose=2)
```

　　上述優化器是 adam，損失函數是 categorical_crossentropy，訓練週期是 12，批次尺寸是 32，其訓練過程如下所示：

```
Epoch 1/12
225/225 - 4s - 16ms/step - accuracy: 0.4305 - loss: 2.2727 - val_accuracy: 0.5147 - val_loss: 1.7757
Epoch 2/12
225/225 - 1s - 6ms/step - accuracy: 0.5670 - loss: 1.6828 - val_accuracy: 0.5999 - val_loss: 1.5750
Epoch 3/12
225/225 - 1s - 6ms/step - accuracy: 0.6273 - loss: 1.4697 - val_accuracy: 0.6422 - val_loss: 1.4683
Epoch 4/12
225/225 - 1s - 6ms/step - accuracy: 0.6753 - loss: 1.2869 - val_accuracy: 0.6772 - val_loss: 1.3774
Epoch 5/12
225/225 - 1s - 6ms/step - accuracy: 0.7058 - loss: 1.1434 - val_accuracy: 0.6789 - val_loss: 1.3377
Epoch 6/12
225/225 - 1s - 6ms/step - accuracy: 0.7272 - loss: 1.0414 - val_accuracy: 0.6956 - val_loss: 1.3302
Epoch 7/12
225/225 - 1s - 6ms/step - accuracy: 0.7486 - loss: 0.9643 - val_accuracy: 0.7062 - val_loss: 1.2930
Epoch 8/12
225/225 - 1s - 6ms/step - accuracy: 0.7681 - loss: 0.8727 - val_accuracy: 0.7162 - val_loss: 1.2745
Epoch 9/12
225/225 - 1s - 6ms/step - accuracy: 0.7843 - loss: 0.8026 - val_accuracy: 0.7145 - val_loss: 1.2772
Epoch 10/12
225/225 - 1s - 6ms/step - accuracy: 0.7953 - loss: 0.7574 - val_accuracy: 0.7129 - val_loss: 1.3120
Epoch 11/12
225/225 - 1s - 6ms/step - accuracy: 0.8107 - loss: 0.6951 - val_accuracy: 0.7129 - val_loss: 1.3138
Epoch 12/12
225/225 - 1s - 6ms/step - accuracy: 0.8181 - loss: 0.6553 - val_accuracy: 0.7123 - val_loss: 1.3554
```

最後，我們可以使用測試資料集來評估模型，如下所示：

```
loss, accuracy = model.evaluate(X_test, y_test, verbose=0)
print(" 測試資料集的準確度 = {:.2f}".format(accuracy))
```

上述程式碼的執行結果可以看到準確度是 0.70（70%），如下所示：

```
測試資料集的準確度 = 0.70
```

訓練和驗證損失的趨勢圖表，如右圖所示：

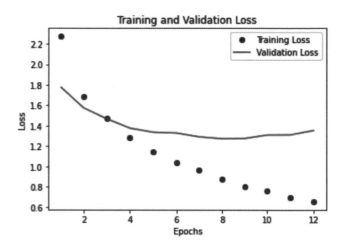

訓練和驗證準確度的
趨勢圖表，如右圖所示：

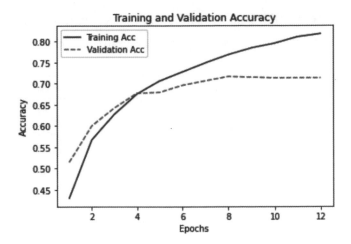

12-3-3　使用 LSTM 打造 Reuters 路透社資料集的新聞主題分類

在這一節我們準備使用 LSTM 打造 Reuters 路透社資料集的新聞主題分類，因為載入資料集和預處理與第 12-3-1 節的 ch12-3-1b.py 相同，筆者就不重複列出和說明。

Python 程式：ch12-3-3.py 定義 LSTM 模型的程式碼，如下所示：

```
model = Sequential()
model.add(Input(shape=(max_words, )))
model.add(Embedding(top_words, 32))
model.add(Dropout(0.75))
model.add(LSTM(32, return_sequences=True,
               activation="tanh"))
model.add(LSTM(32, return_sequences=False,
               activation="tanh"))
model.add(Dropout(0.5))
model.add(Dense(46, activation="softmax"))
```

上述模型在 Input 層後是 Embedding 層，接著堆疊 2 層 LSTM 層，在第 1 層 LSTM 層指定 return_sequences 參數值 True 回傳全部序列資料，在模型中間穿插 2 層 Dropout 層，輸出層是 46 個神經元並使用 Softmax 函數進行多元分類，其模型摘要資訊如下所示：

Layer (type)	Output Shape	Param #
embedding_2 (Embedding)	(None, 200, 32)	320,000
dropout_3 (Dropout)	(None, 200, 32)	0
lstm (LSTM)	(None, 200, 32)	8,320
lstm_1 (LSTM)	(None, 32)	8,320
dropout_4 (Dropout)	(None, 32)	0
dense_3 (Dense)	(None, 46)	1,518

```
Total params: 338,158 (1.29 MB)
Trainable params: 338,158 (1.29 MB)
Non-trainable params: 0 (0.00 B)
```

接著編譯和訓練模型，如下所示：

```
model.compile(loss="categorical_crossentropy", optimizer="rmsprop",
              metrics=["accuracy"])
history = model.fit(X_train, y_train, validation_split=0.2,
                    epochs=40, batch_size=32, verbose=2)
```

上述優化器是 rmsprop，損失函數是 categorical_crossentropy，訓練週期是 40，批次尺寸是 32，其訓練過程如下所示：

```
Epoch 1/40
225/225 - 21s - 93ms/step - accuracy: 0.3797 - loss: 2.5259 - val_accuracy: 0.4841 - val_loss: 1.9897
Epoch 2/40
225/225 - 16s - 73ms/step - accuracy: 0.4703 - loss: 1.9930 - val_accuracy: 0.5075 - val_loss: 1.7836
Epoch 3/40
225/225 - 17s - 73ms/step - accuracy: 0.4867 - loss: 1.8718 - val_accuracy: 0.5359 - val_loss: 1.7336
Epoch 4/40
225/225 - 16s - 73ms/step - accuracy: 0.5055 - loss: 1.8116 - val_accuracy: 0.5198 - val_loss: 1.7383
Epoch 5/40
225/225 - 17s - 73ms/step - accuracy: 0.5197 - loss: 1.7805 - val_accuracy: 0.5270 - val_loss: 1.7066
......
Epoch 36/40
225/225 - 16s - 73ms/step - accuracy: 0.7175 - loss: 1.1387 - val_accuracy: 0.7040 - val_loss: 1.2944
Epoch 37/40
225/225 - 16s - 73ms/step - accuracy: 0.7218 - loss: 1.1298 - val_accuracy: 0.6867 - val_loss: 1.2977
Epoch 38/40
225/225 - 16s - 73ms/step - accuracy: 0.7258 - loss: 1.1060 - val_accuracy: 0.6950 - val_loss: 1.2848
Epoch 39/40
225/225 - 16s - 73ms/step - accuracy: 0.7229 - loss: 1.1089 - val_accuracy: 0.7117 - val_loss: 1.2340
Epoch 40/40
225/225 - 17s - 74ms/step - accuracy: 0.7304 - loss: 1.0888 - val_accuracy: 0.7112 - val_loss: 1.2761
```

最後，我們可以使用測試資料集來評估模型，如下所示：

```
loss, accuracy = model.evaluate(X_test, y_test, verbose=0)
print(" 測試資料集的準確度 = {:.2f}".format(accuracy))
```

上述程式碼的執行結果可以看到準確度是 0.70（70%），如下所示：

```
測試資料集的準確度 = 0.70
```

訓練和驗證損失的趨勢圖表，如右圖所示：

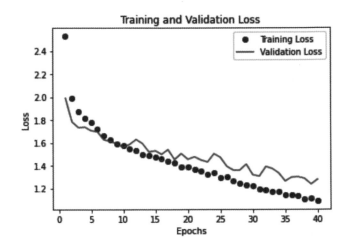

訓練和驗證準確度的趨勢圖表，如右圖所示：

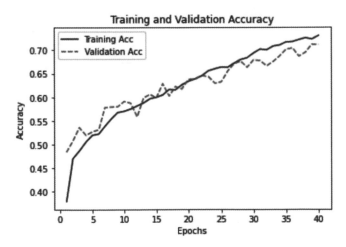

雖然測試準確度跟 MLP 一樣都是 0.70（70%），但可以發現使用 LSTM 比較沒有過度擬合的情形。

MEMO

CHAPTER

13

訓練資料、預處理層與神經層資訊

Keras 模型支援多種資料來源的訓練資料，包含 NumPy 陣列、Pandas 的 DataFrame 物件、PyTorch 的 DataLoader 物件和 TensorFlow 的 Dataset 物件等。

在本章之前主要是使用 NumPy 陣列和 DataFrame 物件的資料來源，而這一節將會說明 PyTorch 的 DataLoader 物件和 TensorFlow 的 Dataset 物件，以及在第 13-3 和 13-4 節是資料夾下的文字檔與圖檔的資料來源。

使用 PyTorch 的 DataLoader 物件：ch13-1.py

PyTorch 的 DataLoader 物件是批次載入訓練資料的工具，可以將資料轉換成模型訓練所需的小批次資料來訓練 Keras 模型。此 Python 程式是修改自 ch8-3-3.py 的 MNIST 手寫辨識，改用 PyTorch 的 DataLoader 物件來批次載入 MNIST 資料集的資料（請使用 Keras_torch 虛擬環境，並將後台改為 torch 來執行），如下所示：

```
import torch
...
batch_size = 128
epochs = 10

train_torch_dataset = torch.utils.data.TensorDataset(
    torch.from_numpy(X_train), torch.from_numpy(y_train)
)
test_torch_dataset = torch.utils.data.TensorDataset(
    torch.from_numpy(X_test), torch.from_numpy(y_test)
)
```

Tips 若程式執行會報錯，請先確認 C:\Users\< 使用者 >\.keras\ 目錄下的所有 keras.json 檔案中，其 backend 是否皆改為 "torch"，修改之後才能啟動 Spyder (keras_torch)；如果已經啟動 Spyder 才更改後台並沒有作用。

　　上述程式碼將訓練和測試資料集轉換成 NumPy 陣列後，即可組合建立 2 個 **TensorDataset** 物件的資料集，然後在下方建立 **DataLoader** 物件來批次載入資料集的資料，如下所示：

```
train_dataloader = torch.utils.data.DataLoader(
    train_torch_dataset, batch_size=batch_size, shuffle=True
)
test_dataloader = torch.utils.data.DataLoader(
    test_torch_dataset, batch_size=batch_size, shuffle=False
)
```

　　上述 batch_size 參數是批次尺寸，shuffle 參數決定是否打亂資料，在建立 CNN 模型後，使用 DataLoader 物件來訓練模型，如下所示：

```
model.fit(train_dataloader, epochs=epochs,
          validation_data=test_dataloader,
          verbose=2)
```

　　上述 fit() 函式的第 1 個參數和 validation_data 參數值都是 DataLoader 物件（直接使用測試資料集作為驗證資料），其執行結果的準確度分別是 1.0（100%）和 0.99（99%），如下所示：

```
訓練資料集的準確度 = 1.00
測試資料集的準確度 = 0.99
```

使用 TensorFlow 的 Dataset 物件：ch13-1a.py

　　TensorFlow 的 Dataset 物件是用來建構資料輸入管道（Pipeline），提供一種高效方式來處理大型資料集的模型訓練資料。此 Python 程式是修改自 ch8-3-3.py 的 MNIST 手寫辨識，改用 TensorFlow 的 Dataset 物件來批次載入 MNIST 資料集的資料（請使用 Keras_tf 虛擬環境，並將後台改為 tensorflow 來執行），如下所示：

```
import tensorflow as tf
...
batch_size = 128
epochs = 10

train_dataset = (
    tf.data.Dataset.from_tensor_slices((X_train, y_train))
    .batch(batch_size)
    .prefetch(tf.data.AUTOTUNE)
)
test_dataset = (
    tf.data.Dataset.from_tensor_slices((X_test, y_test))
    .batch(batch_size)
    .prefetch(tf.data.AUTOTUNE)
)
```

上述程式碼先呼叫 **from_tensor_slices()** 函式,將訓練和測試資料組合建立 Dataset 物件的資料集後,呼叫 batch() 函式指定參數的批次尺寸,接著的 **prefetch()** 函式是以非同步資料讀取來加速資料載入,tf.data.AUTOTUNE 參數值是自動選擇最合適參數值來進行資料預取。

在建立 CNN 模型後,使用 Dataset 物件來訓練模型,如下所示:

```
model.fit(train_dataset, epochs=epochs,
          validation_data=test_dataset,
          verbose=2)
```

上述 fit() 函式的第 1 個參數和 validation_data 參數值都是 Dataset 物件(直接使用測試資料集作為驗證資料),其執行結果的準確度都是 0.99(99%),如下所示:

```
訓練資料集的準確度 = 0.99
測試資料集的準確度 = 0.99
```

13-2　取得神經層資訊與中間層視覺化

當 Python 程式定義並訓練完神經網路模型後,我們可以顯示神經層訓練結果的權重,以及視覺化 CNN 中間層輸出的特徵圖和過濾器。

13-2-1　取得模型各神經層名稱與權重

當使用 Python 程式定義 Keras 模型後,就可以顯示各神經層的名稱和輸出 / 輸入張量;如果已經訓練好模型,還可以顯示神經層的權重。

顯示各神經層名稱和輸出 / 輸入張量:ch13-2-1.py

Python 程式在定義與 ch8-3-3.py 相同的 CNN 神經網路模型後,即可顯示模型共有幾層,以及各神經層的名稱,如下所示:

```
print(" 神經層數 : ", len(model.layers))
for i in range(len(model.layers)):
    print(i, model.layers[i].name)
```

　　上述程式碼使用 len() 函式取得 model.layers 屬性的神經層數後,再使用 for 迴圈取出每一層神經層物件,即可使用 name 屬性顯示神經層名稱,其執行結果如右所示:

```
神經層數:  9
0 conv2d_138
1 max_pooling2d
2 conv2d_139
3 max_pooling2d_1
4 dropout
5 flatten
6 dense_256
7 dropout_1
8 dense_257
```

在神經層物件可以使用 input 屬性取得輸入此神經層的張量,如下所示:

```
print(" 每一層的輸入張量 : ")
for i in range(len(model.layers)):
    print(i, model.layers[i].input)
```

上述 for 迴圈顯示每一層神經層的輸入張量，其執行結果如下所示：

```
每一層的輸入張量：
0 <KerasTensor shape=(None, 28, 28, 1), dtype=float32, sparse=None, name=keras_tensor_717>
1 <KerasTensor shape=(None, 28, 28, 16), dtype=float32, sparse=False, name=keras_tensor_719>
2 <KerasTensor shape=(None, 14, 14, 16), dtype=float32, sparse=False, name=keras_tensor_722>
3 <KerasTensor shape=(None, 14, 14, 32), dtype=float32, sparse=False, name=keras_tensor_726>
4 <KerasTensor shape=(None, 7, 7, 32), dtype=float32, sparse=False, name=keras_tensor_731>
5 <KerasTensor shape=(None, 7, 7, 32), dtype=float32, sparse=False, name=keras_tensor_737>
6 <KerasTensor shape=(None, 1568), dtype=float32, sparse=False, name=keras_tensor_744>
7 <KerasTensor shape=(None, 128), dtype=float32, sparse=False, name=keras_tensor_752>
8 <KerasTensor shape=(None, 128), dtype=float32, sparse=False, name=keras_tensor_761>
```

然後使用 output 屬性取得神經層的輸出張量，如下所示：

```python
print(" 每一層的輸出張量：")
for i in range(len(model.layers)):
    print(i, model.layers[i].output)
```

上述 for 迴圈顯示每一層神經層的輸出張量，其執行結果如下所示：

```
每一層的輸出張量：
0 <KerasTensor shape=(None, 28, 28, 16), dtype=float32, sparse=False, name=keras_tensor_718>
1 <KerasTensor shape=(None, 14, 14, 16), dtype=float32, sparse=False, name=keras_tensor_720>
2 <KerasTensor shape=(None, 14, 14, 32), dtype=float32, sparse=False, name=keras_tensor_723>
3 <KerasTensor shape=(None, 7, 7, 32), dtype=float32, sparse=False, name=keras_tensor_727>
4 <KerasTensor shape=(None, 7, 7, 32), dtype=float32, sparse=False, name=keras_tensor_732>
5 <KerasTensor shape=(None, 1568), dtype=float32, sparse=False, name=keras_tensor_738>
6 <KerasTensor shape=(None, 128), dtype=float32, sparse=False, name=keras_tensor_745>
7 <KerasTensor shape=(None, 128), dtype=float32, sparse=False, name=keras_tensor_753>
8 <KerasTensor shape=(None, 10), dtype=float32, sparse=False, name=keras_tensor_762>
```

取得 MLP 各神經層的權重：ch13-2-1a.py

Python 程式需要先載入模型結構與權重檔 titanic.keras 後，才能取得權重，如下所示：

```python
model = load_model("titanic.keras")
```

上述程式碼載入第 6-2-3 節的 MLP 神經網路後，就可以顯示模型各神經層權重的形狀，如下所示：

```
for i in range(len(model.layers)):
    print(i, model.layers[i].name, ":")
    weights = model.layers[i].get_weights()
    for j in range(len(weights)):
        print("==>", j, weights[j].shape)
```

上述巢狀 for 迴圈在外層顯示神經層名稱後，呼叫 **get_weights()** 函式取得此層的權重，即可在內層 for 迴圈顯示權重的形狀，其執行結果共有三層 Dense 層，各層的索引 0 是權重、1 是偏向量，如右所示：

```
0 dense_202 :
==> 0 (9, 11)
==> 1 (11,)
1 dense_203 :
==> 0 (11, 11)
==> 1 (11,)
2 dense_204 :
==> 0 (11, 1)
==> 1 (1,)
```

取得 CNN 各神經層的權重：ch13-2-1b.py

Python 程式需要先載入模型結構與權重檔 mnist.keras 後，才能取得權重，如下所示：

```
model = load_model("mnist.keras")
```

上述程式碼載入第 8-3-3 節的 CNN 神經網路後，就可以顯示模型各神經層權重的形狀，巢狀 for 迴圈和 ch13-2-1a.py 完全相同，其執行結果有 Conv2D、MaxPooling2D 和 Dense 層的權重，各層的索引 0 是權重、1 是偏向量，如右所示：

```
0 conv2d :
==> 0 (5, 5, 1, 16)
==> 1 (16,)
1 max_pooling2d :
2 conv2d_1 :
==> 0 (5, 5, 16, 32)
==> 1 (32,)
3 max_pooling2d_1 :
4 dropout_1 :
5 flatten :
6 dense_12 :
==> 0 (1568, 128)
==> 1 (128,)
7 dropout_2 :
8 dense_13 :
==> 0 (128, 10)
==> 1 (10,)
```

取得 RNN、LSTM 和 GRU 神經層的權重：ch13-2-1c~1e.py

Python 程式 ch13-2-1c.py 載入模型結構與權重檔 imdb_rnn.keras，如下所示：

```
model = load_model("imdb_rnn.keras")
```

上述程式碼載入第 11-5-1 節的 RNN 神經網路後，就可以顯示模型 SimpleRNN 神經層權重的形狀，如下所示：

```
print(2, model.layers[2].name, ":")
weights = model.layers[2].get_weights()
for i in range(len(weights)):
    print("==>", i, weights[i].shape)
```

上述程式碼顯示第 3 層 SimpleRNN 層的名稱後，使用 get_weights() 函式取得此層的權重，就可以在 for 迴圈顯示權重的形狀，其執行結果顯示 SimpleRNN 層的權重，索引 0 是 W 權重、1 是 U 權重、2 是偏向量，如右所示：

```
2 simple_rnn_36 :
==> 0 (32, 32)
==> 1 (32, 32)
==> 2 (32,)
```

Python 程式：ch13-2-1d.py 是 LSTM，其執行結果顯示 LSTM 層的權重，索引 0 是 W 權重、1 是 U 權重、2 是偏向量，128=32×4 依序是輸入閘、遺忘閘、單元狀態和輸出閘的權重，如右所示：

```
2 lstm_8 :
==> 0 (32, 128)
==> 1 (32, 128)
==> 2 (128,)
```

Python 程式：ch13-2-1e.py 是 GRU，其執行結果顯示 GRU 層的權重，索引 0 是 W 權重、1 是 U 權重、2 是偏向量，96=32×3 分別是更新閘、重設閘和輸出閘的權重，如右所示：

```
2 gru_20 :
==> 0 (32, 96)
==> 1 (32, 96)
==> 2 (2, 96)
```

13-2-2　視覺化 CNN 的過濾器

Python 程式還可以視覺化 CNN 中間層的過濾器，即顯示過濾器權重的圖片。

第 1 層 Conv2D 層過濾器視覺化：ch13-2-2.py

Python 程式在載入模型結構與權重檔 mnist.keras 後，就可以取得過濾器的權重，如下所示：

```
model = load_model("mnist.keras")
```

上述程式碼載入第 8-3-3 節的 CNN 神經網路後，就可以顯示模型第 1 層 Conv2D 層的過濾器形狀，如下所示：

```
print(model.layers[0].get_weights()[0].shape)
```

上述程式呼叫 get_weights() 函式取出索引值 0 的權重，並顯示其形狀，其執行結果可以看到 16 個 5×5 的過濾器，如下所示：

```
(5, 5, 1, 16)
```

然後使用 Matplotlib 繪出第 1 個 Conv2D 層的 16 張過濾器圖片，如下所示：

```
weights = model.layers[0].get_weights()[0]
for i in range(16):
    plt.subplot(4,4,i+1)
    plt.imshow(weights[:,:,0,i], cmap="gray",
               interpolation="none")
    plt.axis("off")
```

上述程式碼的執行結果顯示 16
張過濾器圖片，如右圖所示：

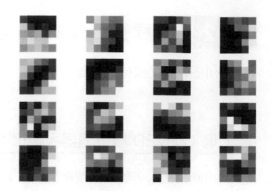

第 2 層 Conv2D 層過濾器視覺化：ch13-2-2a.py

Python 程式和 ch13-2-2.py 相似，只是改為顯示第 2 層 Conv2D 層的
過濾器，如下所示：

```python
weights = model.layers[2].get_weights()[0]
for i in range(32):
    plt.subplot(6,6,i+1)
    plt.imshow(weights[:,:,0,i], cmap="gray",
               interpolation="none")
    plt.axis("off")
```

上述程式碼的執行結果可以顯示 32 張過濾器圖片，如下圖所示：

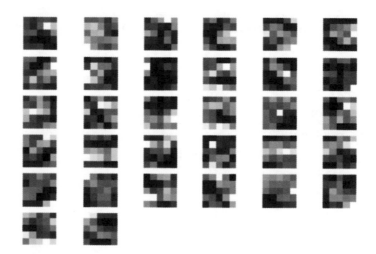

13-2-3　視覺化 CNN 中間層輸出的特徵圖

除了視覺化 CNN 過濾器的圖片外，我們還可以建立 Python 程式顯示卷積和池化層經過啟動函數後輸出的特徵圖。

繪出第 1 層卷積層輸出的特徵圖：ch13-2-3.py

在 Python 程式載入模型結構與權重檔 mnist.keras 後，可以使用 Sequential 模型建立輸出特徵圖所需的 Conv2D 層，如下所示：

```
model_test = Sequential()
model_test.add(Conv2D(16, kernel_size=(5, 5), padding="same",
                      input_shape=(28, 28, 1), activation="relu"))
```

上述程式碼建立 model_test 模型（此模型只有一層 Conv2D 層）後，呼叫 **set_weights()** 函式，指定此神經層的權重為 CNN 第 1 層 Conv2D 層的權重，如下所示：

```
for i in range(len(model_test.layers)):
    model_test.layers[i].set_weights(model.layers[i].get_weights())
```

上述 for 迴圈複製 mnist.keras 檔的權重至 model_test 模型後，就可以使用此模型預測訓練資料集的第 1 張圖片，如下所示：

```
output = model_test.predict(X_train[0].reshape(1,28,28,1))
```

上述程式碼將輸入資料轉換成 (1, 28, 28, 1) 張量後，呼叫 predict() 函式產生第 1 層 Conv2D 層經過啟動函數輸出的特徵圖，同樣的，我們是使用 Matplotlib 繪出此張輸出的特徵圖，如下所示：

```
plt.figure(figsize=(10,8))
for i in range(0,16):
    plt.subplot(4,4,i+1)
    plt.imshow(output[0,:,:,i], cmap="gray")
    plt.axis("off")
```

上述程式碼的執行結果顯示了 16 張 Conv2D 層輸出的特徵圖，如下圖所示：

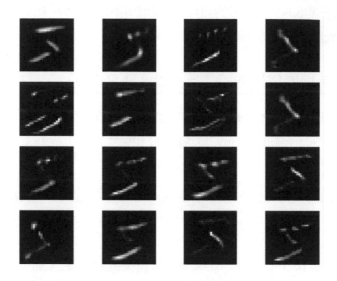

繪出第 1 層池化層輸出的特徵圖：ch13-2-3a.py

Python 程式和 ch13-2-3.py 相似，只是改為顯示第 1 層池化層經過啟動函數後輸出的特徵圖，首先使用 Sequential() 建立輸出特徵圖所需的 Conv2D 和 MaxPooling2D 共二層的 model_test 模型，如下所示：

```
model_test = Sequential()
model_test.add(Conv2D(16, kernel_size=(5, 5), padding="same",
                      input_shape=(28, 28, 1), activation="relu"))
model_test.add(MaxPooling2D(pool_size=(2, 2)))
for i in range(len(model_test.layers)):
    model_test.layers[i].set_weights(model.layers[i].get_weights())
```

上述 for 迴圈指定這 2 層神經層對應原來的 CNN 權重後，就可以產生第 1 個 MaxPooling2D 層輸出的特徵圖，然後使用 Matplotlib 繪出池化層輸出的 16 張特徵圖，如下圖所示：

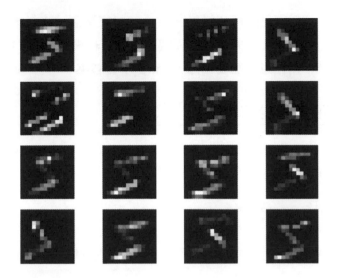

13-3 載入文字檔資料集與文字預處理層

　　在第 11 章的 IMDb 情緒分析是使用 Keras 內建資料集，所以文字資料已經向量化，事實上，我們可以從原始資料使用 Keras 的 TextVectorization 文字預處理層（需安裝 TensorFlow），自行處理情緒分析所需的訓練資料。

下載 IMDb 網路電影資料

　　IMDb 網路電影資料的免費下網址，如下所示：

　　https://ai.stanford.edu/~amaas/data/sentiment/aclImdb_v1.tar.gz

　　從上述網址可以下載名為 aclImdb_v1.tar.gz 的壓縮檔案，請使用 7-ZIP 工具解壓縮 2 次，首先解壓縮成 aclImdb_v1.tar 後，再解壓縮成下列資料夾結構，如右圖所示：

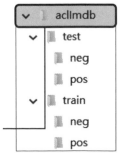

位在**根目錄**的
Dataset 資料夾

上述 train 資料夾是訓練資料集、test 資料夾是測試資料集，neg 子資料夾是負面評價、pos 子資料夾是正面評價，在各資料夾下都有 12,500 個副檔名 .txt 的文字檔。**請注意！需要刪除 unsup 子資料夾。**

載入資料夾下的文字檔資料集：ch13-3.py

在 Keras 的 utils 模組提供 **text_dataset_from_directory()** 函式來批次載入資料夾下的文字檔案資料集。首先匯入此函式，如下所示：

```
from keras.utils import text_dataset_from_directory
```

上述程式碼在匯入函式後，即可呼叫函式來建立訓練和驗證資料集，如下所示：

```
batch_size = 32
raw_train_ds, raw_val_ds = text_dataset_from_directory(
    "/Dataset/aclImdb/train",
    batch_size=batch_size,
    validation_split=0.2,
    subset="both",
    seed=1337
)
```

上述函式的第 1 個參數是文字檔案路徑 "/Dataset/aclImdb/train"，以此例是 train 資料夾的訓練資料，batch_size 參數是批次尺寸，validation_split 參數指定分割 20% 的驗證資料，subset 參數指定回傳資料子集是 "training"、"validation" 或 "both"，值 "both" 就會回傳 2 個資料集，seed 參數是亂數種子。

然後載入 "/Dataset/aclImdb/test" 路徑的測試資料集，如下所示：

```
raw_test_ds = text_dataset_from_directory(
    "/Dataset/aclImdb/test",
    batch_size=batch_size,
    seed=1337
)
```

　　其執行結果顯示找到 2 個類別（負面、正面）的 25,000 個檔案，其中 20,000 個檔案是訓練資料、5,000 個是驗證資料，接著是作為測試資料的 25,000 個檔案，同樣分成 2 個類別，如下所示：

```
Found 25000 files belonging to 2 classes.
Using 20000 files for training.
Using 5000 files for validation.
Found 25000 files belonging to 2 classes.
```

　　接著，使用 for 迴圈顯示第 1 筆記錄，只以訓練資料集為例，如下所示：

```
for text_batch, label_batch in raw_train_ds.take(1):
    for i in range(1):
        print(text_batch.numpy()[i])
        print(label_batch.numpy()[i])
```

　　上述程式碼使用 2 層 for 迴圈呼叫 raw_train_ds.**take**(1) 函式從資料集取出一個批次資料後，在內層迴圈顯示第 1 筆文字資料，如下所示：

```
b'I\'ve seen tons of science fiction from the 70s; some horrendously bad, and others thought provoking and
truly frightening. Soylent Green fits into the latter category. Yes, at times it\'s a little campy, and yes,
the furniture is good for a giggle or two, but some of the film seems awfully prescient. Here we have a film,
9 years before Blade Runner, that dares to imagine the future as somthing dark, scary, and nihilistic. Both
Charlton Heston and Edward G. Robinson fare far better in this than The Ten Commandments, and Robinson\'s
assisted-suicide scene is creepily prescient of Kevorkian and his ilk. Some of the attitudes are dated (can
you imagine a filmmaker getting away with the "women as furniture" concept in our oh-so-politically-
correct-90s?), but it\'s rare to find a film from the Me Decade that actually can make you think. This is one
I\'d love to see on the big screen, because even in a widescreen presentation, I don\'t think the overall
scope of this film would receive its due. Check it out.'
```

① 正面評價標籤

使用文字預處理層處理 IMDb 資料：ch13-3a.py

　　Python 程式是使用 Keras 的 **TextVectorization 文字向量層**來執行 IMDb 網路電影資料的預處理，首先使用 ch13-3.py 程式碼載入資料夾下的文字檔案資料，這部分筆者就不重複說明。

接著，使用 TextVectorization 層執行資料預處理，而由於文字資料需要先清理，因此建立客製化處理函式來清理資料，以此例是將所有文字轉換成小寫並刪除 HTML 標籤
，如下所示：

```
def custom_standardization(input_data):
    lowercase = tf.strings.lower(input_data)
    stripped_html = tf.strings.regex_replace(lowercase, "<br />", " ")
    return tf.strings.regex_replace(
        stripped_html, "[%s]" % re.escape(string.punctuation), ""
    )
```

上述 custom_standardization() 函式是使用 TensorFlow 來處理資料，首先呼叫 strings.lower() 函式轉換成小寫後，再使用正規表達式刪除 HTML 標籤。接著設定相關參數後，就能建立 TextVectorization 物件，如下所示：

```
top_words = 1000
max_words = 100

vectorize_layer = TextVectorization(
    standardize=custom_standardization,
    max_tokens=top_words,
    output_mode="int",
    output_sequence_length=max_words,
)
```

上述 standardize 參數就是客製化處理函式，max_tokens 參數是最大單字數，output_mode 參數是輸出模式 "int"、"multi_hot"、"count" 或 "tf_idf"，其中值 "int" 是輸出整數索引，而 output_sequence_length 參數是將文字資料填充成 max_words 字數的序列（僅適用 "int" 輸出模式）。

然後，使用 TextVectorization 物件建立字彙表，首先使用 Lambda 函式刪除標籤資料，只保留訓練資料，即可呼叫 **adapt()** 函式建立字彙表，如下所示：

```
text_ds = raw_train_ds.map(lambda x, y: x)
vectorize_layer.adapt(text_ds)
```

▶▶

```
imdb_vocab = vectorize_layer.get_vocabulary()
imdb_index_lookup = dict(zip(range(len(imdb_vocab)), imdb_vocab))
```

上述程式碼呼叫 **get_vocabulary()** 函式取得字彙表後,使用 zip() 函式建立詞索引字典,即可顯示前 10 個詞索引,如下所示:

```
for idx in range(10):
    print(idx, ":", imdb_index_lookup[idx], end=", ")
```

上述 for 迴圈顯示前 10 個詞索引,其執行結果如下所示:

```
0 : , 1 : [UNK], 2 : the, 3 : and, 4 : a, 5 : of, 6 : to, 7 : is, 8 : in, 9 : it,
```

在下方建立 vectorize_text() 函式擴充維度後,使用 vectorize_layer 執行文字向量化,如下所示:

```
def vectorize_text(text, label):
    text = tf.expand_dims(text, -1)
    return vectorize_layer(text), label

train_ds = raw_train_ds.map(vectorize_text)
val_ds = raw_val_ds.map(vectorize_text)
test_ds = raw_test_ds.map(vectorize_text)
```

上述程式碼在資料集使用 map() 函式,呼叫參數 vectorize_text() 函式執行訓練、驗證和測試資料集的文字向量化。然後,在下方顯示前 5 筆文字資料,如下所示:

```
for text_batch, label_batch in train_ds.take(1):
    for i in range(5):
        print(text_batch.numpy()[i])
        print(label_batch.numpy()[i])
        print("------------------------")
```

上述程式碼使用 2 層 for 迴圈呼叫 train_ds.take(1) 函式從資料集取出一個批次的資料，即可在內層迴圈顯示前 5 筆文字資料，可以看到文字內容已經向量化（只以第 1 筆資料為例），如下所示：

```
[ 11 235  52 697  16   1   2 196  49 485   5   1 146   1  98  51  10   7
  51  38   4   1  46   5   1  36 196  17   1   3 183  46   5  55   1 141
   2   1   5   1 151   1   6 638  86  38   4 134  36 163 212 119  12  13
 901 704   2 820  16   2 640   5 545   9 181  38  34  24 151   1  21   1
   1   1   9   7   4 322 269  17  36   0   0   0   0   0   0   0   0   0
   0   0   0   0   0   0   0   0   0   0]
0
```

Python 程式：ch13-3b.py 是修改自 ch11-3-1.py，使用文字預處理層 TextVectorization 建立訓練和測試資料集，以 MLP 打造 IMDb 情緒分析。Python 程式：ch13-3c.py 改用 CNN 打造 IMDb 情緒分析。

13-4 載入圖檔資料集與圖片預處理層

Keras 提供圖片預處理層和 utils 模組的函式，可以幫助我們進行深度學習模型所需的圖片資料預處理，將圖片檔案轉換成 NumPy 陣列。

13-4-1 載入與儲存圖片檔案

Keras 的 utils 模組提供相關函式來載入圖檔、將圖片轉換成 NumPy 陣列和儲存圖檔。

載入圖片檔案：ch13-4-1.py

Python 程式可以使用 Keras 的 **load_img()** 函式來載入圖檔，首先匯入此函式，如下所示：

```
from keras.utils import load_img
```

然後載入名為 penguins.png 的圖檔,建立的是 PIL(Python Imaging Library)的 PngImageFile 物件,如下所示:

```
img = load_img("penguins.png")
```

上述程式碼呼叫 load_img() 函式載入圖檔後,依序顯示此圖片的相關資訊,如下所示:

```
print(type(img))
print(img.format)
print(img.mode)
print(img.size)
```

上述程式碼依序顯示圖片型別、格式、模式(彩色 RGB 或黑白)和尺寸,其執行結果如下所示:

```
<class 'PIL.PngImagePlugin.PngImageFile'>
PNG
RGB
(505, 763)
```

接著,使用 Matplotlib 套件來顯示這張圖片,如下所示:

```
import matplotlib.pyplot as plt
```

```
plt.axis("off")
plt.imshow(img)
```

上述程式碼的執行結果可以顯示圖檔內容(此圖片是一張彩色圖片,因為本書是黑白印刷,所以看不出來),如右圖所示:

將圖片轉換成 NumPy 陣列：ch13-4-1a.py

在載入圖檔後，可以使用 **img_to_array()** 函式將圖片轉換成 NumPy 陣列，如下所示：

```
img_array = img_to_array(img)
print(img_array.dtype)
print(img_array.shape)
```

上述程式碼將圖片轉換成 NumPy 陣列，其執行結果顯示轉換後的型別和形狀，如下所示：

```
float32
(763, 505, 3)
```

儲存圖片檔案：ch13-4-1b.py

Python 程式可以使用 Keras 的 **save_img()** 函式，將圖片的 NumPy 陣列儲存成圖檔，以此例是將 PNG 格式轉換儲存成 JPG 格式的圖檔，如下所示：

```
img = load_img("penguins.png")
img_array = img_to_array(img)
save_img("penguins.jpg", img_array)
```

上述程式碼首先呼叫 load_img() 函式載入圖檔，使用 img_to_array() 函式將其轉換成 NumPy 陣列後，再呼叫 save_img() 函式儲存成圖檔（附檔名 .jpg 是儲存成 JPG 格式）。

13-4-2 載入資料夾下的圖檔資料集

在 Keras 的 utils 模組提供 image_dataset_from_directory() 函式來批次載入資料夾下的圖檔資料集。

下載貓狗圖片資料集

在本節之後的 Python 程式主要是使用貓狗圖片資料集的圖片為例,其下載網址如下所示:

https://zenodo.org/records/5226945/files/cats_dogs_light.zip?download=1

上述下載的檔案名稱是 cats_dogs_light.zip,因為此資料集並沒有將 cat 和 dog 圖片分成 2 個資料夾,請在解開 ZIP 檔案後,分別在 test 和 train 資料夾下再建立 cat 和 dog 共 2 個子資料夾,即可將 dog 和 cat 圖片分別搬移至同名的子資料夾下,如右圖所示:

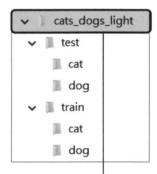

位在**根目錄**的 Dataset 資料夾

載入資料夾下的圖檔資料集:ch13-4-2.py

Python 程式首先匯入 **image_dataset_from_directory()** 函式,即可呼叫函式來批次載入資料夾下的圖檔資料集,如下所示:

```
from keras.utils import image_dataset_from_directory
```

```
ds = image_dataset_from_directory("/Dataset/cats_dogs_light/train",
                     validation_split=0.2, subset="training",
                     image_size=(256,256), interpolation="bilinear",
                     crop_to_aspect_ratio=True,
                     seed=42, shuffle=True, batch_size=32)
```

上述函式的第 1 個參數是路徑，以此例是 train 資料夾的訓練圖片資料，validation_split 參數指定分割 20% 的驗證資料，subset 參數指定回傳 training 訓練資料集（"both" 會回傳訓練和驗證 2 個資料集），image_size 參數指定圖片尺寸（高度，寬度），可將圖片調整成 256×256 尺寸，在 interpolation 參數指定圖片調整尺寸時使用的內插方法，"bilinear" 是雙線性內插法，然後是 crop_to_aspect_ratio 參數值 True，即保持圖片長寬比例，seed 參數是亂數種子，shuffle 參數指定是否打亂資料進行洗牌，而 batch_size 參數是批次尺寸。

其執行結果顯示找到 2 個類別（貓、狗）共 1,000 個檔案，其中 800 個檔案是訓練資料、200 個是驗證資料，如下所示：

```
Found 1000 files belonging to 2 classes.
Using 800 files for training.
```

接著，使用 Matplotlib 繪出 9 張資料集的圖片，如下所示：

```python
import matplotlib.pyplot as plt

fig, ax = plt.subplots(3, 3, sharex=True, sharey=True, figsize=(5,5))

for images, labels in ds.take(1):
    for i in range(3):
        for j in range(3):
            ax[i][j].imshow(images[i*3+j])
            ax[i][j].set_title(ds.class_names[labels[i*3+j]])
            ax[i][j].set_axis_off()
plt.show()
```

上述程式碼使用 2 層 for 迴圈呼叫 ds.take(1) 函式從資料集取出一個批次的資料，imshow() 函式顯示圖片，**class_names[]** 可以取出圖片的標籤名稱，其執行結果顯示 9 個圖檔（圖片是彩色圖片，因為本書是黑白印刷，所以看不出來），如下圖所示：

資料集中有少
許的錯誤圖片

13-4-3　圖片預處理層

　　Keras 圖片預處理層（Image Preprocessing Layers）有：調整尺寸
的 Resizing 層、正規化的 Rescaling 層和中央剪裁的 CenterCrop 層。在
Python 程式匯入預處理層，如下所示：

```
from keras.layers import Resizing, CenterCrop, Rescaling
```

調整圖片尺寸：ch13-4-3.py

　　Resizing 層是調整圖片尺寸，其參數是尺寸的高和寬，如下所示：

```
height, width = 128, 256
resize = Resizing(height, width)
...
        ax[1][i].imshow(resize(images[i]))
```

　　上述程式碼建立 Resizing 層 resize 後，使用 resize() 調整圖片尺寸，其
參數是圖片，如下圖所示：

中央剪裁圖片與正規化：ch13-4-3a.py

請注意！中央剪裁 CenterCrop 層需要同時使用 Rescaling 層的正規化，所以，在 Python 程式是使用串列建立 Sequential 物件，如同神經網路模型的神經層，只是這 2 層都是圖片預處理層，如下所示：

```
height, width = 128, 128
centercrop = Sequential([
    CenterCrop(height, width),
    Rescaling(1.0/255)
])
```

上述 CenterCrop() 參數是高和寬，可以中央剪裁出此尺寸的圖片，Rescaling() 的 scale 參數是正規化，scale 參數值 1.0/255 是將值從 [0, 255] 範圍正規化成 [0, 1]；而參數值 scale=1.0/127.5 和 offset=-1 則是從 [0, 255] 範圍正規化成 [-1, 1]。

然後使用 centercrop() 進行圖片的中央剪裁和正規化，如右圖所示：

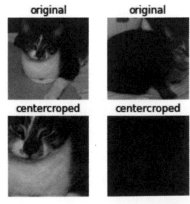

13-5 | 資料增強的圖片增強層

在 Keras 是使用**圖片增強層**（Image Augmentation Layers）來執行**資料增強**（Data Augmentation），可以創造出更多不同圖片來增加訓練資料，彌補訓練資料量不足的問題。

13-5-1 | 修改與變形的圖片增強層

修改與變形圖片的圖片增強層有五種，隨機旋轉的 RandomRotation 層、隨機平移的 RandomTranslation 層、隨機剪裁的 RandomCrop 層、隨機縮放的 RandomZoom 層和隨機翻轉的 RandomFlip 層。

隨機旋轉圖片：ch13-5-1.py

RandomRotation 層可以隨機產生不同旋轉角度的圖片，如下所示：

```
rotate = RandomRotation(0.2)
```

上述 factor 參數值是旋轉角度的範圍，單一值 0.2 是 [-20%×2pi, 20%×2pi] 範圍，(-0.2, 0.3) 元組值是 [-20%×2pi, 30%×2pi] 範圍，其執行結果如右圖所示：

 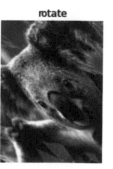

隨機位移圖片：ch13-5-1a.py

RandomTranslation 層可以隨機產生不同水平和垂直位移量的圖片，如下所示：

```
translation = RandomTranslation(height_factor=0.2,
                                width_factor=0.2)
```

上述 width_factor 和 height_factor 參數值是水平和垂直的位移範圍，單一值 0.2 是指長度和寬度位移 [-20%, +20%] 範圍，(-0.2, 0.3) 元組值是 [-20%, +30%] 範圍，其執行結果如右圖所示：

隨機剪裁圖片：ch13-5-1b.py

RandomCrop 層可以產生隨機剪裁的圖片，如下所示：

```
height, width = 200, 200
crop = RandomCrop(height, width)
```

上述參數是高和寬，可以隨機選擇位置來剪裁出參數 (200, 200) 尺寸的圖片，其執行結果如右圖所示：

隨機縮放圖片：ch13-5-1c.py

RandomZoom 層可以隨機產生不同縮放的圖片，如下所示：

```
zoom = RandomZoom((0.2, 0.3))
```

上述 height_factor 參數值是縮放範圍，單一正值 0.2 是縮放 [-20%, +20%] 範圍，正值 (0.2, 0.3) 元組是縮小 [20%, 30%] 範圍，而負值則是放大圖片，其執行結果如右圖所示：

隨機翻轉圖片：ch13-5-1d.py

RandomFlip 層可以隨機產生水平或垂直翻轉的圖片，如下所示：

```
flip = RandomFlip("horizontal_and_vertical")
```

上述 mode 參數值決定水平或垂
直翻轉，值 "horizontal" 是水平翻翻
轉、"vertical" 是垂直翻轉，而預設值
"horizontal_and_vertical" 是水平或垂
直翻轉，其執行結果如右圖所示：

 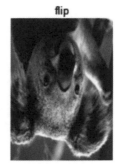

13-5-2　對比與亮度的圖片增強層

對比與亮度的圖片增強層有二種，**RandomBrightness** 層可以產生隨機調
整亮度的圖片，如下所示：

```
brightness = RandomBrightness((-0.8,0.8))
```

上述 factor 參數是範圍，(-0.8, 0.8) 元組值或 [-0.8, 0.8] 串列值是範圍
-0.8~0.8，單一值 0.2 是範圍 -0.2~0.2。而 **RandomContrast** 層可以產生隨
機調整對比度的圖片，如下所示：

```
contrast = RandomContrast(0.2)
```

上述 factor 參數是範圍，(lower, upper) 元組值的範圍是 [1.0-lower,
1.0+upper]，單一值 0.2 的 lower 和 upper 都是 0.2，所以範圍是 [0.8,
1.2]，其執行結果如下圖所示：

Python 程式可以在訓練資料或 Keras 模型中使用圖片預處理層或圖片增強層，幫助我們執行圖片預處理，或執行圖片增強來增加圖片的資料量。

貓狗資料集的圖片辨識：ch13-6.py

在第 13-4-2 節的貓狗圖片資料集的資料量並不大，所以在 CNN 模型中增加圖片增強層來增加圖片的資料量。Python 程式首先載入資料夾下的資料集 train_ds、val_ds 和 test_ds，如下所示：

```
train_ds, val_ds = image_dataset_from_directory(
    "/Dataset/cats_dogs_light/train",
    validation_split=0.2, subset="both",
    image_size=(180,180), interpolation="bilinear",
    crop_to_aspect_ratio=True,
    seed=42, shuffle=True, batch_size=32)
```

▶▶

```
test_ds = image_dataset_from_directory(
    "/Dataset/cats_dogs_light/test",
    image_size=(180,180), interpolation="bilinear",
    rop_to_aspect_ratio=True,
    seed=42, shuffle=True, batch_size=32)
```

上述第 1 個 image_dataset_from_directory() 函式的 subset 參數是 "both"，回傳 2 個資料集，其中 800 張是訓練資料、200 張是驗證資料，而 400 張是測試資料，如下所示：

```
Found 1000 files belonging to 2 classes.
Using 800 files for training.
Using 200 files for validation.
Found 400 files belonging to 2 classes.
```

然後，使用 Rescaling 圖片預處理層執行正規化，如下所示：

```
normalization_layer = Rescaling(1./255)
```

```
train_ds = train_ds.map(lambda x, y: (normalization_layer(x), y))
val_ds = val_ds.map(lambda x, y: (normalization_layer(x), y))
test_ds = test_ds.map(lambda x, y: (normalization_layer(x), y))
```

上述訓練、驗證和測試資料集是使用 map() 函式，以參數 Lambda 函式呼叫 Rescaling 層來執行正規化。接著，在 Sequential 模型使用圖片增強層來增加訓練圖片的資料量，如下所示：

```
model = Sequential([
    Input(shape=(180, 180, 3)),
    RandomFlip("horizontal"),
    RandomRotation(0.2),
    RandomZoom(0.2),
    Conv2D(32, 3, activation='relu'),
    MaxPooling2D(),
    Conv2D(32, 3, activation='relu'),
    MaxPooling2D(),
```

▶▶

```
    Conv2D(32, 3, activation='relu'),

    MaxPooling2D(),

    Flatten(),

    Dense(128, activation='relu'),

    Dense(2)

])
```

上述模型是使用串列來建立，在 Input 層之後依序是 RandomFlip、RandomRotation 和 RandomZoom 圖片增強層，這三層沒有參數，而且只有在訓練時才會啟用。然後就可以編譯和訓練模型，如下所示：

```
model.compile(optimizer='adam',
              loss=SparseCategoricalCrossentropy(from_logits=True),
              metrics=['accuracy'])
history = model.fit(train_ds, epochs=40,
                    validation_data=val_ds, verbose=2)
```

上述 compile() 函式的 loss 參數是使用 SparseCategoricalCrossentropy 物件的稀疏分類交叉熵，並指定 from_logits=True，這是指定模型輸出是 logits，而不是 softmax 轉換的機率分佈，其執行結果的測試資料集準確度是 0.73（73%），如下所示：

```
測試資料集的準確度 = 0.73
```

辨識 CIFAR-10 資料集的彩色圖片：ch13-6a.py

Python 程式是修改自 ch9-1-2.py 的 CNN 模型，不同於 ch13-6.py 的作法，我們是在資料集使用 TensorFlow 的 Dataset 物件套用圖片增強層，然後改在 CNN 模型中使用圖片預處理層。

在載入 CIFAR-10 資料集後，建立 RandomFlip、RandomRotation 和 RadomZoom 三層圖片增強層的 Sequential 模型，如下所示：

```
data_augmentation = Sequential(
    [
```

▶▶

```
    RandomFlip("horizontal"),
    RandomRotation(0.1),
    RandomZoom(0.1)
  ]
)
train_ds = tf.data.Dataset.from_tensor_slices((X_train, y_train))
train_ds = train_ds.batch(128).map(
            lambda x, y: (data_augmentation(x), y))
```

　　上述程式碼建立 tf.data.Dataset 物件在訓練資料集套用圖片增強層，
batch() 函式的參數是批次尺寸 128，在 map() 函式的參數使用 Lambda 函
式呼叫 data_augmentation 來執行圖片增強。

　　接著，在 CNN 的 Sequential 模型使用圖片預處理層來執行正規化，如
下所示：

```
model = Sequential()
model.add(Input(shape=X_train.shape[1:]))
model.add(Rescaling(scale=1./255))
model.add(Conv2D(32, kernel_size=(3, 3), padding="same",
            activation="relu"))
model.add(MaxPooling2D(pool_size=(2, 2)))
model.add(Conv2D(64, kernel_size=(3, 3), padding="same",
            activation="relu"))
model.add(MaxPooling2D(pool_size=(2, 2)))
model.add(Dropout(0.5))
model.add(Flatten())
model.add(Dense(256, activation="relu"))
model.add(Dropout(0.5))
model.add(Dense(10, activation="softmax"))
```

　　上述模型在 Input 層之後是 Rescaling 圖片預處理層，這一層沒有參數。在
編譯和訓練模型後，其執行結果的測試資料集準確度是 0.74（74%），如下所示：

```
測試資料集的準確度 = 0.74
```

學習評量

1 請簡單說明訓練 Keras 模型的資料來源有哪些？

2 請問 Python 程式如何批次載入資料夾下的文字檔和圖檔資料集？

3 請問 Python 程式如何使用文字預處理層來執行文字向量化？

4 請簡單說明什麼是資料增強？

5 請問 Keras 圖片預處理層和圖片增強層有哪些？

6 請參考第 13-2-3 節建立 Python 程式分別繪出第 2 層卷積和池化層輸出的特徵圖。

7 請從網路上搜尋和下載一張 PNG 格式的彩色圖片，然後參考第 13-4-1 節建立 Python 程式將圖片轉換成 JPG 格式的圖片。

8 請從網路上搜尋並下載一張圖片，然後參考第 13-5-1 節建立 Python 程式來測試 Keras 圖片增強層的不同參數。

CHAPTER

14

調校你的
深度學習模型

14-1 識別出模型的過度擬合問題

過度擬合（Overfitting）是指模型對於訓練資料集的分類或預測有很高的準確度，但是對於測試資料集的準確度就很差，這表示模型對於訓練資料集的資料有過度擬合的問題。

Tips 過度擬合對比實際生活，就像是有一位同事或同學自信過頭到達了自負或自戀的程度，雖然在公司或班上的小圈圈可以自認卓越非凡，成績名列前茅（準確度高），但是當跳出這個小圈圈，才發現到處碰壁，一山還比一山高（準確度差）。

為什麼模型會產生過度擬合

在第 4-3-3 節有說過，隨著訓練迴圈次數的增加（即訓練週期增加），神經網路就會因為過多的訓練而過度學習，造成神經網路建立的預測模型**缺乏「泛化性」**（Generalization），而這就是過度擬合。

Tips 深度學習模型的泛化性和最佳化的差異如下所示：

1. **最佳化**（Optimization）：最佳化是找出能最小化訓練資料損失的模型參數，即找出模型的最佳權重。

2. **泛化性**（Generalization）：泛化性是指模型對於未知且從沒有看過的資料也能有很好的預測性。

在實務上，我們訓練模型時常常會遇到過度擬合的問題，其背後隱藏的原因就是我們真正需要的模型比我們訓練出來的模型要簡單，也就是說，我們訓練出來的模型有些複雜，記住了太多訓練資料集的雜訊，所以對於沒有看過的資料，預測的錯誤率就會大幅上升。

如何識別出模型過度擬合的問題

　　基本上，我們可以從模型訓練和驗證準確度與損失圖表的趨勢，識別出是否有過度擬合的問題，一般而言，在反覆學習訓練資料集後，損失會逐漸下降、準確度會上升。此例以準確度圖表來說明，如下所示：

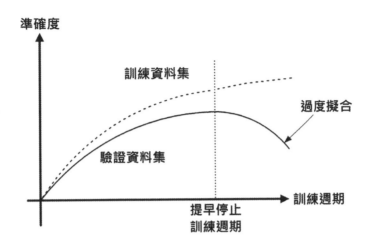

　　驗證資料集因為不是訓練資料，在訓練初期通常準確度會比較差，其驗證準確度的趨勢會有多種情況，如下所示：

● 驗證資料集和訓練資料集相同，都是準確度上升、損失逐漸下降，並且逐步接近訓練準確度的那條線，這是我們最希望的訓練結果。

● 驗證資料集的準確度不會上升、損失也不太會下降，和訓練準確度的那條線一直維持著一定差距，如果之間的差距過大，就表示模型過度擬合相當嚴重。

● 驗證資料集的準確度不但沒有上升，反而是下降，這是訓練次數太多造成的過度擬合，我們可以**提早停止訓練週期**（Early Stopping Epoch），詳見第 14-2-1 節和第 14-5 節的說明。

我們訓練模型的主要目的就是在**找出最佳化的模型參數，即權重**，除了需要避免過度擬合（模型缺乏泛化性），更不能是低度擬合（模型根本無法使用）。

14-2-1 避免過度擬合

當模型過度擬合訓練資料時，表示模型已經過度學習，在實務上，我們有多種方法來避免模型發生過度擬合。

增加訓練資料集的資料量

最簡單避免過度擬合的方法是增加訓練資料，而增加訓練資料的用意就是在增加訓練資料的**多樣性**，多樣性的訓練資料可以避免模型的過度擬合。例如：建立模型分類貓和狗的圖片時，如果訓練資料的圖片只有大型犬，當模型預測一隻小型犬的博美狗時，就可能被誤判成是一隻貓，所以，盡可能增加小型犬和其他不同種類的訓練資料，讓訓練資料更多樣，如此就可以減少誤判，避免模型過度擬合大型犬，而誤以為大型的就是狗、小型的就是貓。

使用資料增強技術

當實際增加訓練資料有困難時，我們可以使用第 13-5 節的資料增強（Data Augmentation）技術，以現有的訓練資料集為範本，使用剪裁、旋轉、縮放、位移和翻轉等多種方式來增加額外的訓練資料。例如：現有的貓圖片大多是面向左方，我們可以使用資料增強技術，增加水平翻轉成面向右方的貓圖片，以增加訓練資料集的資料量。

減少模型的複雜度

一般來說，過度擬合表示訓練出來的模型太過複雜，因此我們可以減少模型的複雜度，讓模型結構變的更簡單來避免過度擬合，如下所示：

● 從模型中刪除一些隱藏層的神經層。

● 在神經層減少一些神經元數。

使用 Dropout 層

Dropout 層可以隨機忽略神經層的神經元集合，也就是隨機將權重歸零，在模型中增加 Dropout 層也是一種避免過度擬合的好方法，如下所示：

● 在模型增加更多的 Dropout 層。

● 在 Dropout 層增加權重歸零的比例，例如：從 0.5 增加至 0.75。

提早停止訓練週期（Early Stopping Epoch）

如果是因為訓練週期太多所造成的過度擬合，除了手動減少訓練週期外，我們也可以使用 Keras 的 EarlyStopping 類別，當準確度不再提升時，就提早停止訓練週期，詳見第 14-5 節的說明。

L1 和 L2 常規化

L1 和 L2 常規化（L1 and L2 Regularization）是一種**權重衰減**（Weight Decay）觀念，也就是懲罰權重，因為當模型產生過度擬合時，權重往往也會變得特別大；反過來說，為了避免權重變得太大造成過度擬合，我們可以在**計算預測值和真實目標值的損失時，加上一個懲罰項**。假設：預測值 y' 的計算是 $y' = W \times X$，其中 W 是權重、X 是訓練資料，而真實值是 y，如下所示：

L1 常規化：損失 $= \left(y' - y\right)^2 + \text{wd} \times |W|$

L2 常規化：損失 $= \left(y' - y\right)^2 + \text{wd} \times \left(W\right)^2$

上述 L1 和 L2 常規化的差異只在最後的懲罰項，L1 是權重 W 的絕對值、L2 是權重 W 的平方，而 wd 是權重衰減率；換句話說，當權重變得太大時，因為加上了權重衰減的懲罰項，損失也會加大，損失大，反向傳播的權重更新調整也多，所以權重衰減的懲罰項可以避免權重太大的情況。

在 Keras 是使用 **Regularizers** 物件建立 L1 和 L2 常規化，在 Python 程式首先需要匯入 regularizers，如下所示：

```
from keras import regularizers
```

然後，我們可以建立和使用 L1 與 L2 常規化的 reqularizers 物件，如下所示：

```
regularizers.l1(0.01)
regularizers.l2(0.01)
regularizers.l1_l2(l1=0.01, l2=0.01)
```

上述 0.01 是權重衰減率的**超參數**（Hyperparameters）。我們可以在 Keras 的 Dense、Conv2D 和 LSTM 等神經層使用 L1 和 L2 常規化，如下所示：

```
model.add(Conv2D(64, kernel_size=(3, 3), padding="same",
                 activation="relu",
                 kernel_regularizer=regularizers.l2(0.01),
                 bias_regularizer=regularizers.l2(0.01)))
```

上述 Conv2D 層使用 kernel_regularizer 和 bias_regularizer 參數來指定 L2 常規化，其說明如下所示：

● **kernel_regularizer 參數**：指定損失函數的 L1 / L2 常規化。

● **bias_regularizer 參數**：指定偏向量的 L1 / L2 常規化。

Python 程式：ch14-2-1.py 是修改自 ch9-1-2.py 的 CIFAR-10 圖片辨識（請使用 Google Colab 雲端服務來執行此程式），在模型的 2 個 Conv2D 層都有使用 L2 常規化，其執行結果可以看到準確度提升至 0.73（73%），如下所示：

```
測試資料集的準確度 = 0.73
```

14-2-2　避免低度擬合

低度擬合（Underfitting）是指訓練完的模型根本無法勝任工作，因為就連訓練資料集的準確度都很差，表示模型根本就沒有學會。同樣的，我們有多種方法來避免低度擬合。

增加模型的複雜度

基本上，我們需要增加模型的複雜度來避免低度擬合，這是因為訓練資料太複雜，但模型太簡單，以至於根本沒有能力學會這些資料。在實務上，我們有多種方法來增加模型的複雜度，如下所示：

● 增加模型的神經層數。

● 在每一層神經層增加神經元數。

● 使用不同種類的神經層。

減少 Dropout 層

當模型產生低度擬合時，我們需要刪除過多的 Dropout 層，或是降低 Dropout 層隨機歸零的比例。例如：50% 歸零的 Dropout 層如果造成低度擬合，我們可以降低成 30%；若不行，再降低成 20%；再不行，就刪除 Dropout 層。

在樣本資料增加更多的特徵數

對於訓練資料集的樣本資料，我們可以藉由增加更多的特徵數來避免低度擬合，更多的特徵數可以幫助模型更容易進行分類。例如：使用高度和寬度的尺寸特徵來進行分類，如果再加上額外的色彩特徵，就可以幫助模型分類得更好。

同理，如果準備建立預測股票價格的模型，原本只有收盤價的特徵，如果模型低度擬合，我們可以增加開盤價、最高價、最低價和成交量等額外特徵，幫助模型能夠更容易地預測股價。

14-3 加速神經網路的訓練：選擇優化器

在成功解決模型的過度擬合問題後，我們還需要面對神經網路訓練時間太長的問題，此時，可以選擇最佳的優化器並自訂優化器的超參數來加速神經網路的訓練。

14-3-1 認識優化器

優化器（Optimizer）的功能是更新神經網路的權重來最小化損失函數，以找出神經網路的最佳權重。在作法上，優化器是使用**反向傳播**計算出每一層權重需要分擔損失的梯度後，再使用**梯度下降法**更新神經網路每一個神經層的權重來最小化損失函數，其基本公式如下所示：

$$W_1 = W_0 - 學習率 \times 梯度$$

上述公式是將權重 W_0 更新至 W_1，為了加速神經網路的訓練，我們可以從**學習率**（Learning Rate）的步伐大小或使用多少資料量計算梯度來改進優化器的效能。另一種方式是增加一些參數，例如：動量，如下所示：

$$W_1 = W_0 - 學習率 \times 梯度 + 動量$$

上述公式增加**動量**（Momentum）參數來改進優化器。目前的眾多優化器就是在學習率和動量等超參數上動動手腳，以便加速神經網路的訓練，使其更快的收斂（Converge）。

Keras 優化器的超參數：SGD

Keras 最基本優化器是 SGD，在 Keras 的 SGD 是指 MBGD（Mini-Batch Gradient Descent），每一次迭代是使用批次尺寸的樣本數量來計算梯度，而且對每一個權重都是使用相同的學習率來進行更新。

　　SGD 的問題是，如果學習率太小，收斂速度會很慢，而且很容易找到的是局部最佳解，而不是全域最佳解。在 Python 程式建立優化器物件需要匯入 **optimizers**，如下所示：

```
from keras import optimizers
```

```
opt_sgd = optimizers.SGD(learning_rate=0.01, momentum=0.0)
```

　　上述程式碼建立 SGD 物件，其參數就是優化器可用的超參數（Hyperparameters），常用超參數的說明如下所示：

● **learning_rate 參數**：學習率，其值是大於 0 的浮點數。

● **momentum 參數**：動量，其值是大於 0 的浮點數，進一步的說明請參閱下一小節。

動量（Momentum）

　　動量是源於物理學的**慣性**，在同一方向會加速、更改方向就會減速，其公式如下所示：

$$V_1 = -\text{lr} \times 梯度 + \text{momentum} \times V_0$$

$$W_1 = W_0 + V_1$$

　　上述 V_1 是這一次的更新量，V_0 是上一次的更新量，lr 是前述學習率的超參數，momentum 就是前述動量的超參數，此時會有兩種情況，如下所示：

● 當梯度方向和上一次更新量的方向相同時，可以從上一次更新量得到加速作用。

● 當梯度方向和上一次更新量的方向相反時，可以從上一次更新量得到減速作用。

動量如同我們將一顆球放在斜坡上，推一下球因為慣性會往下滾，如果沒有阻力就會愈滾愈快，有阻力就會減速，換句話說，在梯度方向不變的維度，速度就會加快；梯度方向改變的維度，速度就會變慢，這種方式不僅可以加快收斂，還可以減少收斂時發生震盪。

學習率衰減係數（Learning Rate Decay）

學習率衰減是指學習率會隨著每一次的權重更新而逐漸變小，也就是說，在剛開始訓練時是使用大步伐，隨著訓練增加，愈來愈接近最小值時，學習率的步伐也會愈變愈小，如下所示：

$$lr_1 = lr_0 \times \frac{1.0}{1.0 + decay \times \text{更新次數}}$$

上述公式的 decay 是學習率衰減係數的超參數，可以看出隨著更新次數增加（分母變大），學習率 lr 就會愈來愈小，也因為在接近最小值時的步伐變小，收斂時的震盪也會變小。

自適應性學習率（Adaptive Learning Rates）

Keras 的 Adagrad、Adadelta、RMSprop 和 Adam 都是一種自適應性學習率的優化器。「自適應性」（Adaptive）是指這些優化器會依目前的條件或環境，自動調整更新使用的學習率。

基本上，自適應性學習率是指每一個參數（即權重）更新都會使用數學公式來計算出客製化更新的學習率，如下所示：

● **Adagrad**：每一次的參數更新是依據梯度平方和的累積來自動調整學習率。對於梯度平方和比較小的參數，表示其波動比較小，所以採用較大的學習率更新；梯度平方和比較大的參數，表示其波動比較大，就使用較小的學習率來更新。然而，Adagrad 公式的累積效應會造成分母快速的變大，導致學習率的急遽下降，最終變得非常的小。

● **Adadelta**：與 Adagrad 相比修改了更新公式，在使用梯度累積值調整參數的同時，也對梯度和參數更新做了一個加權移動平均，並且使用梯度平方的指數加權移動平均值來調整學習率，其好處是分母不會快速變大，所以能夠解決 Adagrad 學習率遞減過快的問題。

● **RMSprop**：類似於 Adadelta，RMSprop 也是為了解決 Adagrad 學習率遞減過快的問題，其作法是使用梯度平方的指數加權移動平均值，並增加一個衰減系統，以取代 Adagrad 梯度平方和的累積，從而緩解學習率遞減過快的問題。

● **Adam**：Adam 是結合 Adagrad 自適應學習率調整和 RMSprop 指數加權移動平均的概念，並且與動量（Momentum）梯度方向慣性調整結合在一起，同時執行偏差校正，可以讓學習率保持在一個範圍之內，從而實現更平穩的參數更新。

14-3-2　使用自訂的 Keras 優化器

一般來說，Keras 最常用的優化器有 SGD、Adam 和 RMSprop 三種，在大部分情況下，Adam 和 RMSprop 差不多，不過整體而言還是 Adam 最好，所以本書的大部分範例都是使用 Adam 優化器。

如果神經網路模型在編譯時需要自訂優化器的超參數，我們需要在 compile() 函式的 optimizer 參數使用優化器物件，不能使用優化器名稱字串 "sgd"、"adam" 和 "rmsprop"，例如：在建立 SGD 物件 opt_sgd 後，就可以在 compile() 函式的 optimizer 參數指定優化器物件，如下所示：

```
model.compile(loss="categorical_crossentropy",
              optimizer=opt_sgd,
              metrics=["accuracy"])
```

在本節的 Python 程式：ch14-3-2~2b.py 是修改自 ch9-1-2.py，分別改用 SGD、Adam 和 RMSprop 三種自訂優化器來執行 CIFAR-10 圖片辨識（請使用 Google Colab 雲端服務來執行這些程式），如下所示：

使用 SGD 優化器：ch14-3-2.py

Python 程式是使用自訂參數的 SGD 優化器，如下所示：

```
from keras import optimizers
...
opt_sgd = optimizers.SGD(learning_rate=0.05, momentum=.08)
model.compile(loss="categorical_crossentropy", optimizer=opt_sgd,
              metrics=["accuracy"])
```

上述程式碼匯入 optimizers 後，建立 SGD 物件 opt_sgd 指定 learning_rate 參數的學習率和 momentum 參數的動量，然後在 compile() 函式指定優化器是 opt_sgd 物件，其執行結果可以看到準確度是 0.73（73%），如下所示：

```
測試資料集的準確度 = 0.73
```

使用 Adam 優化器：ch14-3-2a.py

Python 程式是使用 ExponentialDecay 學習率指數衰減物件來建立自訂參數的 Adam 優化器，以便於使用學習率衰減係數，如下所示：

```
from keras import optimizers
...
lr_schedule = optimizers.schedules.ExponentialDecay(
    initial_learning_rate=0.002,
    decay_steps=4000,
    decay_rate=0.96)
```

上述程式碼匯入 optimizers 後，建立 ExponentialDecay 學習率指數衰減物件，initial_learning_rate 參數是初始學習率，decay_rate 參數是學習率衰減係數，decay_steps 參數是學習率衰減步數 4000 步，其計算公式是：（訓練資料樣本數 / 批次尺寸）×週期數，即 (40000/128)×13，大約是 4000 步。

接著在下方建立 Adam 物件 opt_adam 指定 learning_rate 參數的學習率是 lr_schedule 物件，如下所示：

```
opt_adam = optimizers.Adam(learning_rate=lr_schedule)
model.compile(loss="categorical_crossentropy", optimizer=opt_adam,
              metrics=["accuracy"])
```

上述 compile() 函式指定優化器是 opt_adam 物件，其執行結果可以看到準確度是 0.73（73%），如下所示：

```
測試資料集的準確度 = 0.73
```

使用 RMSprop 優化器：ch14-3-2b.py

Python 程式一樣是使用 ExponentialDecay 學習率指數衰減物件來建立自訂參數的 RMSprop 優化器，如下所示：

```
from keras import optimizers
...
lr_schedule = optimizers.schedules.ExponentialDecay(
    initial_learning_rate=0.002,
    decay_steps=4000,
    decay_rate=0.96)
opt_rms = optimizers.RMSprop(learning_rate=lr_schedule)
model.compile(loss="categorical_crossentropy", optimizer=opt_rms,
              metrics=["accuracy"])
```

上述程式碼匯入 optimizers 後，建立 RMSprop 物件 opt_rms，並指定 learning_rate 參數的學習率是 ExponentialDecay 物件 lr_schedule，然後在 compile() 函式指定優化器是 opt_rms 物件，其執行結果可以看到準確度是 0.72（72%），如下所示：

```
測試資料集的準確度 = 0.72
```

加速神經網路的訓練：批次正規化

批次正規化（Batch Normalization）是一種優化方法來幫助神經網路訓練得更快，除了優化器外，這是另一種加速神經網路訓練的選擇。

14-4-1 認識批次正規化

「批次正規化」（Batch Normalization，BN）和第 4-6-2 節的**特徵標準化**相似，當我們將樣本資料經特徵標準化送入神經網路後，雖然送入的資料已經標準化，但是在調整權重更新參數值後，有可能在神經網路中再次讓資料變得太大或太小，這個問題在原始論文稱為「**內部共變量位移**」（Internal Covariate Shift）。

基本上，當神經網路內部的資料再次變得太大或太小時，看起來好像沒有什麼問題，但是經過啟動函數後，問題就會浮現，例如：Tanh 函數的輸出範圍是在 -1~1 之間，如果資料太大或太小，其輸出值將永遠停留在 1 或 -1，這表示神經網路對這些資料已經沒有任何敏感度，如下圖所示：

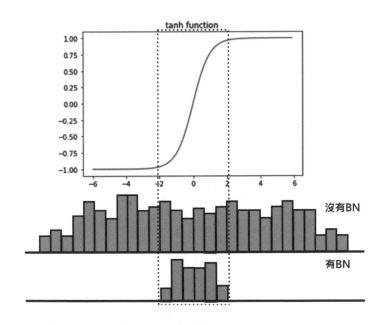

上述圖例顯示出，當資料再次變得太大或太小時，資料分佈的範圍也就變得更廣，如果沒有進行批次正規化（BN），在啟動函數敏感區域之間的資料量會變得很少，而當經過 Tanh 啟動函數後，大部分的輸出值都是位在飽和值的 1 或 -1，表示資料的多樣性已經消失。

如果使用批次正規化，資料範圍會再次正規化至啟動函數的敏感區域內，在經過 Tanh 啟動函數後，輸出的值會在 -1~1 之間分佈得更加平均，如此才能將有價值的資料傳遞至下一層神經層。

整體而言，批次正規化可以讓神經網路變得更好，其優點如下所示：

● 加速神經網路的訓練，使其可以更快的收斂（Converge）。

● 優化器可以使用更大的學習率，並且讓初始權重更加簡單。

● 緩解梯度消失的問題，而在神經層也能使用更多種啟動函數。

14-4-2　在 MLP 使用批次正規化 BN 層

在 MLP 中，批次正規化 BN 層是位在 Dense 層之後、啟動函數層之前（需要使用獨立的 Activation 啟動函數層），如右圖所示：

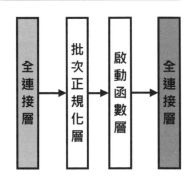

上述圖例的 BN 層是位在 Dense 層之後、啟動函數層之前，**請注意！這個 Dense 層沒有指定啟動函數，也沒有使用偏向量。**Python 程式：ch14-4-2.py 是修改自 ch6-2-3.py 的鐵達尼號生存分析，程式首先匯入 BatchNormalization 和 Activation 層，如下所示：

```
from keras.layers import BatchNormalization, Activation
```

在定義模型的 2 個 Dense 隱藏層之後，都加上 **BatchNormalization** 的 BN 層，接著是啟動函數為 ReLU 的 **Activation** 層，如下所示：

```
model = Sequential()
model.add(Input(shape=(X_train.shape[1],)))
model.add(Dense(11, use_bias=False))
model.add(BatchNormalization())
model.add(Activation("relu"))
model.add(Dense(11, use_bias=False))
model.add(BatchNormalization())
model.add(Activation("relu"))
model.add(Dense(1, activation="sigmoid"))
```

上述前 2 個 Dense 層都沒有 activation 參數，而 use_bias 參數值 False 表示不使用偏向量，這是因為在執行批次正規化時，偏向量並沒有作用，只會增加計算量。接著再依序新增 BatchNormalization 和 Activation 層，啟動函數指定 ReLU 函數，其模型摘要資訊如下所示：

Layer (type)	Output Shape	Param #
dense_17 (Dense)	(None, 11)	99
batch_normalization_2 (BatchNormalization)	(None, 11)	44
activation_2 (Activation)	(None, 11)	0
dense_18 (Dense)	(None, 11)	121
batch_normalization_3 (BatchNormalization)	(None, 11)	44
activation_3 (Activation)	(None, 11)	0
dense_19 (Dense)	(None, 1)	12

```
Total params: 320 (1.25 KB)
Trainable params: 276 (1.08 KB)
Non-trainable params: 44 (176.00 B)
```

接著編譯和訓練模型，驗證資料集是直接使用測試資料集，如下所示：

```
model.compile(loss="binary_crossentropy", optimizer="adam",
              metrics=["accuracy"])
```

▶▶

```
history = model.fit(X_train, y_train, verbose=2,
                    validation_data=(X_test, y_test),
                    epochs=34, batch_size=10)
```

上述優化器是 adam,損失函數是 binary_crossentropy,訓練週期是 34,批次尺寸是 10,其訓練過程的最後幾個週期如下所示:

```
Epoch 29/34
105/105 - 0s - 1ms/step - accuracy: 0.7886 - loss: 0.4697 - val_accuracy: 0.7833 - val_loss: 0.4380
Epoch 30/34
105/105 - 0s - 1ms/step - accuracy: 0.7952 - loss: 0.4879 - val_accuracy: 0.7907 - val_loss: 0.4359
Epoch 31/34
105/105 - 0s - 1ms/step - accuracy: 0.7990 - loss: 0.4705 - val_accuracy: 0.7907 - val_loss: 0.4365
Epoch 32/34
105/105 - 0s - 1ms/step - accuracy: 0.7981 - loss: 0.4787 - val_accuracy: 0.7944 - val_loss: 0.4365
Epoch 33/34
105/105 - 0s - 1ms/step - accuracy: 0.7810 - loss: 0.4735 - val_accuracy: 0.7870 - val_loss: 0.4345
Epoch 34/34
105/105 - 0s - 1ms/step - accuracy: 0.7867 - loss: 0.4700 - val_accuracy: 0.8222 - val_loss: 0.4346
```

最後,我們可以使用測試資料集來評估模型,如下所示:

```
loss, accuracy = model.evaluate(X_test, y_test, verbose=0)
print(" 測試資料集的準確度 = {:.2f}".format(accuracy))
```

上述程式碼的執行結果可以看到準確度提升至 0.82(82%),如下所示:

```
測試資料集的準確度 = 0.82
```

訓練和驗證損失的趨勢圖表,如右圖所示:

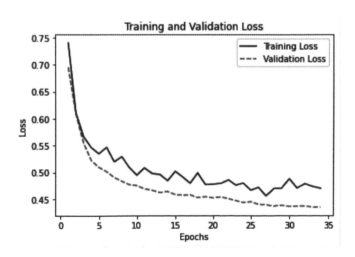

訓練和驗證準確度的
趨勢圖表，如右圖所示：

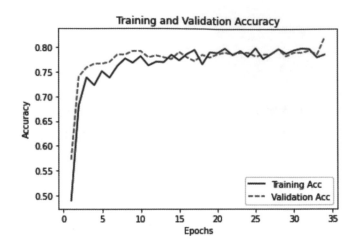

14-4-3　在 CNN 使用批次正規化 BN 層

在 CNN 使用批次正規化 BN 層和第 14-4-2 節的作法相似，BN 層是位
在 Conv2D 層之後，同樣的，在 Conv2D 層沒有指定啟動函數，也沒有使用
偏向量。

Python 程式：ch14-4-3.py 是修改自 ch9-1-2.py 的 CIFAR-10 圖片辨識
（請使用 Google Colab 雲端服務執行此程式），首先匯入 BatchNormalization
和 Activation 層，如下所示：

```
from keras.layers import BatchNormalization, Activation
```

在定義模型的 2 個 Conv2D 層之後，都加上 BatchNormalization 的
BN 層，接著是啟動函數為 ReLU 的 Activation 層，如下所示：

```
model = Sequential()
model.add(Input(shape=X_train.shape[1:]))
model.add(Conv2D(32, kernel_size=(3, 3), padding="same",
                 use_bias=False))
model.add(BatchNormalization())
model.add(Activation("relu"))
```

```
model.add(MaxPooling2D(pool_size=(2, 2)))
model.add(Conv2D(64, kernel_size=(3, 3), padding="same",
                  use_bias=False))
model.add(BatchNormalization())
model.add(Activation("relu"))
model.add(MaxPooling2D(pool_size=(2, 2)))
model.add(Dropout(0.25))
model.add(Flatten())
model.add(Dense(512, activation="relu"))
model.add(Dropout(0.5))
model.add(Dense(10, activation="softmax"))
```

上述 2 個 Conv2D 層都沒有 activation 參數,而 use_bias 參數值 False 表示不使用偏向量,接著依序新增 BatchNormalization 層和 Activation 層,啟動函數指定 ReLU 函數,其執行結果可以看到準確度提升至 0.73 (73%),如下所示:

```
測試資料集的準確度 = 0.73
```

14-5　在正確的時間點停止模型訓練

在訓練神經網路時,如果指定過多的訓練週期就會造成過度擬合、過少則可能會低度擬合,如何選擇最佳的訓練週期數,在實務上是一個大問題,特別是那些需要龐大訓練週期的神經網路。

在 Keras 可以使用 EarlyStopping 類別來提早停止模型的訓練,幫助我們在正確的時間點停止訓練,不過,在說明前我們需要先了解 Keras 的 Callback 抽象類別。

使用 Keras 的 Callback 抽象類別：ch14-5.py

Keras 的 **Callback** 抽象類別可以在 fit() 函式訓練模型時，與訓練過程進行溝通來監控模型的訓練。Python 程式是修改自 ch5-2-2.py 的糖尿病預測，使用 Callback 抽象類別來儲存訓練過程中的準確度和損失值，首先匯入 Callback 抽象類別，如下所示：

```python
from keras.callbacks import Callback

class fitHistory(Callback):
    def on_train_begin(self, logs={}):
        self.acc = []
        self.losses = []

    def on_batch_end(self, batch, logs={}):
        self.acc.append(logs.get("accuracy"))
        self.losses.append(logs.get("loss"))
```

上述程式碼宣告繼承自 Callback 類別的 fitHistory 類別，在訓練開始的 on_train_begin() 函式初始 acc 和 losses 屬性來儲存準確度和損失值；而在 on_batch_end() 函式結束批次訓練時，新增此週期的準確度和損失值至串列。接著建立 fitHistory 物件 history，如下所示：

```python
history = fitHistory()
model.fit(X, y, batch_size=64, epochs=5, verbose=0,
          callbacks=[history])
```

上述 fit() 函式使用 callbacks 參數值串列指定呼叫的 Callback 物件 history，而由於此參數值是串列，可以同時新增多個 Callback 物件。在訓練完畢後，就可以顯示儲存的準確度和損失值，如下所示：

```python
print(" 筆數： ", len(history.acc))
print(history.acc)
print(" 筆數： ", len(history.losses))
print(history.losses)
```

上述執行結果顯示筆數（(768/64)×5=60），和每一個批次的準確度串列，如下所示：

```
筆數:  60
[0.6875, 0.6796875, 0.5989583134651184, 0.60546875, 0.6000000238418579,
0.6145833134651184, 0.6205357313156128, 0.62109375, 0.6284722089767456,
```

```
6.66093012063141, 6.654947036348616, 0.5565, 0.5559175, 0.019516065488.6,
0.63671875, 0.612500011920929, 0.609375, 0.6160714030265808, 0.609375, 0.609375,
0.609375, 0.6107954382896423, 0.6106770634651184]
```

損失值串列，如下所示：

```
筆數:  60
[2.5167324542999268, 2.404221773147583, 2.844991683959961, 3.442487955093384,
3.646791934967041, 3.4938600063323975, 3.483954668045044, 3.472248077392578,
3.44293804626465, 3.4167339017883, 3.3594794999168045, 3.3775203227006826,
```

```
6.650384064035225, 0.715573135656581, 0.7235715892617c9, 5.7405076714386,
0.7273859977722168, 0.7398436665534973, 0.7353564500808716, 0.7960946559906006,
0.8513283335506775, 0.8420556783676147, 0.8254114389419556, 0.8158029913902283]
```

提早停止模型的訓練：ch14-5a.py

Python 程式是修改自 ch5-2-4c.py 的糖尿病預測，使用 **EarlyStopping** 類別來提早停止模型訓練，這就是 Keras 內建的 Callback 類別。在程式需要匯入 EarlyStopping 類別來建立 EarlyStopping 物件，如下所示：

```
from keras.callbacks import EarlyStopping
```

```
es = EarlyStopping(monitor="val_loss", mode="min",
                   verbose=1)
```

上述程式碼建立 EarlyStopping 物件 es，其參數說明如下所示：

● **monitor 參數**：指定監測的停止訓練標準，如果監測的表現沒有改進就會停止訓練，以此例是監測驗證損失。

- mode 參數：評估表現是否有改進的標準，值 min 是最小值、max 是最大值，預設值 auto 是自動判斷，以此例是監測驗證損失沒有再減少（最小值）。

- verbose 參數：值 1 可以顯示出在哪一個訓練週期停止訓練。

接著在 fit() 函式的 callbacks 參數值串列指定 EarlyStopping 物件 es，如下所示：

```
history = model.fit(X_train, y_train, validation_split=0.2,
                    epochs=30, batch_size=10,
                    verbose=0, callbacks=[es])
```

上述程式碼的執行結果，可以看到是在第 15 次訓練週期提早停止模型的訓練，如下所示：

```
Epoch 15: early stopping
```

 Tips 請注意！當 fit() 函式指定 callbacks 參數的 EarlyStopping 物件時，一定要指定 validation_split 或 validation_data 參數的驗證資料集。

延遲提早停止模型的訓練：ch14-5b.py

在實務上，當第 1 次出現模型訓練沒有改進的訊號時，並不一定就是最佳提早停止模型訓練的時間點，因為模型可能會在稍微變差後，再次進入到更佳情況，此時，可以使用 patience 參數指定延遲提早停止模型訓練的訓練週期數，以此例是 5，如下所示：

```
es = EarlyStopping(monitor="val_loss", mode="min",
                   verbose=1, patience=5)
```

上述程式碼的執行結果，可以看到在第 29 次訓練週期提早停止模型的訓練，如下所示：

```
Epoch 29: early stopping
```

使用準確度來提早停止模型的訓練：ch14-5c.py

同樣的，我們也可以改用準確度作為判斷是否提早停止模型的訓練的條件，如下所示：

```
es = EarlyStopping(monitor="val_accuracy", mode="max",
                   verbose=1, patience=5)
```

上述程式 monitor 參數值是 val_accuracy 驗證準確度，因為是準確度，所以 mode 參數值是 max，其執行結果可以看到是在第 16 次訓練週期提早停止模型的訓練，如下所示：

```
Epoch 16: early stopping
```

14-6 在模型訓練時自動儲存最佳權重

Keras 的 EarlyStopping 物件是當評估表現的條件成立時，就自動停止模型的訓練，例如：停止條件是驗證資料集的損失不再降低，但是，符合此條件的訓練週期並不見得就是模型的最佳權重。

為了在模型訓練時能夠自動儲存最佳權重，我們需要使用 ModelCheckpoint 類別，這也是一種 Keras 內建的 Callback 類別。

自動儲存最佳權重的模型檔：ch14-6.py

Python 程式可以使用 **ModelCheckpoint** 物件自動儲存訓練過程中最佳權重的模型檔（包含模型結構），首先匯入 ModelCheckpoint 類別來建立 ModelCheckpoint 物件，如下所示：

```
from keras.callbacks import ModelCheckpoint
```

```
mc = ModelCheckpoint("best_model.keras", monitor="val_accuracy",
                     mode="max", verbose=1,
                     save_best_only=True)
```

上述程式碼建立 ModelCheckpoint 物件 mc，第 1 個參數是儲存的模型檔案名稱，monitor、mode 和 verbose 參數與 EarlyStopping 類別相同，save_best_only 參數值 True 表示只儲存最佳權重，也就是說，只有比目前最好的權重還要好時，才會儲存該權重的模型檔。

接著在 fit() 函式的 callbacks 參數值串列指定 ModelCheckpoint 物件 mc，如下所示：

```
history = model.fit(X_train, y_train, validation_split=0.2,
                    epochs=15, batch_size=10,
                    verbose=0, callbacks=[mc])
```

上述程式碼的執行結果，可以看到在第 1、3、5、6、7、10 次的訓練週期都有儲存最佳權重的模型檔，如下所示：

```
Epoch 1: val_accuracy improved from -inf to 0.76087, saving model to best_model.keras

Epoch 2: val_accuracy did not improve from 0.76087

Epoch 3: val_accuracy improved from 0.76087 to 0.76812, saving model to best_model.keras

Epoch 4: val_accuracy did not improve from 0.76812

Epoch 5: val_accuracy improved from 0.76812 to 0.77536, saving model to best_model.keras

Epoch 6: val_accuracy improved from 0.77536 to 0.78261, saving model to best_model.keras

Epoch 7: val_accuracy improved from 0.78261 to 0.78986, saving model to best_model.keras

Epoch 8: val_accuracy did not improve from 0.78986

Epoch 9: val_accuracy did not improve from 0.78986

Epoch 10: val_accuracy improved from 0.78986 to 0.80435, saving model to best_model.keras
......
```

在 Python 程式的同一目錄可以看到模型權重檔 best_model.keras。

在模型載入最佳權重的模型檔：ch14-6a.py

在 ModelCheckpoint 物件儲存最佳權重的模型檔後，就可以在 Python 程式呼叫 load_model() 函式來載入模型檔，如下所示：

```
model = load_model("best_model.keras")
```

同時使用 EarlyStopping 和 ModelCheckpoint 物件：ch14-6b.py

Python 程式可以同時使用 EarlyStopping 和 ModelCheckpoint 物件，如下所示：

```
es = EarlyStopping(monitor="val_loss", mode="min",
                   verbose=1)
filename = "best_model-{epoch:02d}-{val_accuracy:.2f}.keras"
mc = ModelCheckpoint(filename, monitor="val_accuracy",
                     mode="max", verbose=1,
                     save_best_only=True)
```

上述程式碼分別建立 EarlyStopping 和 ModelCheckpoint 物件，ModelCheckpoint 物件的第 1 個參數是 filename 變數，這是模型檔名的變數，如下所示：

```
filename = "best_model-{epoch:02d}-{val_accuracy:.2f}.keras"
```

上述檔名包含訓練週期數和 val_accuracy 驗證準確度，可以將訓練過程中所有最佳權重的模型都儲存成檔案。

接著在 fit() 函式的 callbacks 參數值串列指定 es 和 mc 物件，如下所示：

```
history = model.fit(X_train, y_train, validation_split=0.2,
                    epochs=20, batch_size=10,
                    verbose=0, callbacks=[es, mc])
```

上述程式碼的執行結果，可以看到在第 19 次訓練週期提早停止模型的訓練，如下所示：

```
Epoch 19: early stopping
```

並且在 Python 程式目錄中儲存了 7 個最佳權重的模型檔，如下圖所示：

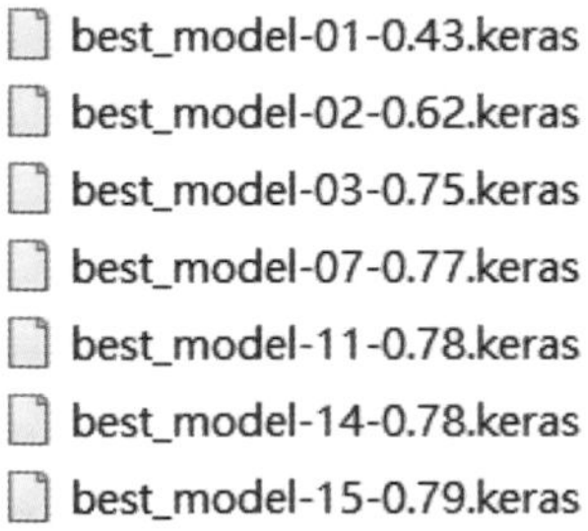

best_model-01-0.43.keras
best_model-02-0.62.keras
best_model-03-0.75.keras
best_model-07-0.77.keras
best_model-11-0.78.keras
best_model-14-0.78.keras
best_model-15-0.79.keras

14-7　自動調校神經網路模型的超參數：KerasTuner

AutoML 是自動化機器學習模型的開發流程，可以自動嘗試不同模型和演算法的超參數來建置有效率且富生產力的 ML 模型，同時維持模型的品質。

KerasTuner 是一個基於 Keras 的函式庫，用於自動調校模型超參數來最佳化神經網路，可以幫助我們找出最佳模型和演算法超參數的組合，此過程稱為超參數調整或超參數調校，如下所示：

- **模型超參數**（Model Hyperparameters）：影響模型結構的隱藏層數、神經元數和 Dropout 層數等超參數。

- **演算法超參數**（Algorithm Hyperparameters）：影響優化器演算法速度和品質的超參數，例如：SGD 優化器最佳學習率的超參數等。

安裝 KerasTuner

請開啟「Anaconda Prompt」命令提示字元視窗，首先輸入 conda activate 指令啟動 keras_tf 虛擬環境，接著輸入 pip install 指令安裝 KerasTuner 套件，如下所示：

```
(keras_tf) C:\Users\hueya>pip install --upgrade keras-tuner
```

使用 KerasTuner 調校神經網路模型的超參數

在 Keras 3.0 版的 Fashion-MNIST 資料集擁有 60,000 張 28×28 灰階圖片的訓練資料，和 10,000 張測試資料，共分成 10 個流行服飾分類 0~9，標籤值 0 是短袖或長袖上衣（T-shirt/top）、1 是褲子（Trouser）、2 是套頭衫（Pullover）、3 是連衣裙（Dress）、4 是外套（Coat）、5 是涼鞋（Sandal）、6 是襯衫（Shirt）、7 是運動鞋（Sneaker）、8 是包包（Bag）和 9 是短靴（Ankle boot）。

Python 程式：ch14-7.py 是使用 Fashion-MNIST 資料集來建立流行服飾的圖片分類，並且使用 KerasTuner 自動調校模型超參數來幫助我們訓練出最佳的神經網路模型。首先匯入相關模組與套件，如下所示：

```
import numpy as np
from keras.datasets import fashion_mnist
from keras import Sequential
from keras.layers import Input, Flatten, Dense, Dropout
from keras.optimizers import Adam
from keras.losses import SparseCategoricalCrossentropy
import keras_tuner as kt


np.random.seed(10)
```

上述程式碼匯入 NumPy 套件、keras.dataset 下的 fashion_mnist 資料集、Keras 的 Sequential 模型，以及 Input、Flatten、Dense 和 Dropout 層，並匯入 Adam 優化器、SparseCategoricalCrossentropy 損失函數，以及名為 keras_tuner 的 KerasTuner（別名 kt），然後指定亂數種子是 10。

載入 Fashion-MNIST 資料集與正規化

Fashion-MNIST 資料集的資料預處理只需進行正規化，首先載入資料集，如下所示：

```
(X_train, y_train), (X_test, y_test) = fashion_mnist.load_data()
```

上述程式碼呼叫 load_data() 函式載入資料集後，執行特徵標準化的正規化（Normalization），將色彩值轉換成浮點數後，即可從 0.0~255.0 轉換成 0.0~1.0，如下所示：

```
X_train = X_train.astype("float32") / 255.0
X_test = X_test.astype("float32") / 255.0
```

定義超模型（Hypermodel）

接著，我們需要定義超模型（Hypermodel），這是擁有調校超參數的神經網路模型，可以定義需調校的超參數和其範圍。KerasTuner 支援使用函式或繼承 HyperModel 類別來定義超模型。

在此例是使用 build_model() 函式定義超模型，其參數 hp 就是一個 **HyperParameters** 物件，此物件的內容是需要調校的超參數，如下所示：

```
def build_model(hp):
    model = Sequential()
    model.add(Input(shape=(28, 28)))
    model.add(Flatten())
```

上述程式碼建立 Sequential 模型後，新增 Input 和 Flatten 層，然後在 Dense 隱藏層最佳化神經元數（模型超參數），其範圍是 32~512，如下所示：

```
    hp_units = hp.Int("units", min_value=32, max_value=512, step=32)
    model.add(Dense(units=hp_units, activation="relu"))
```

上述程式碼使用 hp.Int() 函式建立名為 units 的整數超參數，其值的範圍是 min_value 參數的最小值 32、max_value 參數的最大值 512，step 參數是增量值 32，然後，在 Dense 層指定 units 參數值的神經元數是超參數的神經元數 32~512，而調校就是從此範圍找出最佳的神經元數。

在下方 if 條件使用 hp.Boolean() 函式建立名為 dropout 的布林超參數，此超參數可以決定是否新增 Dropout 層，如下所示：

```
    if hp.Boolean("dropout"):
        model.add(Dropout(rate=0.25))
    model.add(Dense(10))
    hp_learning_rate = hp.Choice("learning_rate",
                                 values=[1e-2, 1e-3, 1e-4])
```

上述程式碼在新增輸出層後，就使用 hp.Choice() 函式建立名為 learning_rate 的學習率超參數（演算法超參數），其值是從 values 參數值的串列中選擇，即 0.01、0.001 或 0.0001。

當然，我們也可以使用 ht.Float() 函式建立浮點數超參數，其範圍是 1e-4~1e-2，sampling 參數是使用對數分佈來抽樣，如下所示：

```
hp_learning_rate2 = hp.Float("learning_rate2", min_value=1e-4,
                             max_value=1e-2, sampling="log")
```

接著，我們在下方編譯模型的 Adam 優化器指定上述學習率超參數 hp_learning_rate，並在最後回傳編譯後的超模型，如下所示：

```
model.compile(optimizer=Adam(learning_rate=hp_learning_rate),
              loss=SparseCategoricalCrossentropy(from_logits=True),
              metrics=["accuracy"])

return model
```

使用超參數調校器搜尋最佳的超參數值

接著，我們需要選擇超參數調校器（HyperTuner），這是一種演算法來搜尋出最佳的超參數值，KerasTuner 可以使用的調校器（演算法）有：**RandomSearch**、**BayesianOptimization** 和 **Hyperband** 物件。

以此例，我們是使用 Hyperband 超參數調校器，此演算法可以使用較少的訓練週期來訓練大型的模型，如下所示：

```
tuner = kt.Hyperband(build_model,
              objective="val_accuracy",
              max_epochs=50,
              factor=3,
              directory="my_dir",
              project_name="kt_example")
```

　　上述程式碼建立 Hyperband 物件，第 1 個參數是定義超模型的 build_ model() 函式，objective 參數是最佳化目標的驗證準確度，此演算法是使用 max_epochs 參數值 50 和 factor 參數來決定訓練模型的數量，directory 參數是儲存試驗資料的目錄，project_name 參數是專案名稱。在下方使用 EarlyStopping 監控 "val_loss" 來提早停止模型的訓練，如下所示：

```
from keras.callbacks import EarlyStopping
```

```
stop_early = EarlyStopping(monitor="val_loss", patience=5)
```

　　現在，我們可以呼叫超參數調校器的 **search()** 函式，執行超參數最佳化搜尋，如下所示：

```
tuner.search(X_train, y_train, epochs=50,
             validation_split=0.2, callbacks=[stop_early])
```

　　上述 search() 函式如同 fit() 函式，且需要 validation_split 參數來分割出驗證資料集，而訓練週期是 50 次（**請注意！此訓練週期有可能會被調校器更改**，例如：Hyperband 在不同階段會使用不超過 max_epochs 參數值的訓練週期來評估模型）。請耐心等待最佳化搜尋，在完成後，可以取得最佳的超參數值，如下所示：

```
best_hps = tuner.get_best_hyperparameters(num_trials=1)[0]
print("Dense 層的最佳神經元數:", best_hps.get("units"))
print("Adam 最佳的學習率:", best_hps.get("learning_rate"))
print("是否有 Dropout 層:", best_hps.get("dropout"))
```

　　上述程式碼呼叫 **get_best_hyperparameters()** 函式取得最佳的超參數值，參數 num_trials 是 HyperParameters 物件的回傳數，1 是第 1 名、2 就是前 2 名，然後使用 get() 函式取得指定超參數的最佳值，其執行結果如下所示：

```
Dense 層的最佳神經元數: 480
Adam 最佳的學習率: 0.001
是否有 Dropout 層: False
```

在「ch14\my_dir\kt_example」資料夾可以看到 90 次試驗（Trial 的子資料夾，每一次試驗代表一個超參數組合的評估，然後從這些試驗來找出最佳的超參數值，如下圖所示：

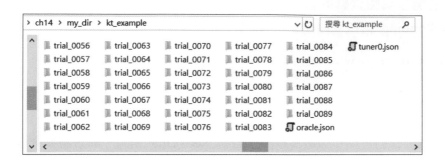

★ 小編註 儲存 90 次試驗的「完整路徑」中，若有中文字可能會造成 Python 程式：ch14-7.py 無法執行，會出現以下錯誤資訊：

```
FailedPreconditionError: my_dir\kt_example is not a directory
```

使用超參數最佳化模型找出最佳訓練週期

在找出最佳超參數值後，我們就可以呼叫 **hypermodel.build()** 函式建立使用最佳超參數值的神經網路模型，然後訓練此模型來找出最佳的訓練週期，如下所示：

```
model = tuner.hypermodel.build(best_hps)
history = model.fit(X_train, y_train, epochs=50,
                    validation_split=0.2, verbose=0)
```

上述 model 是使用最佳超參數值來最佳化神經網路模型，在呼叫 fit() 函式訓練模型後，可以取得 "val_accuracy" 驗證準確度的歷史記錄，如下所示：

```
val_acc_per_epoch = history.history["val_accuracy"]
best_epoch = val_acc_per_epoch.index(max(val_acc_per_epoch)) + 1
print("最佳的訓練週期:", best_epoch)
```

上述程式碼呼叫 max() 函式找出最佳的驗證準確度索引，再加上 1 就是最佳訓練週期 best_epoch 變數的值，其執行結果如下所示：

```
最佳的訓練週期： 42
```

使用最佳訓練週期再次訓練與評估超參數最佳化模型

最後，我們可以再次建立最佳超參數值的 hypermodel 模型，並使用最佳週期數 best_epoch 來重新訓練與評估模型，如下所示：

```
hypermodel = tuner.hypermodel.build(best_hps)
hypermodel.fit(X_train, y_train, epochs=best_epoch,
               validation_split=0.2, verbose=0)
loss, accuracy = hypermodel.evaluate(X_test, y_test, verbose=0)
print("測試資料集的準確度 = {:.2f}".format(accuracy))
```

上述 evaluate() 函式的執行結果，可以看到測試資料集的準確度是 0.89（89%），如下所示：

```
測試資料集的準確度 = 0.89
```

學習評量

1 請說明如何識別模型是過度擬合？或是低度擬合？

2 請舉例說明有幾種方法來避免過度擬合？幾種方法來避免低度擬合？

3 請問什麼是 L1 和 L2 常規化？什麼是優化器？何謂批次正規化？

4 請簡單說明 EarlyStopping 和 ModelCheckpoint 類別的用途？

5 請從第 6、9 和 12 章找出一個神經網路範例，然後使用第 14-2-1 節的 L1 和 L2 常規化來重新訓練模型。

6 請接續第 5 題，使用第 14-4 節的批次正規化來重新訓練模型。

7 請從第 6、9 和 12 章找出一個神經網路範例，然後分別改用 SGD、Adam 和 RMSprop 三種自訂優化器來重新訓練模型。

8 請接續第 7 題，使用 EarlyStopping 和 ModelCheckpoint 類別來提早停止模型的訓練，並儲存最佳權重檔。

9 請問什麼是 KerasTuner？其功能為何？

10 請參考 Python 程式 ch14-7.py，並從第 6、9 和 12 章找出一個神經網路範例來修改，試著在模型中加入超參數來自動調校出最佳化模型。

預訓練模型
與遷移學習

15-1　Keras 預訓練模型的圖片分類

　　「預訓練模型」（Pre-trained Models）是透過大量資料已經訓練完成的現成模型，我們可以直接使用這些預訓練模型，或是經過微調與遷移學習，將預訓練模型使用在其他新任務。

15-1-1　認識與使用 Keras 內建的預訓練模型

　　Keras 應用程式（Applications）是一些 Keras 內建已經完成訓練的深度學習模型，除了模型結構，還包含預訓練模型的權重。

預訓練模型的種類

　　在 Keras 內建的預訓練模型有：Xception、VGG16、VGG19、ResNet、ResNetV2、ResNeXt、InceptionV3、InceptionResNetV2、MobileNet、MobileNetV2、DenseNet 和 NASNet 等。

　　事實上，這些預訓練模型都是 **ImageNet 競賽**著名的冠亞軍模型，例如：2014 年亞軍的 Oxford VGG、2014 年冠軍的 Google Inception 和 2015 年的 Microsoft ResNet 等。

在 Python 程式使用 Keras 預訓練模型

　　Python 程式可以馬上使用這些預訓練模型來進行預測、特徵萃取和微調模型，其權重在使用模型時就會自動下載，並儲存在「C:\使用者\<使用者名稱>\.keras\models\」目錄。

　　基本上，每一種 Keras 預訓練模型都有對應的模組，例如：MobileNet，如下所示：

```
from keras.applications.mobilenet import MobileNet
```

　　上述程式碼匯入 MobileNet 物件後，就可以建立 MobileNet 模型，如下所示：

```
model = MobileNet(weights="imagenet", include_top=True)
```

　　上述模型主要有 2 個參數，其說明如下所示：

● **weights 參數**：模型使用的權重，參數值 imagenet 是使用 ImageNet 的預訓練權重，其訓練資料集有 100 萬張圖片，分成 1,000 種類別；而參數值 None 表示只使用模型結構，模型權重需要我們自行訓練。

● **include_top 參數**：是否包含模型頂部的全連接層，這是指平坦層後的分類神經層，參數值 True 是有包含，參數值 False 是不包含分類神經層，而此時的模型就只有特徵萃取的神經層，並且可以讓我們自行新增所需的分類神經層，這稱為**遷移學習**（Transfer Learning），詳見第 15-3 節的說明。

 請注意！深度學習模型結構的神經層如果使用垂直排列，輸入層是位在模型結構圖的最底層，然後往上堆疊在其他神經層之上，所以最上方才是輸出層，而模型頂部就是指位在上方的神經層，以 CNN 來說，就是位在頂部的分類神經層，稱為**分類器**（Classifier）。

15-1-2　使用 Keras 預訓練模型進行圖片分類預測

　　現在，我們就可以使用第 13-3 節的 load_img() 函式載入現成的圖檔，在轉換成 NumPy 陣列並執行預處理後，即可使用 Keras 預訓練模型來進行圖片分類預測。

使用 MobileNet 預訓練模型：ch15-1-2.py

　　Python 程式首先需要匯入相關模組和套件，如下所示：

```
from keras.utils import img_to_array
```

```
from keras.utils import load_img
from keras.applications.mobilenet import MobileNet
from keras.applications.mobilenet import preprocess_input
from keras.applications.mobilenet import decode_predictions
```

在上述程式碼的最後 3 行匯入 MobileNet 物件，資料預處理的 preprocess_input() 函式和解碼預測結果的 decode_predictions() 函式。接著就可以建立 MobileNet 模型，如下所示：

```
model = MobileNet(weights="imagenet", include_top=True)
```

上述程式碼建立 MobileNet 物件，參數指定使用 ImageNet 權重並且包含頂部神經層，接著載入測試的無尾熊圖片，如下所示：

```
img = load_img("koala.png", target_size=(224, 224))
X = img_to_array(img)
print("X.shape: ", X.shape)
```

上述 load_img() 函式載入圖檔 koala.png 並調整尺寸成 (224, 224) 後，呼叫 img_to_array() 函式轉換成 NumPy 陣列並顯示形狀，其執行結果如下所示：

```
X.shape:  (224, 224, 3)
```

 請注意！第 1 次執行 Python 程式預設會自動下載 MobileNet 模型結構與權重檔，這需要花點時間。如果下載失敗或檔案有錯誤，就會造成 Python 程式執行錯誤，然而，只要檔案存在，Keras 就不會自動重新下載檔案，請自行至儲存的目錄刪除模型結構與權重檔，副檔名是 .h5，如右圖所示：

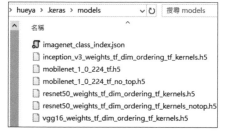

請在上述目錄刪除對應預訓練模型的 .h5 檔案，MobileNet 是 mobilenet_1_0_224_tf.h5。

接著，我們要將圖片的 NumPy 陣列轉換成 4D 張量 (1, 224, 224, 3)，並處理成模型所需的輸入資料格式，如下所示：

```
img = X.reshape((1, X.shape[0], X.shape[1], X.shape[2]))
img = preprocess_input(img)
print("img.shape: ", img.shape)
```

上述程式碼是呼叫 **preprocess_input()** 函式執行預訓練模型的資料預處理，將圖片的 NumPy 陣列處理成模型所需的輸入資料，可以看到現在 NumPy 陣列的形狀，如下所示：

```
img.shape:  (1, 224, 224, 3)
```

最後，我們就可以使用 MobileNet 模型進行分類預測，並解碼預測結果，如下所示：

```
y_pred = model.predict(img)
label = decode_predictions(y_pred)
result = label[0][0]
print("%s (%.2f%%)" % (result[1], result[2]*100))
```

上述程式碼呼叫 predict() 函式進行預測後，呼叫 **decode_predictions()** 函式解碼預測結果，label[0][0] 是最可能的結果，最後顯示預測結果是 100% 無尾熊 koala，如下所示：

```
1/1 ━━━━━━━━━━━━━━━━━━━━ 1s 974ms/step
koala (100.00%)
```

使用 ResNet50 預訓練模型：ch15-1-2a.py

ResNet50 預訓練模型的使用方式和 MobileNet 十分相似，如下所示：

```
# 建立 ResNet50 模型
model = ResNet50(weights="imagenet", include_top=True)
# 載入測試圖片
img = load_img("koala.png", target_size=(224, 224))
X = img_to_array(img)      # 轉換成 Numpy 陣列
print("X.shape: ", X.shape)
# Reshape (1, 224, 224, 3)
img = X.reshape((1, X.shape[0], X.shape[1], X.shape[2]))
# 資料預處理
img = preprocess_input(img)
print("img.shape: ", img.shape)
# 使用模型進行預測
y_pred = model.predict(img)
# 解碼預測結果
label = decode_predictions(y_pred)
result = label[0][0]      # 取得最可能的結果
print("%s (%.2f%%)" % (result[1], result[2]*100))
```

上述程式碼的執行結果是 99.93% 無尾熊 koala，如下所示：

```
X.shape:  (224, 224, 3)
img.shape:  (1, 224, 224, 3)
1/1 ━━━━━━━━━━━━━━━━━━━━━━ 2s 2s/step
koala (99.93%)
```

Python 程式：ch15-1-2b.py 是使用 InceptionV3 預訓練模型，其輸入的圖片尺寸是 (299, 299)；而 Python 程式：ch15-1-2c.py 是使用 VGG16 預訓練模型，其輸入的圖片尺寸是 (224, 224)。這 2 個程式的架構都和 MobileNet 十分相似，所以筆者就不重複列出程式碼。

15-2　KerasCV 的 YOLO 物體偵測與 StableDiffusion 文生圖

KerasCV 是基於 Keras 3 架構，一個模組化**電腦視覺**（Computer Vision，CV）的函式庫，可以擴充 Keras 來支援建構電腦視覺的工作流程，並且提供預訓練模型來解決常見的電腦視覺任務，例如：資料增強、分類、物體偵測、分割和圖像生成（文生圖）等。

安裝 KerasCV

請開啟「Anaconda Prompt」命令提示字元視窗，首先啟動 keras_tf 虛擬環境後，輸入 pip install 指令安裝 KerasCV 套件並更新 Keras，如下所示：

```
(keras_tf) C:\Users\hueya>pip install --upgrade keras-cv Enter
(keras_tf) C:\Users\hueya>pip install --upgrade keras Enter
```

Tips **請注意！**若 TensorFlow 是安裝 2.15 之前的版本（2.16 之後的版本沒有此問題），因為預設綁定 Keras 2.0 版，在安裝 KerasCV 後，需要再次更新安裝 Keras 至 3.0 版。

YOLO 物體偵測：ch15-2~2a.py

YOLO（You Only Look Once）是一種快速且準確的**物體辨識**（Object Recognition）演算法，這是使用深度學習的卷積神經網路，如其英文名稱所述，YOLO 只需單次神經網路的前向傳播（Forward Propagation），就可以在一張圖片準確的辨識出多個物體。

Python 程式：ch15-2.py 首先匯入 Keras 和 KerasCV 相關模組和套件，YOLOV8Detector 類別就是 YOLO 物體偵測模型，如下所示：

```
import numpy as np
from keras.utils import load_img
```

```
from keras_cv import visualization
from keras_cv.models import YOLOV8Detector
from keras_cv.layers import Resizing

class_ids = [
    "Aeroplane", "Bicycle", "Bird", "Boat", "Bottle",
    "Bus", "Car", "Cat", "Chair", "Cow", "Dining Table",
    "Dog", "Horse", "Motorbike", "Person", "Potted Plant",
    "Sheep", "Sofa", "Train", "Tvmonitor", "Total",
]
class_mapping = dict(zip(range(len(class_ids)), class_ids))
```

上述程式碼建立 class_mapping 字典，這是 YOLO 識別物體種類的轉換表。接著呼叫 load_img() 函式載入測試圖片並轉換成 NumPy 陣列，如下所示：

```
img = np.array(load_img("people.jpg"))
inference_resizing = Resizing(
    640, 640, pad_to_aspect_ratio=True,
    bounding_box_format="xywh"
)
```

上述 KerasCV 的 **Resizing** 層可以更改圖片尺寸，以此例是改成 (640, 640) 且填充至保持比例，bounding_box_format 參數是繪出識別物體方框的格式，即左上角座標的 x、y 和寬高的 w、h。在下方使用 Resizing 層來調整圖片 img 的尺寸成為 resize_img，如下所示：

```
resize_img = inference_resizing([img])
visualization.plot_image_gallery(
    np.array([img]),
    value_range=(0, 255),
    rows=1,
    cols=1,
    scale=5,
)
```

上 述 **visualization.plot_image_gallery()** 函式可以繪出第 1 個參數的圖片庫，這是原始圖片 img，如右圖所示：

然後，呼叫 **from_preset()** 函式使用一致的 bounding_box_format 參數格式來建立 YOLO 模型 "yolo_v8_m_pascalvoc"，如下所示：

```
model = YOLOV8Detector.from_preset(
    "yolo_v8_m_pascalvoc",
    bounding_box_format="xywh"
)
y_pred = model.predict(resize_img)
```

上述程式碼呼叫 predict() 函式來執行物體偵測，請稍等一下，即可使用下方的 **visualization.plot_bounding_box_gallery()** 函式來繪出物體偵測的結果，此函式可以自動標示物體邊界方框和 class_mapping 參數的物體分類名稱，如下所示：

```
visualization.plot_bounding_box_gallery(
    resize_img,
    value_range=(0, 255),
    rows=1,
    cols=1,
    y_pred=y_pred,
    scale=5,
    font_scale=0.7,
```

```
    bounding_box_format="xywh",
    class_mapping=class_mapping,
)
```

　　上述函式的 y_pred 參數是物體偵
測結果，可以在 resize_img 圖片上繪
出偵測結果的物體方框，在方框上方是
分類名稱和信心指數值 0.85，即 85%
可能是此分類（圖片黑邊是為了維持比
例調整尺寸所填充的結果），如右圖所
示：

　　在 KerasCV 的 **NonMaxSuppression** 層是一個解碼器，可以消除辨識
出相同物體方框的雜訊，並且讓我們客製化辨識設定。Python 程式：ch15-2a.
py 是修改自 ch15-2.py，新增 NonMaxSuppression 層的解碼器，如下所示：

```
prediction_decoder = NonMaxSuppression(
    bounding_box_format="xywh",
    from_logits=True,
    iou_threshold=1.0,
    confidence_threshold=0.7,
)
```

上述 NonMaxSuppression 物件的 confidence_threshold 參數是信心指數的閾值，以此例需要超過 0.7 才算是識別出物體，iou_threshold 參數是判斷辨識率的基準，一般來說至少需要大於等於 0.5。接著，在下方建立 YOLO 模型來使用此解碼器，如下所示：

```
model = YOLOV8Detector.from_preset(
    "yolo_v8_m_pascalvoc",
    bounding_box_format="xywh",
    prediction_decoder=prediction_decoder
)
```

上述 prediction_decoder 參數值就是 NonMaxSuppression 物件 prediction_decoder，其執行結果可以看到只顯示信心指數超過 0.7 的識別物體，如右圖所示：

StableDiffusion 文生圖：ch15-2b~2c.py

Stable Diffusion 是 2022 年發布的深度學習文字產生圖像的生成模型，可以依據英文的文字描述作為提示文字來 AI 生圖。Python 程式：ch15-2b.py 首先匯入 KerasCV 的 StableDiffusion 模型，如下所示：

```
from keras_cv.models import StableDiffusion
from PIL import Image

model = StableDiffusion(img_height=512, img_width=512,
                        jit_compile=True)
```

上述程式碼建立 StableDiffusion 模型，前 2 個參數分別是 AI 生圖的高和寬，jit_compile 參數可以決定是否使用 XLA 加速，True 是使用。然後呼叫 **text_to_image()** 函式執行從文字產生圖片，如下所示：

```
img = model.text_to_image(
    prompt="A beautiful horse running through a field",
    batch_size=1,
    num_steps=25,
    seed=123,
)
```

上述 prompt 參數是圖片描述的英文提示文字，batch_size 參數是準備生成多少張圖片，num_steps 參數是迭代次數（用來控制輸出圖片的品質），seed 參數是亂數種子，如此當使用相同的提示文字時，就可以產生相同的圖片。

請耐心等待圖片生成，這需要花點時間，接著就可以呼叫 **fromarray()** 函式將陣列轉換成 **Image** 物件，img[0] 的索引 0 是第 1 張圖片，如下所示：

```
Image.fromarray(img[0]).save("horse.png")
print(" 儲存圖片: horse.png")
```

上述 save() 函式是將 Image 物件儲存成參數的 horse.png 圖檔，其執行結果如右圖所示：

請注意！因為 StableDiffusion 模型檔很大，在第 1 次執行 Python 程式時，請耐心等候模型檔案的下載。

由於 StableDiffusion 模型的提示文字只支援英文描述，我們可以使用 ChatGPT 幫助我們進行中英文翻譯，例如：中文內容的圖片描述文字，如下所示：

一隻可愛的貓咪在樹下睡覺

上述中文描述文字可以讓 ChatGPT 幫助我們翻譯成英文描述文字，如下所示：

A cute cat is sleeping under the tree.

Python 程式：ch15-2c.py 就是使用上述英文提示文字來 AI 生圖，其執行結果可以產生 cat.png 圖檔，如右圖所示：

<h1>15-3 KerasNLP 的 GPT-2 生成文字與 BERT 情感分析</h1>

KerasNLP 是基於 Keras 3 架構，一個模組化**自然語言處理**（Natural Language Processing，NLP）的函式庫，可以擴充 Keras 來支援建構自然語言處理的工作流程，並且提供預訓練模型來解決常見自然語言處理的任務，例如：文字生成、回答問題、聊天機器人和機器翻譯等。

 請注意！ 由於 tensorflow-text 2.15 版不支援 Windows 作業系統，無法在 Windows 作業系統安裝 KerasNLP 預訓練模型，因此本節的 KerasNLP 範例程式都是在 Google Colab 安裝與測試執行。

在 Google Colab 安裝 KerasNLP

請在 Colab 筆記本的程式碼儲存格輸入 !pip install 指令來安裝 KerasNLP，如下所示：

```
!pip install --upgrade keras-nlp
!pip install --upgrade keras
```

 請注意！ 當 Colab 的 TensorFlow 是 2.15 版時（2.16 之後的版本沒有此問題），因為預設綁定 Keras 2.0 版，在安裝 KerasNLP 後，需要再次更新安裝 Keras 至 3.0 版。

BERT 語言模型的 IMDb 情感分析：ch15-3-colab.ipynb

BERT (Bidirectional Encoder Representations from Transformers) 是 Google 在 2018 年建立的語言模型，這是一種**遮罩語言模型**（Masked Language Model），可以隨機遮住部分輸入文字中的單字，然後訓練模型來預測出這些被遮住內容

BERT 模型是雙向的，可以同時考量每一個單字左側和右側文字之間的關係，因此成為文字分類等任務的好選擇，其核心的神經網路架構就是第 16 章的 Transformer 模型。

Python 程式首先匯入 keras_nlp 和 TensorFlow 資料集 tfds，即可呼叫 load() 函式來載入 IMDb 資料集，如下所示：

```
import numpy as np
import keras_nlp
import tensorflow_datasets as tfds

imdb_train, imdb_test = tfds.load(
    "imdb_reviews",
    split=["train", "test"],
    as_supervised=True,
```

▶▶

```
    batch_size=16,
)
model_name = "bert_tiny_en_uncased_sst2"

preprocessor = keras_nlp.models.BertPreprocessor.from_preset(
    model_name,
    sequence_length=128,
)
```

上述程式碼指定 BERT 模型名稱 model_name 變數（此版是微小版模型）後，建立 **BertPreprocessor** 預處理物件，即可呼叫 from_preset() 函式來設定預處理，以此例是縮減文字長度來加速模型的訓練，其第 1 個參數是模型名稱，sequence_length 參數指定文字長度改成 128（預設值是 512）。

然後在下方建立 **BertClassifier** 物件來載入 BERT 模型，如下所示：

```
classifier = keras_nlp.models.BertClassifier.from_preset(
    model_name,
    num_classes=2,
    activation="sigmoid",
    preprocessor=preprocessor
)
```

上述 from_preset() 函式的第 1 個參數是模型名稱，num_classes 參數指定分成 2 類，activation 參數是啟動函數，最後使用 preprocessor 參數指定使用的預處理。在下方呼叫 fit() 函式使用 IMDb 資料集來**微調**（Fine-tune）BERT 模型（進一步說明請參閱第 16-7 節），如下所示：

```
classifier.fit(imdb_train, validation_data=imdb_test)

class_names = ["negative", "postive"]
review1 = "What an amazing movie!"
scores = classifier.predict([review1])
print(review1)
print(class_names[np.argmax(scores)], "-", scores)
```

▶▶

```
review2 = "A total waste of my time."
scores = classifier.predict([review2])
print(review2)
print(class_names[np.argmax(scores)], "-", scores)
```

上述程式碼建立分類名稱串列後，呼叫 2 次 predict() 函式預測 2 個範例的評論文字，其執行結果的第 1 個是 positive 正面評論、第 2 個是 negative 負面評論，如下所示：

```
1/1 ━━━━━━━━━━━━━━ 2s 2s/step
What an amazing movie!
postive - [[0.06973515 0.9302526 ]]
1/1 ━━━━━━━━━━━━━━ 0s 475ms/step
A total waste of my time.
negative - [[0.8991429 0.1055426]]
```

使用 GPT-2 大型語言模型生成文字：ch15-3a-colab.ipynb

GPT-2（Generative Pre-trained Transformer 2）也是基於第 16 章 Transformer 模型的**大型語言模型**（Large Language Models，LLM），這是由 OpenAI 公司所開發，屬於 GPT 系列的第二代模型。

GPT-2 模型是一種**因果語言模型**（Causal Language Model），這是使用對角遮罩矩陣，讓每一個單字只能看到之前的文字資訊，並遮住之後的文字內容，用來訓練模型根據之前的單字來預測下一個單字。

Python 程式首先匯入 keras_nlp 的 GPT-2 模型和預處理，然後指定全域混合精度 "mixed_float16"，可以透過同時使用 16 位和 32 位浮點數來提高訓練性能與效率，如下所示：

```
from keras_nlp.models import GPT2CausalLMPreprocessor,GPT2CausalLM
import keras
import time

keras.mixed_precision.set_global_policy("mixed_float16")
```

▶▶

```
preprocessor = GPT2CausalLMPreprocessor.from_preset(
    "gpt2_base_en",
    sequence_length=128,
)

gpt2_lm = GPT2CausalLM.from_preset(
    "gpt2_base_en",
    preprocessor=preprocessor
)
```

上述程式碼建立 GPT-2 模型的預處理，為了加速，將文字長度改成 128（預設值是 1024），然後載入 GPT-2 模型 "gpt2_base_en"。即可在下方使用 GPT-2 模型來生成文字，start 和 end 變數是生成文字前後的秒數，可以計算出生成文字所花費的時間，如下所示：

```
start = time.time()
output = gpt2_lm.generate("My trip to New York was", max_length=200)
print("\nGPT-2 輸出:")
print(output)
end = time.time()
print(f" 花費時間 : {end - start:.2f}s")
```

上述程式碼呼叫 **generate()** 函式來生成文字，第 1 個參數是提示文字，max_length 參數是 GPT-2 模型生成文字的最大長度，其執行結果可以看到 GPT-2 模型接龍所生成的文字內容，如下所示：

```
GPT-2 輸出:
My trip to New York was the perfect opportunity for me to get back on track and make some more friends and f
I was lucky enough to be able to spend a couple nights at the New York City Museum of Art in the early after
After my last day in New York, I decided to get back into the car and head back to New York City to start a
I was very lucky to be able to get to work at the New York City Museum of Art on the last night before the h
It wasn't until the next day that I was back home in my apartment, and I started to get a little nervous.
花費時間: 16.35s
```

15-4 | 認識遷移學習

在人類的學習過程中，我們常常會**從之前任務學習到的知識直接套用在目前的任務上**，這就是「遷移學習」（Transfer Learning）。遷移學習是一種機器學習技術，可以將原來針對指定任務所建立的已訓練模型，直接更改來訓練出解決其他相關任務的模型，如下圖所示：

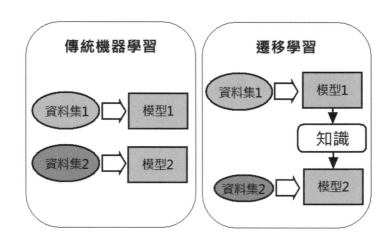

上述傳統機器學習有 2 個任務，我們需要準備 2 組資料集來訓練出 2 個模型。但如果是相關任務，我們可以使用遷移學習，首先使用第 1 個資料集訓練出第 1 個模型，然後將第 1 個模型學習到的部分權重（即知識），遷移至第 2 個相關任務，如此一來，我們只需使用少量資料集 2，就可以訓練出第 2 個模型。

對於深度學習的卷積神經網路（CNN）來說，神經網路可以分成兩部分，如下所示：

● **卷積基底**（Convolutional Base）：使用多組卷積和池化的神經層，可以執行**特徵萃取**。

● **分類器**（Classifier）：在卷積基底後是使用 Dense 全連接層建立的分類器。

遷移學習之所以有用，這是因為愈前面的卷積層，其學到的特徵是一種愈**泛化的特徵**，這些特徵並不會因為不同的訓練資料集而訓練出不同的結果，所以學到的特徵萃取，就可以遷移至其他相關的圖片分類問題，如右圖所示：

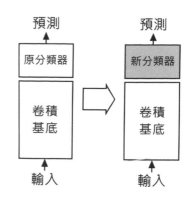

上述圖例的卷積神經網路保留原來特徵萃取部分的卷積基底，我們只需更改位在頂部的分類器，就可以使用遷移學習來解決其他相關的圖片分類問題。

15-5　實作案例：MNIST 手寫辨識的遷移學習

MNIST 手寫辨識的遷移學習是使用 Keras 內建的 MNIST 資料集，在建立 CNN 模型後，使用前 5 個手寫數字圖片（0~4）學習到的特徵萃取，遷移到後 5 個手寫數字圖片（5~9）的分類辨識。

Python 程式：ch15-5.py 首先匯入相關的模組和套件，並指定亂數的種子數，如下所示：

```
import numpy as np
from keras.datasets import mnist
from keras import Sequential
from keras.layers import Input,Dense,Flatten,Conv2D,MaxPooling2D,Dropout
from keras.utils import to_categorical

np.random.seed(7)
```

然後呼叫 load_data() 函式載入 MNIST 資料集，如下所示：

```
(X_train, y_train), (X_test, y_test) = mnist.load_data()
```

由於訓練分成兩個部分，首先訓練前 5 個數字，接著訓練後 5 個數字，所以，我們需要建立 2 組訓練和測試資料集，第 1 組是數字小於 5、第 2 組是數字大於等於 5，如下所示：

```
X_train_lt5 = X_train[y_train < 5]
y_train_lt5 = y_train[y_train < 5]
X_test_lt5 = X_test[y_test < 5]
y_test_lt5 = y_test[y_test < 5]

X_train_gte5 = X_train[y_train >= 5]
y_train_gte5 = y_train[y_train >= 5] - 5
X_test_gte5 = X_test[y_test >= 5]
y_test_gte5 = y_test[y_test >= 5] - 5
```

上述第 2 組 y_train_gte5 和 y_test_gte5 資料集有減 5，可以將原來的標籤值 5~9 改為 0~4，然後將圖片轉換成 4D 張量和浮點數型別，如下所示：

```
X_train_lt5 = X_train_lt5.reshape(
        (X_train_lt5.shape[0], 28, 28, 1)).astype("float32")
X_test_lt5 = X_test_lt5.reshape(
        (X_test_lt5.shape[0], 28, 28, 1)).astype("float32")
X_train_gte5 = X_train_gte5.reshape(
        (X_train_gte5.shape[0], 28, 28, 1)).astype("float32")
X_test_gte5 = X_test_gte5.reshape(
        (X_test_gte5.shape[0], 28, 28, 1)).astype("float32")
```

接著是資料預處理，首先是訓練和測試資料集，因為是固定範圍，所以執行資料正規化，將資料從 0~255 轉換成 0~1，如下所示：

```
X_train_lt5 = X_train_lt5 / 255
X_test_lt5 = X_test_lt5 / 255
X_train_gte5 = X_train_gte5 / 255
X_test_gte5 = X_test_gte5 / 255
```

然後是標籤資料的預處理，將值 0~4 執行 One-hot 編碼，如下所示：

```
y_train_lt5 = to_categorical(y_train_lt5, 5)
y_test_lt5 = to_categorical(y_test_lt5, 5)
y_train_gte5 = to_categorical(y_train_gte5, 5)
y_test_gte5 = to_categorical(y_test_gte5, 5)
```

現在，我們可以定義 CNN 模型，使用 2 組卷積層和池化層，如下所示：

```
model = Sequential()
model.add(Input(shape=(28, 28, 1)))
model.add(Conv2D(8, kernel_size=(3, 3),
                activation="relu"))
model.add(MaxPooling2D(pool_size=(2, 2)))
model.add(Conv2D(8, kernel_size=(3, 3), activation="relu"))
model.add(MaxPooling2D(pool_size=(2, 2)))
model.add(Flatten())
model.add(Dense(64, activation="relu"))
model.add(Dropout(0.25))
model.add(Dense(5, activation="softmax"))
model.summary()
```

上述程式碼定義模型後，顯示模型摘要資訊，其執行結果如下所示：

Layer (type)	Output Shape	Param #
conv2d_96 (Conv2D)	(None, 26, 26, 8)	80
max_pooling2d_6 (MaxPooling2D)	(None, 13, 13, 8)	0
conv2d_97 (Conv2D)	(None, 11, 11, 8)	584
max_pooling2d_7 (MaxPooling2D)	(None, 5, 5, 8)	0
flatten_1 (Flatten)	(None, 200)	0
dense_4 (Dense)	(None, 64)	12,864
dropout_4 (Dropout)	(None, 64)	0
dense_5 (Dense)	(None, 5)	325

```
Total params: 13,853 (54.11 KB)
Trainable params: 13,853 (54.11 KB)
Non-trainable params: 0 (0.00 B)
```

接著編譯和訓練模型，如下所示：

```
model.compile(loss="categorical_crossentropy", optimizer="adam",
              metrics=["accuracy"])
history = model.fit(X_train_lt5, y_train_lt5, validation_split=0.2,
                    epochs=5, batch_size=128, verbose=2)
```

上述優化器是 adam，損失函數是 categorical_crossentropy，訓練週期是 5，批次尺寸是 128，其訓練過程如下所示：

```
Epoch 1/5
192/192 - 3s - 15ms/step - accuracy: 0.8855 - loss: 0.3781 - val_accuracy: 0.9747 - val_loss: 0.0869
Epoch 2/5
192/192 - 1s - 4ms/step - accuracy: 0.9733 - loss: 0.0910 - val_accuracy: 0.9840 - val_loss: 0.0539
Epoch 3/5
192/192 - 1s - 4ms/step - accuracy: 0.9828 - loss: 0.0607 - val_accuracy: 0.9876 - val_loss: 0.0388
Epoch 4/5
192/192 - 1s - 4ms/step - accuracy: 0.9861 - loss: 0.0453 - val_accuracy: 0.9905 - val_loss: 0.0301
Epoch 5/5
192/192 - 1s - 4ms/step - accuracy: 0.9888 - loss: 0.0377 - val_accuracy: 0.9920 - val_loss: 0.0247
```

在完成前 5 個手寫數字圖片的模型訓練後，就可以評估模型，如下所示：

```
loss, accuracy = model.evaluate(X_test_lt5, y_test_lt5, verbose=0)
print("測試資料集的準確度 = {:.2f}".format(accuracy))
```

上述程式碼的執行結果可以看到準確度是 0.99（99%），如下所示：

```
測試資料集的準確度 = 0.99
```

現在，我們已經完成前 5 個手寫數字圖片的模型訓練，接著可以將 2 組卷積層和池化層學習到的特徵保留下來作為基底神經層，然後遷移至後 5 個數字圖片的分類辨識學習。

因為使用相同模型結構來訓練後 5 個手寫數字圖片，在作法上，我們準備直接凍結卷積基底的 2 組卷積層和池化層，只訓練後 5 個手寫數字圖片分類器的 2 個 Dense 全連接層，如下圖所示：

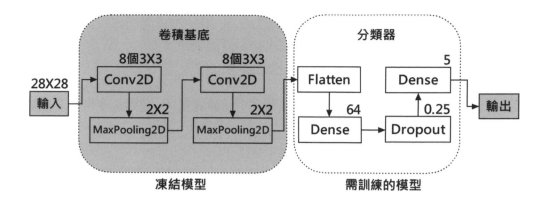

為了確認需凍結神經層的索引範圍，請先使用 for 迴圈顯示模型各神經層的資訊，如下所示：

```
print(len(model.layers))
for i in range(len(model.layers)):
    print(i, model.layers[i])
```

上述程式碼使用 len() 函式顯示 model.layers 模型神經層數後，for 迴圈可以顯示每一層神經層的索引和物件，其執行結果如下所示：

```
8
0 <Conv2D name=conv2d_96, built=True>
1 <MaxPooling2D name=max_pooling2d_6, built=True>
2 <Conv2D name=conv2d_97, built=True>
3 <MaxPooling2D name=max_pooling2d_7, built=True>
4 <Flatten name=flatten_1, built=True>
5 <Dense name=dense_4, built=True>
6 <Dropout name=dropout_4, built=True>
7 <Dense name=dense_5, built=True>
```

上述執行結果可以看到模型共有 8 層，我們需要凍結其中的 0~3 層，如下所示：

```
for i in range(4):
    model.layers[i].trainable = False
```

上述程式碼使用 for 迴圈凍結模型的 0~3 層，所謂凍結就是指定該層的
trainable 屬性值是 False，即不訓練這些神經層的權重，所以，第 2 次的模型
訓練只會訓練 4~7 層的 2 個 Dense 全連接層。

請注意！我們仍然需要再次編譯模型，才能訓練第 2 個遷移學習的分類模
型，如下所示：

```
model.compile(loss="categorical_crossentropy", optimizer="adam",
              metrics=["accuracy"])
history = model.fit(X_train_gte5, y_train_gte5, validation_split=0.2,
                    epochs=5, batch_size=128, verbose=2)
```

上述優化器是 adam，損失函數是 categorical_crossentropy，訓練週期是
5，批次尺寸是 128，其訓練過程如下所示：

```
Epoch 1/5
184/184 - 2s - 10ms/step - accuracy: 0.8104 - loss: 0.5916 - val_accuracy: 0.9543 - val_loss: 0.1618
Epoch 2/5
184/184 - 0s - 3ms/step - accuracy: 0.9420 - loss: 0.1823 - val_accuracy: 0.9708 - val_loss: 0.1045
Epoch 3/5
184/184 - 1s - 3ms/step - accuracy: 0.9584 - loss: 0.1340 - val_accuracy: 0.9757 - val_loss: 0.0865
Epoch 4/5
184/184 - 0s - 3ms/step - accuracy: 0.9647 - loss: 0.1121 - val_accuracy: 0.9764 - val_loss: 0.0777
Epoch 5/5
184/184 - 0s - 2ms/step - accuracy: 0.9687 - loss: 0.0993 - val_accuracy: 0.9794 - val_loss: 0.0697
```

在完成後 5 個手寫數字圖片的模型訓練後，就可以評估模型，如下所示：

```
loss, accuracy = model.evaluate(X_test_gte5, y_test_gte5, verbose=0)
print("測試資料集的準確度 = {:.2f}".format(accuracy))
```

上述程式碼的執行結果可以看到準確度是 0.98（98%），如下所示：

```
測試資料集的準確度 = 0.98
```

15-6 實作案例：Keras 預訓練模型的遷移學習

在這一節我們準備使用內建 CIFAR-10 資料集的圖片，分別建立第 15-1 節 ResNet50 和 MobileNet 預訓練模型的遷移學習，可以辨識 CIFAR-10 資料集的彩色圖片。

 請注意！ 本節 Python 程式需要放大 CIFAR-10 資料集的圖片尺寸，Windows 電腦的記憶體至少需 16GB 以上，否則 Python 程式執行時就有可能會當掉。

而 Google Colab 雲端服務的免費版因為記憶體不足，需要減少圖片數量，或購買 Pro 以上版本，不然，就只能執行批次載入調整資料集圖片尺寸版本的 Python 程式。

15-6-1 調整 CIFAR-10 資料集的圖片尺寸

在 CIFAR-10 訓練資料集有 50,000 張圖片，受限於電腦的記憶體容量，Python 程式無法將全部圖片都在記憶體中放大成 (200, 200)，因此我們只能取出部分 CIFAR-10 圖片來建立訓練資料集，在第 15-5-2 節是取出前 5,000 張、第 15-5-3 節取出前 7,500 張。

Python 程式：ch15-6-1.py 就是在調整 CIFAR-10 資料集的圖片尺寸，我們只取出部分 CIFAR-10 資料集的圖片，並將圖片在記憶體中放大成 (200, 200)，程式是使用 randomize() 函式來打亂 NumPy 陣列，如下所示：

```
def randomize(a, b):
    permutation = list(np.random.permutation(a.shape[0]))
    shuffled_a = a[permutation]
    shuffled_b = b[permutation]

    return shuffled_a, shuffled_b

X_train, y_train = randomize(X_train, y_train)
```

然後，取出前 500 張訓練資料集的圖片（以 500 張為例），如下所示：

```
X_train = X_train[:500]
y_train = y_train[:500]
```

接著，將訓練資料集的圖片尺寸放大成 (200, 200)，如下所示：

```
from PIL import Image
...
X_train_new = np.array(
    [np.asarray(Image.fromarray(X_train[i]).resize((200, 200)))
                        for i in range(0, len(X_train))])
```

上述程式碼匯入 Image 物件和 NumPy 套件，np.array() 是將 NumPy 陣列的串列建立成新的訓練資料集，這是呼叫 Image.fromarray() 函式將 NumPy 陣列的每一張圖片轉換成 Image 物件後，再呼叫 resize() 函式調整尺寸成為 (200, 200)，最後使用 np.asarray() 再轉換回 NumPy 陣列。

最後，使用 Matplotlib 繪出前 6 張放大的圖片，如下所示：

```
fig = plt.figure(figsize=(10,7))
sub_plot= 230
for i in range(0, 6):
    ax = plt.subplot(sub_plot+i+1)
    ax.imshow(X_train_new[i], cmap="binary")
    ax.set_title("Label: " + str(y_train[i]))

plt.show()
```

上述程式碼的執行結果可以看到圖片尺寸已經放大成 (200, 200)，如下圖所示：

15-6-2　ResNet50 預訓練模型的遷移學習

基本上，Python 程式使用 Keras 預訓練模型建立遷移學習有兩種方法，如下所示：

● 第一種方法：使用預訓練模型的卷積基底（include_top=False）呼叫 predict() 函式將訓練資料集輸出成 NumPy 陣列的特徵資料後，再建立一個全新的分類模型，然後使用卷積基底輸出的特徵資料作為輸入資料來訓練模型。此方法無法使用資料增強技術。

● 第二種方法：在預訓練模型的卷積基底新增 Dense 層的分類器，然後使用訓練資料集進行訓練，因為資料會經過整個卷積基底，所以需要花費更多計算和訓練時間。

在本節 ResNet50 預訓練模型的遷移學習是使用第一種方法。

在記憶體調整資料集的圖片尺寸：ch15-6-2.py

Python 程式是使用第 15-6-1 節的方式，取出並放大訓練和測試資料集的 CIFAR-10 圖片，只分別取出 5,000 張和 1,000 張，即取出部分的訓練和測試資料集，如下所示：

```
X_train = X_train[:5000]
y_train = y_train[:5000]
X_test = X_test[:1000]
y_test = y_test[:1000]
```

同樣的，我們需要執行標籤資料的 One-hot 編碼，如下所示：

```
y_train = to_categorical(y_train, 10)
y_test = to_categorical(y_test, 10)
```

接著載入 ResNet50 模型，include_top 參數值是 False，input_shape 參數是輸入圖片的形狀，如下所示：

```
resnet_model = ResNet50(weights="imagenet",
                        include_top=False,
                        input_shape=(200, 200, 3))
```

然後使用 ResNet50 模型預測訓練資料集來輸出 train_features 特徵資料，如下所示：

```
X_train_new = np.array(
    [np.asarray(Image.fromarray(X_train[i]).resize((200, 200)))
                        for i in range(0, len(X_train))])
X_train_new = X_train_new.astype("float32")
train_input = preprocess_input(X_train_new)
train_features = resnet_model.predict(train_input)
```

上述程式碼依序調整 X_train 資料集的圖片尺寸並執行資料預處理後，呼叫 predict() 函式輸出 train_features 特徵資料，因為 ResNet50 模型沒有分類器，其輸出的特徵資料就是準備送入分類器進行分類的訓練資料。

同樣方式，我們可以使用 ResNet50 模型預測測試資料集來輸出 test_features 特徵資料，如下所示：

```
X_test_new = np.array(
    [np.asarray(Image.fromarray(X_test[i]).resize((200, 200)))
                        for i in range(0, len(X_test))])
X_test_new = X_test_new.astype("float32")
test_input = preprocess_input(X_test_new)
test_features = resnet_model.predict(test_input)
```

　　現在，我們可以定義一個分類器的神經網路，如下所示：

```
model = Sequential()
model.add(Input(shape=train_features.shape[1:]))
model.add(GlobalAveragePooling2D())
model.add(Dropout(0.5))
model.add(Dense(10, activation="softmax"))
```

　　上述模型在 Input 輸入層之後是使用 **GlobalAveragePooling2D** 池化層取代 Flatten 平坦層來建立分類器，其目的是為了減少模型的參數量，在 Dropout 層後的輸出層是 10 個神經元並使用 Softmax 函數進行多元分類。然後就可以編譯和訓練模型，如下所示：

```
model.compile(loss="categorical_crossentropy", optimizer="adam",
              metrics=["accuracy"])
history = model.fit(train_features, y_train,
                    validation_data=(test_features, y_test),
                    epochs=14, batch_size=32, verbose=2)
```

　　上述優化器是 adam，損失函數是 categorical_crossentropy，訓練資料集是 train_features，訓練週期是 14，批次尺寸是 32。

　　最後，我們可以使用 test_features 特徵資料來評估模型，如下所示：

```
loss, accuracy = model.evaluate(test_features, y_test, verbose=0)
print("測試資料集的準確度 = {:.2f}".format(accuracy))
```

上述程式碼的執行結果可以看到準確度是 0.87（87%），如下所示：

```
測試資料集的準確度 = 0.87
```

批次載入和調整資料集的圖片尺寸：ch15-6-2a.py

Python 程式改用第 13-1 節 TensorFlow 的 Dataset 物件來批次載入 CIFAR-10 資料集，並且在 preprocess_data() 函式調整圖片尺寸和執行預處理，如下所示：

```python
batch_size = 32

def preprocess_data(images, labels):
    # 調整圖片尺寸
    images = tf.image.resize(images, (200, 200))
    images = tf.cast(images, tf.float32)
    # 資料前處理
    images = preprocess_input(images)

    return images, labels
```

上述函式呼叫 tf.image.resize() 函式調整圖片尺寸後，執行模型輸入資料的預處理。在下方建立批次載入的訓練和測試資料集，並呼叫 preprocess_data() 函式來預處理圖片，如下所示：

```python
train_dataset = (
    tf.data.Dataset.from_tensor_slices((X_train, y_train))
    .batch(batch_size)
    .map(lambda x, y: preprocess_data(x, y))
    .prefetch(tf.data.AUTOTUNE)
)
test_dataset = (
    tf.data.Dataset.from_tensor_slices((X_test, y_test))
    .batch(batch_size)
```

```
    .map(lambda x, y: preprocess_data(x, y))
    .prefetch(tf.data.AUTOTUNE)
)
```

上述程式碼的執行結果可以看到準確度 是 0.86（86%），如下所示：

```
測試資料集的準確度 = 0.86
```

15-6-3　MobileNet 預訓練模型的遷移學習

　　MobileNet 預訓練模型的遷移學習是使用第 15-6-2 節說明的第二種方法來建立，直接在 MobileNet 預訓練模型的卷積基底新增全新的 Dense 層分類器。

在記憶體調整資料集的圖片尺寸：ch15-6-3.py

　　Python 程式是使用第 15-6-1 節的方式，取出並放大訓練和測試資料集的 CIFAR-10 圖片，只分別取出 7,500 張和 2,000 張，這部分的程式碼筆者就不重複說明，而定義模型的程式碼首先建立 MobileNet 模型，如下所示：

```
mobilenet_model = MobileNet(weights="imagenet",
                            include_top=False)
model = Sequential()
model.add(Input(shape=(224, 224, 3)))
model.add(mobilenet_model)
model.add(Dropout(0.5))
model.add(GlobalAveragePooling2D())
model.add(Dropout(0.5))
model.add(Dense(10, activation="softmax"))
model.summary()
```

上述模型在 Input 層之後新增 MobileNet 預訓練模型的卷積基底，接著在 Dropout 層之後是使用 GlobalAveragePooling2D 池化層取代 Flatten 平垣層，其目的是為了減少模型的參數量，然後再加上 1 層 Dropout 層，最後的輸出層是 10 個神經元並使用 Softmax 函數進行多元分類，其模型摘要資訊如下所示：

Layer (type)	Output Shape	Param #
mobilenet_1.00_224 (Functional)	(None, 7, 7, 1024)	3,228,864
dropout (Dropout)	(None, 7, 7, 1024)	0
global_average_pooling2d (GlobalAveragePooling2D)	(None, 1024)	0
dropout_1 (Dropout)	(None, 1024)	0
dense (Dense)	(None, 10)	10,250

```
Total params: 3,239,114 (12.36 MB)
Trainable params: 3,217,226 (12.27 MB)
Non-trainable params: 21,888 (85.50 KB)
```

然後，我們需要凍結 MobileNet 預訓練模型的卷積基底，也就是在訓練時不更新這些神經層的權重，如下所示：

```
mobilenet_model.trainable = False
```

上述程式碼將卷積基底的 trainable 屬性值設為 False。接著就可以編譯和訓練模型，如下所示：

```
model.compile(loss="categorical_crossentropy", optimizer="adam",
              metrics=["accuracy"])
history = model.fit(train_input, y_train,
                    validation_data=(test_input, y_test),
                    epochs=17, batch_size=32, verbose=2)
```

上述優化器是 adam，損失函數是 categorical_crossentropy，訓練資料集是 train_input，訓練週期是 17，批次尺寸是 32。

最後，我們可以使用 test_input 資料集來評估模型，如下所示：

```
loss, accuracy = model.evaluate(test_input, y_test, verbose=0)
print(" 測試資料集的準確度 = {:.2f}".format(accuracy))
```

Python 程式的執行結果可以看到準確度是 0.85（85%），如下所示：

```
測試資料集的準確度 = 0.85
```

批次載入和調整資料集的圖片尺寸：ch15-6-3a.py

Python 程式和 ch15-6-2a.py 一樣都是使用批次的方式來載入和調整圖片尺寸，其最大差異是在 preprocess_data() 函式新增 tf.one_hot() 函式，可以執行標籤資料的 One-hot 編碼，然後使用 reshape() 函式來調整形狀，如下所示：

```
batch_size = 32
```

```
def preprocess_data(images, labels):
    labels = tf.one_hot(labels, 10)
    labels = tf.reshape(labels, [-1, 10])
    images = tf.image.resize(images, (224, 224))
    images = tf.cast(images, tf.float32)
    images = preprocess_input(images)

    return images, labels
```

Python 程式的執行結果可以看到準確度是 0.85（85%），如下所示：

```
測試資料集的準確度 = 0.85
```

1 請說明什麼是 Keras 內建的預訓練模型？

2 請舉例說明 Python 程式如何使用 Keras 的預訓練模型？

3 請問如何使用 KerasCV 的 YOLO 物體偵測與 StableDiffusion 文生圖？以及 KerasNLP 的 GPT-2 生成文字與 BERT 情感分析？

4 請問什麼是遷移學習？並且使用圖例來說明？

5 請說明使用 Keras 預訓練模型建立遷移學習有哪兩種方法？

6 請在網路上搜尋和下載一張圖片，然後參考第 15-2 節建立 Python 程式，可以使用 MobileNet、ResNet50、InceptionV3 和 VGG16 預訓練模型進行圖片分類預測。

7 請接續使用上一題找到的圖片，改用 KerasCV 的 YOLO 物體偵測來偵測圖片中的物體，並且試著寫出提示文字讓 StableDiffusion 文生圖來產生出這張圖片。

8 請修改 Python 程式 ch15-6-3.py，參考第 13-5 節的 Keras 圖片增強層來增加訓練資料的圖片。

Functional API、
客製化神經網路與
Transformer 模型

Keras 除了呼叫 summary() 函式顯示模型摘要資訊外,我們還可以將模型輸出成圖檔,或在 Jupyter Notebook 視覺化顯示模型圖。

安裝模型視覺化所需的軟體與套件

在 Windows 電腦需要安裝模型視覺化軟體 Graphviz,其下載的 URL 網址如下所示:

https://graphviz.org/download/

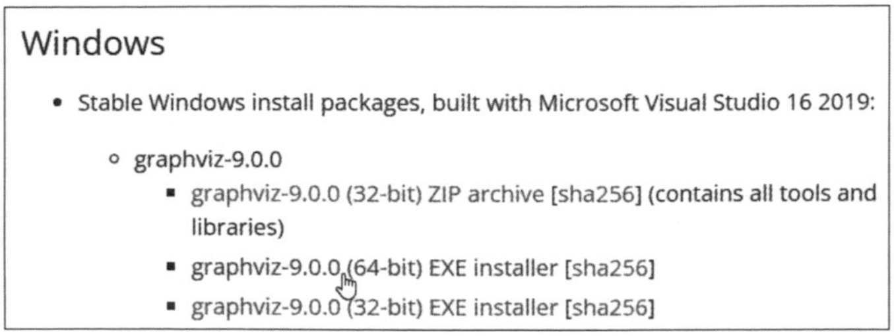

Windows

- Stable Windows install packages, built with Microsoft Visual Studio 16 2019:

  ○ graphviz-9.0.0
    - graphviz-9.0.0 (32-bit) ZIP archive [sha256] (contains all tools and libraries)
    - graphviz-9.0.0 (64-bit) EXE installer [sha256]
    - graphviz-9.0.0 (32-bit) EXE installer [sha256]

在本書的下載檔案是 windows_10_cmake_Release_graphviz-install-9.0.0-win64.exe,請執行安裝程式依精靈畫面步驟按 **Next** 鈕安裝 Graphviz 工具,並在安裝選項的步驟,選擇將安裝路徑新增至 PATH 環境變數,如下圖所示:

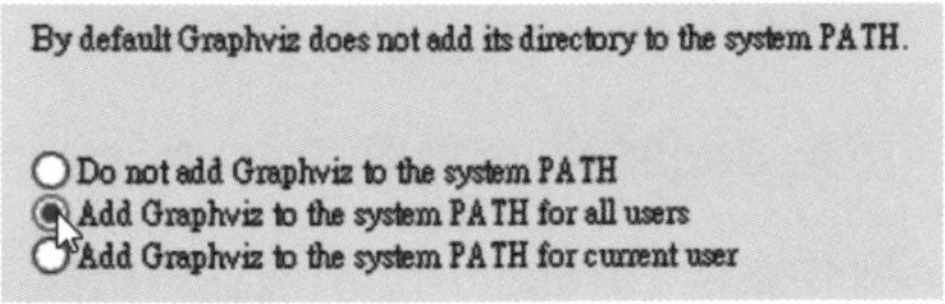

By default Graphviz does not add its directory to the system PATH.

○ Do not add Graphviz to the system PATH
◉ Add Graphviz to the system PATH for all users
○ Add Graphviz to the system PATH for current user

然後請開啟「Anaconda Prompt」命令提示字元視窗,在啟動 keras_tf 虛擬環境後,輸入下列指令來安裝 pydot 套件,如下所示:

```
(keras_tf) C:\Users\hueya>pip install pydot Enter
```

將深度學習模型儲存成圖檔：ch16-1.py

在 Python 程式是使用 **plot_model()** 函式將深度學習模型儲存成圖檔，如下所示：

```
from keras.utils import plot_model
```

```
plot_model(model, to_file="ch16-1.png", show_shapes=True)
```

上述程式碼匯入 plot_model() 函式後，呼叫此函式將模型儲存成圖檔，第 1 個參數是 model 模型，to_file 參數是存檔的圖檔路徑，包含圖檔名稱，show_shapes 參數值 True 是顯示形狀資訊，如下圖所示：

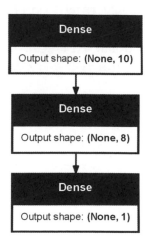

在 Jupyter Notebook 顯示模型圖：ch16-1a.ipynb

Jupyter Notebook 也是使用 plot_model() 函式顯示模型圖，但因為圖太大，請指定 dpi 參數值 100 來縮小尺寸（預設值是 200），如下所示：

```
plot_model(model, show_shapes=True, dpi=100)
```

16-2 再談 Functional API

在第 9-2-2 節已經說明過 Keras 的 Functional API，並使用 Functional API 打造 MLP 和自編碼器。在這一節將進一步說明如何建立 CNN 和 LSTM 模型，而第 16-3 節會說明進階共享層模型和多輸入 / 多輸出模型的建立。

雖然，Sequential 模型就可以打造大部分深度學習模型，但是，Functional API 不只提供更靈活的方式來打造現有的 Sequential 模型，更可以讓我們重組已訓練的 Sequential 模型來擴充神經網路的應用。

使用 Functional API 建立 CNN 模型：ch16-2.py

Python 程式是使用 Functional API 建立 CNN 模型（修改自 ch8-3-3. py），這是 MNIST 手寫數字圖片辨識，並且在神經層使用 name 參數指定神經層名稱，如下所示：

```
mnist_input = Input(shape=(28, 28, 1),
                    name="input")
conv1 = Conv2D(16, kernel_size=(5, 5), padding="same",
               activation="relu", name="conv1")(mnist_input)
pool1 = MaxPooling2D(pool_size=(2, 2),
                     name="pool1")(conv1)
conv2 = Conv2D(32, kernel_size=(5, 5), padding="same",
               activation="relu", name="conv2")(pool1)
pool2 = MaxPooling2D(pool_size=(2, 2),
                     name="pool2")(conv2)
drop1 = Dropout(0.5, name="drop1")(pool2)
flat = Flatten(name="flat")(drop1)
hidden1 = Dense(128, activation="relu", name="hidden1")(flat)
drop2 = Dropout(0.5, name="drop2")(hidden1)
output = Dense(10, activation="softmax",
               name="output")(drop2)
model = Model(inputs=mnist_input, outputs=output)
```

使用 Functional API 建立 LSTM 模型：ch16-2a.py

同樣的，也可以使用 Functional API 建立 LSTM 模型的 IMDb 情緒分析（修改自 ch11-5-2.py），如下所示：

```
imdb_input = Input(shape=(max_words,), dtype="int32",
                   name="imdb_input")
embed = Embedding(top_words, 32, name="embed")(imdb_input)
drop1 = Dropout(0.25, name="drop1")(embed)
lstm = LSTM(32, name="lstm")(drop1)
drop2 = Dropout(0.25, name="drop2")(lstm)
output = Dense(1, activation="sigmoid",
               name="output")(drop2)
model = Model(inputs=imdb_input, outputs=output)
```

16-3　共享層模型與多輸入 / 多輸出模型

Keras 可以使用 Functional API 打造共享層和多輸入 / 多輸出的複雜模型，共享層（Shared Layers）就是多個神經層共享同一個輸入層，或共享同一個特徵萃取層。

16-3-1　共享輸入層

共享輸入層（Shared Input Layer）是指一個神經層的輸出同時讓多個神經層作為輸入，例如：建立 2 組卷積層和池化層來共享同一個輸入層（Python 程式：ch16-3-1.py），如下所示：

```
shared_input = Input(shape=(64, 64, 1))
```

上述程式碼建立輸入層後，建立第 1 個共享 shared_input 輸入層的卷積層和池化層，如下所示：

```
conv1 = Conv2D(32, kernel_size=3, activation="relu")(shared_input)
pool1 = MaxPooling2D(pool_size=(2, 2))(conv1)
flat1 = Flatten()(pool1)
```

接著是第 2 個共享 shared_input 輸入層的卷積層和池化層，如下所示：

```
conv2 = Conv2D(16, kernel_size=5, activation="relu")(shared_input)
pool2 = MaxPooling2D(pool_size=(2, 2))(conv2)
flat2 = Flatten()(pool2)
```

目前的神經網路共有 2 組卷積層和池化層共享同一個輸入層，也就是擁有 2 個分支，但是只有一個分類器，所以我們需要合併這 2 組卷積層和池化層，如下所示：

```
merge = concatenate([flat1, flat2])
```

上述 concatenate() 函式合併參數的神經層串列來建立合併層，以此例是 2 個神經層，最後建立分類器的 Dense 層，如下所示：

```
hidden1 = Dense(10, activation="relu")(merge)
output = Dense(1, activation="sigmoid")(hidden1)
model = Model(inputs=shared_input, outputs=output)
```

上述程式碼建立擁有共享輸入層的模型，其輸出的模型圖：ch16-3-1.png 在輸入層之後有 2 個分支，然後再合併 2 個分支至合併層後，連接至輸出的分類器。

16-3-2　共享特徵萃取層

　　共享特徵萃取層（Shared Feature Extraction Layer）是指模型中有多個並行子模型的解譯層，可以分別解譯共享特徵萃取層所萃取出的特徵，例如：使用 2 組不同層數的 Dense 層來解譯 LSTM 萃取出的特徵（Python 程式：ch16-3-2.py），如下所示：

```
model_input = Input(shape=(100, 1))
lstm = LSTM(32)(model_input)
```

　　上述程式碼建立輸入層和 LSTM 特徵萃取層後，新增第 1 個共享特徵提取層的解譯層（1 個 Dense 層），如下所示：

```
extract1 = Dense(16, activation="relu")(lstm)
```

　　然後建立第 2 個共享特徵提取層的解譯層（3 個 Dense 層），如下所示：

```
dense1 = Dense(16, activation="relu")(lstm)
dense2 = Dense(32, activation="relu")(dense1)
extract2 = Dense(16, activation='relu')(dense2)
```

　　接著合併 2 個共享特徵提取層的解譯層，如下所示：

```
merge = concatenate([extract1, extract2])
```

　　上述程式碼使用 concatenate() 函式建立合併參數神經層串列的合併層，最後建立模型輸出的 Dense 層，如下所示：

```
output = Dense(1, activation="sigmoid")(merge)
model = Model(inputs=model_input, outputs=output)
```

　　上述程式碼建立擁有共享特徵萃取層的模型，其輸出的模型圖：ch16-3-2.png 在 LSTM 層之後擁有 2 個分支，然後合併 2 個分支至合併層，最後是輸出層。

多輸入模型（Multiple Input Model）是指模型擁有多個輸入層，例如：我們準備打造圖片分類模型，可以同時分類黑白的灰階圖片和彩色圖片，所以此模型擁有 2 個輸入層，一個是灰階圖片、一個是彩色圖片（Python 程式：ch16-3-3.py），如下所示：

```
input1 = Input(shape=(28, 28, 1))
conv11 = Conv2D(16, (3,3), activation="relu")(input1)
pool11 = MaxPooling2D(pool_size=(2,2))(conv11)
conv12 = Conv2D(32, (3,3), activation="relu")(pool11)
pool12 = MaxPooling2D(pool_size=(2,2))(conv12)
flat1 = Flatten()(pool12)
```

上述程式碼建立第 1 個灰階圖片的輸入層、卷積層和池化層，然後是第 2 個彩色圖片的輸入層、卷積層和池化層，如下所示：

```
input2 = Input(shape=(28, 28, 3))
conv21 = Conv2D(16, (3,3), activation="relu")(input2)
pool21 = MaxPooling2D(pool_size=(2,2))(conv21)
conv22 = Conv2D(32, (3,3), activation="relu")(pool21)
pool22 = MaxPooling2D(pool_size=(2,2))(conv22)
flat2 = Flatten()(pool22)
```

接著呼叫 concatenate() 函式合併 2 個神經層後，送入最後的分類器（4 個 Dense 層），如下所示：

```
merge = concatenate([flat1, flat2])
dense1 = Dense(512, activation="relu")(merge)
dense2 = Dense(128, activation="relu")(dense1)
dense3 = Dense(32, activation="relu")(dense2)
output = Dense(10, activation="softmax")(dense3)
model = Model(inputs=[input1, input2], outputs=output)
```

上述 Model() 的 inputs 參數值是串列，因為這是擁有 2 個輸入層的多輸入模型，其輸出的模型圖：ch16-3-3.png 有 2 個 CNN 基底層的輸入層，在合併後連接分類器的輸出層。

16-3-4　多輸出模型

多輸出模型（Multiple Output Model）擁有多個輸出層，例如：我們準備打造一個圖片分類和自編碼器的多輸出模型，第 1 個輸出層是分類器、第 2 個輸出層是解碼器（Python 程式：ch16-3-4.py），如下所示：

```
model_input = Input(shape = (784,))
dense1 = Dense(512, activation="relu")(model_input)
dense2 = Dense(128, activation="relu")(dense1)
dense3 = Dense(32, activation ="relu")(dense2)
```

上述程式碼建立 MLP 神經網路後，新增第 1 個輸出層的分類器（1 個 Dense 層），如下所示：

```
output = Dense(10, activation="softmax")(dense3)
```

接著建立第 2 個輸出層，這是自編碼器的解碼器，如下所示：

```
up_dense1 = Dense(128, activation="relu")(dense3)
up_dense2 = Dense(512, activation="relu")(up_dense1)
decoded_outputs = Dense(784)(up_dense2)
```

然後定義多輸出模型，可以看到 Model() 的第 2 個參數值是串列，如下所示：

```
model = Model(model_input, [output, decoded_outputs])
```

上述程式碼可以建立多輸出模型，其輸出的模型圖：ch16-3-4.png 是在 MLP 神經網路的輸入層後，分支成分類器和解碼器 2 個輸出層。

客製化 Keras 神經網路

Keras 支援使用 **keras.ops** 命名空間的函式來客製化神經層、模型、損失函數和優化器等，這是 Keras 實作 NumPy 功能的函式和一組神經網路相關函數的專屬函式，用來建立跨框架的客製化 Keras 神經網路。

客製化 Dense 和 Dropout 層：MyDense 和 MyDropout 類別

客製化 Dense 層是**繼承 Layer 類別**，Layer 類別是一個抽象化神經層，可以讓我們客製化神經層狀態（權重），以及從輸入資料到輸出資料之間的運算，即實作 build() 和 call() 函式，其說明如下所示：

● **build()** 函式：除了可以在類別建構函式 __int__() 建立神經層權重外，Keras 建議在 build() 函式建立神經層權重，此函式會在呼叫 call() 函式之前自動先呼叫此函式來建立權重。

● **call()** 函式：此函式可以自訂通過神經層的資料轉換流程和運算。

Python 程式：ch16-4.py 是修改自 ch5-2-2.py 的 MLP 糖尿病預測，我們準備自行建立客製化名為 MyDense 的 Dense 層來建立 MLP 神經網路。MyDense 類別宣告是繼承 Layer 類別，如下所示：

```
class MyDense(Layer):
    def __init__(self, units, name=None):
        super().__init__(name=name)
        self.units = units
```

上述類別的建構函式 __init__() 呼叫父類別的建構函式後，再指定神經元數，就可以在下方實作 build() 函式來建立神經層權重和偏向量，如下所示：

```
    def build(self, input_shape):
        input_dim = input_shape[-1]
        self.w = self.add_weight(
```

```
        shape=(input_dim, self.units),
        initializer= "glorot_normal",
        name="kernel",
        trainable=True,
    )
    self.b = self.add_weight(
        shape=(self.units,),
        initializer="zeros",
        name="bias",
        trainable=True,
    )
```

上述 add_weight() 函式的 shape 參數是權重和偏向量的形狀，在 initializer 參數指定初始權重的方式，trainable 參數指定是否是可訓練的權重。在下方實作的 call() 函式是自訂資料轉換，可以計算輸入資料和權重的矩陣乘法 **matmul()** 函式來轉換成輸出資料，如下所示：

```
def call(self, inputs):
    x = ops.matmul(inputs, self.w) + self.b
    return x
```

Python 程式：ch16-4a.py 是修改自 ch8-3-3.py 的 MNIST 手寫辨識，我們準備建立客製化 Dense 層和 Dropout 層來建立 CNN 神經網路。MyDense 類別和 ch16-4.py 類似，只是在類別新增啟動函數；而 MyDropout 類別宣告也是繼承 Layer 類別，如下所示：

```
class MyDropout(Layer):
    def __init__(self, rate, name=None):
        super().__init__(name=name)
        self.rate = rate
        self.seed_generator = random.SeedGenerator(1337)

    def call(self, inputs):
        return random.dropout(inputs, self.rate,
                              seed=self.seed_generator)
```

上述 __init__() 建構函式的 rate 參數是 Dropout 層隨機將權重歸零的比率，因為 Dropout 層並沒有權重，所以在實作的 call() 函式是呼叫 random. dropout() 函式來隨機歸零權重。

客製化神經層區塊：MLPBlock 類別

對於複雜的大型神經網路模型，例如：第 16-5 節的 Transformer 模型，在實作時，我們需要組合多個神經層來建立區塊（Block），以方便建構神經網路模型。Python 程式：ch16-4.py 的 MLP 神經網路就是使用 MLPBlock 類別建立 MLP，此類別也是繼承 Layer 類別，如下所示：

```python
class MLPBlock(Layer):
    def __init__(self):
        super().__init__()
        self.dense_1 = MyDense(10)
        self.dense_2 = MyDense(8)
        self.dense_3 = MyDense(1)

    def call(self, inputs):
        x = self.dense_1(inputs)
        x = activations.relu(x)
        x = self.dense_2(x)
        x = activations.relu(x)
        return self.dense_3(x)
```

上述 __init__() 建構函式建立 3 個 MyDense 層的物件後，在實作的 call() 函式使用 Functional API 建立各神經層之間的資料轉換。然後，我們就可以使用 Functional API 來建立 Keras 模型，如下所示：

```python
data_input = Input(shape=(8,))
mlp = MLPBlock()
hidden = mlp(data_input)
output = Activation("sigmoid")(hidden)
model = Model(inputs=data_input, outputs=output)
```

　　上述程式碼首先建立 Input 輸入層，然後是 MLPBlock 物件，即 2 層隱藏層和 1 層輸出層，最後使用 "sigmoid" 啟動函數，就可以建立 Model 物件的 MLP 神經網路模型。

客製化 Model 模型：MyModel 類別

　　Python 程式：ch16-4a.py 不只客製化 Dense 層和 Dropout 層，還有客製化 Model 類別來建立 CNN 神經網路。MyModel 類別是**繼承 Model 類別**，如下所示：

```python
class MyModel(Model):
    def __init__(self, num_classes):
        super().__init__()
        self.cnn_base = Sequential(
            [
                Input(shape=(28, 28, 1)),
                Conv2D(16, kernel_size=(5, 5), padding="same",
                       activation="relu"),
                MaxPooling2D(pool_size=(2, 2)),
                Conv2D(32, kernel_size=(5, 5), padding="same",
                       activation="relu"),
                MaxPooling2D(pool_size=(2, 2)),
                MyDropout(0.5),
                Flatten(),
                MyDense(128, activation="relu")
            ]
        )
        self.dp = MyDropout(0.5)
        self.dense = MyDense(num_classes, activation="softmax")
```

　　在上述 __init__() 建構函式建立 Sequential 模型，使用串列定義 CNN 模型，只少了最後的輸出層，而其中的 Dense 和 Dropout 層都是客製化 MyDense 和 MyDropout 層，最後再建立一個 MyDropout 層和輸出的 MyDense 層。

在下方實作的 call() 函式是使用 Functional API 建立之間的資料轉換，即從 cnn_base 經過一層 Dropout 層後，即可回傳輸出層的轉換結果，如下所示：

```
def call(self, x):
    x = self.cnn_base(x)
    x = self.dp(x)
    return self.dense(x)
```

因為上述 MyModel 類別就是完整的 CNN 模型，所以定義 Keras 模型就是建立 MyModel 物件，其參數是分類數，如下所示：

```
model = MyModel(num_classes=10)
```

16-5 認識 Seq2Seq 模型與 Transformer 模型

基本上，Transformer 模型就是一種 Seq2Seq 模型，其最重要的 2 個觀念就是：自注意力機制與位置編碼。

16-5-1 Seq2Seq 模型與注意力機制

在第 9-2 節說明的自編碼器（Autoencoder），從廣義來說，就是一種 Seq2Seq 模型，而 Transformer 模型也是一種 Seq2Seq 模型。

Seq2Seq 模型（Sequence-to-sequence Model）

Seq2Seq 模型在自然語言處理的輸入是文字段落序列資料，即句子，並且可以輸出成另一種序列的文字資料，如下圖所示：

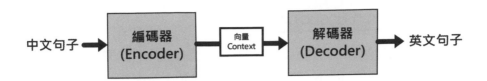

上述 Seq2Seq 模型的輸入資料在經過 Encoder 編碼器（RNN）消化壓縮成固定長度的 Context 向量後，就可以使用 Decoder 解碼器（RNN）轉化成另一種形式的序列資料。

Seq2Seq 模型與注意力機制

因為 Seq2Seq 模型的 RNN 記性並不好，如果輸入的資料過長，就會丟失一些資訊，為了解決此問題，所以導入「注意力機制」（Attention Mechanism），將原來是編碼成固定長度的 Context 向量改為**向量序列**，如下圖所示：

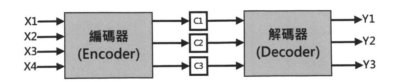

上述 Seq2Seq 模型在產生每一個輸出單字時，都能夠充分參考輸入序列的資訊，可以記住輸入序列的單字與哪一個輸出序列的單字有關係，例如：在下列英譯中的 2 個句子，輸出 " 你 " 字詞的注意力是在輸入的 "you" 這個單字上，" 語言 " 字詞是在輸入的 "languages" 這個單字上，如下所示：

```
> What languages do you speak?
>> [start] 你 說 什麼 語言 [end]
```

16-5-2　位置編碼與自注意力機制

在第 16-5-3 節說明 Transformer 模型結構前，我們需要先了解位置編碼與自注意力機制。

位置編碼（Position Encoding）

因為語言文字的順序十分重要，我們只需重新編排單字的順序，就能夠產生出不同的句子，不同於 RNN 能夠處理序列資料順序是內建機制，Transformer 模型需要在輸入資料加上位置編碼來處理單字順序。

位置編碼就是在描述句子中每一個單字的位置資訊，以便了解單字之間的順序，例如：使用陣列索引值 0~N，然而，當標準化陣列索引值至 0~1 之間時，因為句子的長度不同，標準化索引值就會產生問題。

Transformer 模型的位置編碼是**讓每一個單字的位置都映射到一個向量**，所以，位置編碼層的輸出是一個矩陣，在矩陣中的每一列代表句子中一個單字的位置編碼，例如：英文句子 "This is a pen" 的位置編碼矩陣，如下圖所示：

句子序列	單字索引	位置編碼矩陣				
This	0	$P_{(0,0)}$	$P_{(0,1)}$	$P_{(0,2)}$	...	$P_{(0,d)}$
is	1	$P_{(1,0)}$	$P_{(1,1)}$	$P_{(1,2)}$	...	$P_{(1,d)}$
a	2	$P_{(2,0)}$	$P_{(2,1)}$	$P_{(2,2)}$	...	$P_{(2,d)}$
pen	3	$P_{(3,0)}$	$P_{(3,1)}$	$P_{(3,2)}$	...	$P_{(3,d)}$

上述位置編碼 $P_{(k, i)}$ 的 k 是英文單字索引，偶數索引 i 是用 sin() 函數、奇數索引 i 是用 cos() 函式公式來計算出波形頻率，可以建立一個向量來取得單字的位置資訊，如此就不會有句子長短不一的位置編碼問題。

自注意力機制（Self-Attention Mechanism）

在 Transformer 模型使用的注意力機制是「自」注意力機制，關注的是自己整段文字內容中，每一個字詞（單字）之間的相互關係，以便透過這些關係來了解文字段落。例如下面 2 個中文句子：

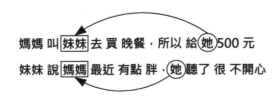

上述 2 個句子都有 " 媽媽 "、" 妹妹 " 和 " 她 " 三個中文字詞（在英文就是單字），在第 1 個句子的 " 她 " 和 " 妹妹 " 比較有關係；第 2 個句子的 " 她 " 和 " 媽媽 " 比較有關係。自注意力機制就是在學習字詞之間的相互關係，使用的是 **Query、Key 和 Value** 三個權重矩陣。

問題是為什麼需要使用 Query、Key 和 Value 三個權重矩陣？我們可以使用 Python 字典來說明，如下所示：

d = {"I": " 我 ", "love": " 愛 ", "you": " 你 " }
q = "love"

上述字典 d 的鍵是 Key、值就是 Value，變數 q 是 Query 查詢，當 q 變數值等於 "love" 鍵時，就可以從字典的鍵取得值 " 愛 "，即 d[q]。

不過，自注意力機制的 Query 和 Key 並不是相等的比較，而是相似度的比較，我們計算的是 Query 查詢單字，和句子之中其他 Key 單字之間的相似度，即可建立**相似度矩陣**，稱為**自注意力分數**（Self-Attention Scores），如右圖所示：

Key

	位置1	位置2	位置3
Query 位置1	0	1	0
位置2	0	0	1
位置3	1	0	0

上述自注意力分數是指當 Query 是第 1 個單字時，其注意的是 Key 的第 2 個單字；當 Query 是第 3 個單字時，其注意的是 Key 的第 1 個單字。

 Tips　請注意！相似度的真實值是 Softmax 函數計算出的可能性，例如：1%、97% 和 2%，為了方便說明，筆者才使用值 0 和 1。

Value 矩陣是句子每一個單字的**詞向量**，其中的每一列就是一個單字，如右圖所示：

Value

位置1	0.10	0.11	0.12	0.13	0.14
位置2	0.20	0.21	0.22	0.23	0.24
位置3	0.30	0.31	0.32	0.33	0.34

現在，我們可以依據自注意力公式來計算出注意力：Attention(Q, K, V)，即將自注意力分數的矩陣乘以 Value 矩陣，如下圖所示：

Query	Key				Value				
	位置1	位置2	位置3						
位置1	0	1	0	X 位置1	0.10	0.11	0.12	0.13	0.14
位置2	0	0	1	位置2	0.20	0.21	0.22	0.23	0.24
位置3	1	0	0	位置3	0.30	0.31	0.32	0.33	0.34

上述執行結果可以看出 Value 矩陣已經依據相似度交換每一列的詞向量，而這就是 Query 查詢單字最有可能的下一個預測單字，如下圖所示：

Value

位置1	0.20	0.21	0.22	0.23	0.24
位置2	0.30	0.31	0.32	0.33	0.34
位置3	0.10	0.11	0.12	0.13	0.14

16-5-3　Transformer 模型

Transformer 模型是發表在 NIPS 2017 的論文 "Attention Is All You Need"，此論文的 URL 網址如下所示：

https://arxiv.org/pdf/1706.03762.pdf

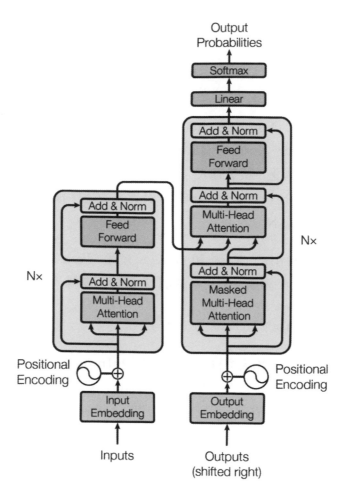

　　上述圖例是源於論文 Transformer 模型結構的圖例，分成左邊方框的編碼器結構，和右邊方框的解碼器結構。在圖中的 N× 表示可以有 N 層編碼器和解碼器堆疊，在論文中是 6 層。

編碼器（Encoder）

　　在左下方的 Inputs 輸入資料需要經過**詞嵌入 Input Embedding** 後，再加上 **Positional Encoding 位置編碼**，才是進入 Transformer 編碼器結構的輸入資料。

在 Transformer 編碼器神經層區塊的第 1 層是 **Multi-Head Attention** 層，這就是自注意力機制，多頭是指可以從不同角度來找出句子中單字之間的關係，在論文中是 8 頭，也就是有 8 個自注意力機制，其下方的輸入資料分成 3 條支線，即 Query、Key 和 Value。

然後進入 Add & Norm 層，Add 是指前一層的輸出會與輸入資料相加後，執行 Norm 的 Layer Normalization，此層類似第 14-4 節的 BN，可以針對每一個樣本執行正規化。接著進入 Feed Forward 層的前饋神經網路（Feed Forward Neural Network，FFN），可以針對特徵進行非線性轉換與映射，然後是再一層的 Add & Norm 層。

最後在編碼器輸出的 Key 和 Value 就是 Transformer 解碼器上方 Multi-Head Attention 多頭注意力層的前 2 個輸入資料。

解碼器（Decoder）

在右邊解碼器結構的**輸入資料是右下方的 Outputs**，（以第 16-6-2 節英文翻譯成西班牙文的翻譯模型為例，在編碼器的 Inputs 輸入是英文句子、解碼器的 Outputs 輸入就是西班牙句子），而因為 Transformer 模型是在訓練預測下一個單字，所以 Outputs 資料需要**向右位移**（Shifted Right）一個位置來作為解碼器的輸入，以便將之前已生成的單字作為上下文，讓模型來**預測下一個單字**。

基本上，解碼器和編碼器結構的組成類似，只是多了一組 **Masked Multi-Head Attention** 遮罩多頭注意力層，和 Add & Normal 層。在 Transformer 模型的 Mask 遮罩機制有 2 種，其說明如下所示：

- **填充遮罩**（Padding Mask）：在編碼器和解碼器都有使用，其目的是讓輸入資料的長度都相同，如果句子太短，就將不足的長度填充成 0。

- **序列遮罩**（Sequence Mask）：只有在解碼器的 Masked Multi-Head Attention 層使用，其目的是防止看到未來的資訊，以確保序列輸出只能依據目前資訊，這是透過對角遮罩矩陣，將上三角矩陣的值設定成負無窮 $-\infty$，

即可在經過 Softmax 函數後都成為 0，產生遮罩效
果來遮掉未來資訊，如右圖所示：

0.13	-∞	-∞	-∞
0.21	0.55	-∞	-∞
0.51	0.97	0.87	-∞
0.79	0.83	0.39	0.90

　　解碼器的輸出是輸出到右上方 Linear 全連接層的分類器，最後使用
Softmax 層輸出每一個單字的可能性，即 Output Probabilities。

16-6 | 實作案例：Transformer 情感分析與英譯中

　　Python 程式使用 Keras 實作 Transformer 模型，需要使用 Functional
API 和客製化神經層，這一節的範例程式是修改自 Keras 官方文件的範例，可
以執行 IMDb 情感分析和英文譯成西班牙文與中文的機器翻譯。

16-6-1 | Transformer 模型的 IMDb 情感分析

　　Python 程式：ch16-6-1.py 實作 Transformer 區塊和 Positional
Embedding 的 Layer 類別後，使用 Functional API 定義模型來執行 IMDb
情感分析，這就是第 16-5-3 節 Transformer 模型前半部分編碼器結構。

　　匯入相關模組和套件後，繼承 Layer 類別宣告 TransformerBlock 類別，
實作 Transformer 神經層區塊，如下所示：

```
class TransformerBlock(Layer):
    def __init__(self, embed_dim, num_heads, ff_dim):
        super().__init__()
        self.att = MultiHeadAttention(num_heads=num_heads,
                                      key_dim=embed_dim)
        self.ffn = Sequential(
            [
```

▶▶

```
            Dense(ff_dim, activation="relu"),
            Dense(embed_dim)
        ]
    )
    self.layernorm1 = LayerNormalization()
    self.layernorm2 = LayerNormalization()
```

上述 __init__() 建構函式建立 Transformer 編碼器所需的神經層，包含 1 個 MultiHeadAttention 多頭自注意力層，Sequential 模型的 2 層 Dense 層，即 Feed Forward 神經網路，最後是 2 個 Add & Norm 的 LayerNormalization 層。

在下方 call() 函式使用 Functional API 建立各神經層之間的資料轉換，如下所示：

```
def call(self, inputs):
    attn_output = self.att(query=inputs, value=inputs,
                           key=inputs)
    out1 = self.layernorm1(inputs + attn_output)
    ffn_output = self.ffn(out1)
    return self.layernorm2(out1 + ffn_output)
```

上述 call() 函式就是對比第 16-5-3 節 Transformer 模型的前半部分編碼器結構，這是從 Multi-Head Attention 開始，然後是第 1 個 Add & Norm，接著是 Feed Forward 神經網路，最後是第 2 個 Add & Norm。

而輸入資料需要位置編碼 Positional Encoding 與詞嵌入 Input Embedding，這是繼承 Layer 類別的 TokenAndPositionEmbedding 類別宣告，如下所示：

```
class TokenAndPositionEmbedding(Layer):
    def __init__(self, max_words, top_words, embed_dim):
        super().__init__()
        self.token_emb = Embedding(input_dim=top_words,
                                   output_dim=embed_dim)
```

▶▶

```
        self.pos_emb = Embedding(input_dim=max_words,
                                 output_dim=embed_dim)
```

上述 __init__() 建構函式建立 2 個 Embedding 層，第 1 個是輸入資料的詞嵌入、第 2 個是位置編碼。在下方 call() 函式分別建立詞嵌入和位置編碼後，回傳詞嵌入 x 和位置編碼 positions 相加的和，如下所示：

```
    def call(self, x):
        maxlen = x.shape[-1]
        positions = np.arange(start=0, stop=maxlen, step=1)
        positions = self.pos_emb(positions)
        x = self.token_emb(x)
        return x + positions
```

在建立 TransformerBlock 和 TokenAndPositionEmbedding 類別後，接下來是載入 IMDb 資料集，並執行資料預處理，如下所示：

```
top_words = 20000
(X_train, y_train), (X_test, y_test) = imdb.load_data(
                                    num_words=top_words)
...
max_words = 100
X_train = pad_sequences(X_train, maxlen=max_words)
X_test = pad_sequences(X_test, maxlen=max_words)
```

然後，使用 TransformerBlock 和 TokenAndPositionEmbedding 類別以 Functional API 來定義模型，如下所示：

```
inputs = Input(shape=(max_words,))
embedding_layer = TokenAndPositionEmbedding(max_words,
                                            top_words,
                                            embed_dim)
x = embedding_layer(inputs)
```

上述程式碼首先是 Input 輸入層，然後建立輸入資料的詞嵌入和位置編碼層，即 TokenAndPositionEmbedding 物件。接著，在下方建立 TransformerBlock 物件，如下所示：

```
transformer_block = TransformerBlock(embed_dim, num_heads, ff_dim)
x = transformer_block(x)
```

上述程式碼定義了 Transformer 編碼器結構。因為 IMDb 情緒分析是二元分類，所以第 2 部分不是 Transformer 解碼器結構，而是 Dense 層的分類器（Classifier），如下所示：

```
x = GlobalAveragePooling1D()(x)
x = Dropout(0.1)(x)
x = Dense(20, activation="relu")(x)
x = Dropout(0.1)(x)
outputs = Dense(2, activation="softmax")(x)
```

上述程式碼是由 1 層 GlobalAveragePolling1D、2 層 Dense 層和 2 層 Dropout 層來建立分類器，最後就可以建立 Model 物件，如下所示：

```
model = Model(inputs=inputs, outputs=outputs)
```

接著編譯、訓練和評估模型，批次尺寸是 32，訓練週期 epochs 變數值是 5 次，如下所示：

```
model.compile(optimizer="adam",
              loss="sparse_categorical_crossentropy",
              metrics=["accuracy"])
epochs = 5
history = model.fit(X_train, y_train, batch_size=32,
                    epochs=epochs, validation_split=0.2)
loss, accuracy = model.evaluate(X_test, y_test, verbose=0)
print("測試資料集的準確度 = {:.2f}".format(accuracy))
```

Python 程式的執行結果可以看到測試資料集的準確度是 0.81（81%），如下所示：

```
測試資料集的準確度 = 0.81
```

因為 IMDb 測試資料集是詞向量索引，我們需要還原成原始文字來顯示評論文字，在執行預測前，請先呼叫 get_word_index() 函式取得 IMDb 資料集字彙表的單字索引字典，如下所示：

```python
word_index = imdb.get_word_index()
word_index = {k:(v+3) for k,v in word_index.items()}
word_index["<PAD>"] = 0
word_index["<START>"] = 1
word_index["<UNK>"] = 2
word_index["<UNUSED>"] = 3
word_map = dict([(value, key)
                 for (key, value) in word_index.items()])
```

上述程式碼使用字典推導建立詞索引轉換表的 Python 字典，即可將詞索引的鍵轉換成對應單字的值。然後在下方建立分類名稱串列，"negative" 是負面、"postive" 是正面，如下所示：

```python
class_names = ["negative", "postive"]
scores = model.predict(X_test[:1])
print(" ".join(word_map.get(w)
               for w in X_test[0:1].flatten() if w != 0))
print(class_names[np.argmax(scores)], "-", scores)
scores = model.predict(X_test[1:2])
print(" ".join(word_map.get(w)
               for w in X_test[1:2].flatten() if w != 0))
print(class_names[np.argmax(scores)], "-", scores)
```

上述程式碼呼叫 2 次 predict() 函式預測測試資料集的前 2 筆評論文字 X_test[:1] 和 X_test[1:2]，然後在 join() 函式使用串列推導和 word_map. get() 函式來還原成評論文字，如下所示：

```
" ".join(word_map.get(w) for w in X_test[0:1].flatten() if w != 0)
```

上述程式碼使用 flatten() 函式將測試資料轉換成一維串列後，使用 for
迴圈取出每一個詞索引來轉換成單字，在最後的 if 條件是跳過索引值 0 的
"<PAD>"，其執行結果可以看到第 1 筆評論文字的情感分析是 negative、第
2 筆是 positive，如下所示：

```
1/1 ─────────────── 0s 201ms/step
<START> please give this one a miss br br kristy swanson and the rest of the cast rendered
terrible performances the show is flat flat flat br br i don't know how michael madison
could have allowed this one on his plate he almost seemed to know this wasn't going to work
out and his performance was quite lacklustre so all you madison fans give this a miss
negative - [[0.8443369  0.15566309]]
1/1 ─────────────── 0s 33ms/step
a powerful study of loneliness sexual repression and desperation be patient <UNK> up the
atmosphere and pay attention to the wonderfully written script br br i praise robert altman
this is one of his many films that deals with unconventional fascinating subject matter this
film is disturbing but it's sincere and it's sure to elicit a strong emotional response from
the viewer if you want to see an unusual film some might even say bizarre this is worth the
time br br unfortunately it's very difficult to find in video stores you may have to buy it
off the internet
postive - [[0.00102374 0.99897623]]
```

16-6-2　Transformer 翻譯模型

基本上，訓練 Transformer 翻譯模型需要使用 Anki 網站的**語料庫樣本資**
料，這是各種語言配對，使用 `Tab` 鍵分隔的句子對，其 URL 網址如下所示：

https://www.manythings.org/anki/

Tab-delimited Bilingual Sentence Pairs

These are selected sentence pairs from the Tatoeba Project.

Updated: 2023-11-29

- Afrikaans - English afr-eng.zip (917)
- Albanian - English sqi-eng.zip (449)
- Algerian Arabic - English arq-eng.zip (155)
- Arabic - English ara-eng.zip (12412)
- Assamese - English asm-eng.zip (3678)
- Azerbaijani - English aze-eng.zip (2195)
- Basque - English eus-eng.zip (683)

Introducing Anki

- If you don't already use Anki, vist the website at http://ankisrs.net/ to download this free application for Macintosh, Windows or Linux.

About These Files

- Any flashcard program that can import tab-delimited text files, such as Anki (free) can use these files.
- **Warning!** There are errors in the Tatoeba Corpus. (Detailed Warning)

請從上述網頁下載 ZIP 檔案 spa-eng.zip，這是西班牙文和英文句子的 spa.txt 檔案，共有 118,964 對，前 10 對句子的內容如右圖所示：

```
 1 Go.  Ve.
 2 Go.  Vete.
 3 Go.  Vaya.
 4 Go.  Váyase.
 5 Hi.  Hola.
 6 Run!    ¡Corre!
 7 Run.    Corred.
 8 Who?    ¿Quién?
 9 Fire!   ¡Fuego!
10 Fire!   ¡Incendio!
```

然後下載 ZIP 檔案 cmn-eng.zip，這是中文和英文句子的 cmn.txt 檔案，共有 296,68 對，前 10 對句子的內容（CC-BY 後是多餘文字）如下圖所示：

```
 1 Hi.   嗨。     CC-BY 2.0 (France) Attribution: tatoeba.org #538123 (CM) & #891077 (Martha)
 2 Hi.   你好。   CC-BY 2.0 (France) Attribution: tatoeba.org #538123 (CM) & #4857568 (musclegirlxyp)
 3 Run.  你用跑的。    CC-BY 2.0 (France) Attribution: tatoeba.org #4008918 (JSakuragi) & #3748344 (egg0073)
 4 Stop! 住手！ CC-BY 2.0 (France) Attribution: tatoeba.org #448320 (CM) & #448321 (GlossaMatik)
 5 Wait! 等等！ CC-BY 2.0 (France) Attribution: tatoeba.org #1744314 (belgavox) & #4970122 (wzhd)
 6 Wait! 等一下！    CC-BY 2.0 (France) Attribution: tatoeba.org #1744314 (belgavox) & #5092613 (mirrorvan)
 7 Begin. 开始！ CC-BY 2.0 (France) Attribution: tatoeba.org #6102432 (mailohilohi) & #5094852 (Jin_Dehong)
 8 Hello! 你好。 CC-BY 2.0 (France) Attribution: tatoeba.org #373330 (CK) & #4857568 (musclegirlxyp)
 9 I try. 我试试。     CC-BY 2.0 (France) Attribution: tatoeba.org #20776 (CK) & #8870261 (will66)
10 I won! 我赢了。     CC-BY 2.0 (France) Attribution: tatoeba.org #2005192 (CK) & #5102367 (mirrorvan)
```

在這一節就是使用上述 2 個句子對的文字檔案來訓練英文翻譯成西班牙文，和英文翻譯成中文的 Transformer 翻譯模型。

英文翻譯成西班牙文的 Transformer 翻譯模型：ch16-6-2.py

Python 程式在匯入相關的模組和套件後，呼叫 get_file() 函式下載西班牙文和英文句子對的 "spa-eng.zip" 並解壓縮，即可使用 Path 物件建立 "spa.txt" 檔案的完整檔案路徑，如下所示：

```
text_file = get_file(
    fname="spa-eng.zip",
    origin="https://www.manythings.org/anki/spa-eng.zip",
    extract=True,
)
text_file = pathlib.Path(text_file).parent / "spa-eng" / "spa.txt"
```

接著開啟文字檔案來讀取每一行資料的 lines 串列，然後使用 for 迴圈走訪每一行，一一剖析資料成為 (eng, spa) 元組並新增至 text_pairs 串列，同時在 spa 句子前後加上 "[start]" 和 "[end]" 標示文字，如下所示：

```
with open(text_file, encoding='utf-8') as f:
    lines = f.read().split("\n")[:-1]
text_pairs = []
for line in lines:
    eng, spa = line.split("\t")
    spa = "[start] " + spa + " [end]"
    text_pairs.append((eng, spa))
print(random.choice(text_pairs))
```

　　上述最後 1 行程式碼是隨機顯示 1 筆訓練資料元組的句字對，第 1 個項目是英文、第 2 個項目是西班牙文，其執行結果如下所示：

　　　　('I only have eyes for you.', '[start] Solo tengo ojos para ti. [end]')

　　然後，在使用亂數打亂資料後，分割成訓練、驗證和測試資料集的 train_pairs、val_pairs 和 test_pairs 句子對，如下所示：

```
np.random.shuffle(text_pairs)
num_val_samples = int(0.15 * len(text_pairs))
num_train_samples = len(text_pairs) - 2 * num_val_samples
train_pairs = text_pairs[:num_train_samples]
val_pairs = text_pairs[
    num_train_samples : num_train_samples + num_val_samples]
test_pairs = text_pairs[num_train_samples + num_val_samples :]
```

　　接著，使用 TextVectorization 文字向量層來執行預處理，此部分操作和第 13-3 節相同，在設定參數後，建立 custom_standardization() 函式來刪除 strip_chars 變數的字元並轉換成小寫，如下所示：

```
top_words = 15000
max_words = 20
batch_size = 64
strip_chars = string.punctuation + "¿"
strip_chars = strip_chars.replace("[", "")
strip_chars = strip_chars.replace("]", "")
```

```
def custom_standardization(input_string):
    lowercase = tf_strings.lower(input_string)
    return tf_strings.regex_replace(lowercase,
                        "[%s]" % re.escape(strip_chars),"")

eng_vectorization = TextVectorization(
    max_tokens=top_words,
    output_mode="int",
    output_sequence_length=max_words,
)
spa_vectorization = TextVectorization(
    max_tokens=top_words,
    output_mode="int",
    output_sequence_length=max_words + 1,
    standardize=custom_standardization,
)
```

上述程式碼分別建立英文和西班牙文的 2 層 TextVectorization 層，在西班牙文的 spa_vectorization 指定標準化函式，並填補長度成為 max_words+1，之所以加 1，這是因為在之後需要位移 1 個單字來提供下一個預測單字。

在下方是從 train_paris 句子對分別取出英文和西班牙文資料後，呼叫 adapt() 函式建立英文和西班牙文的字彙表，如下所示：

```
train_eng_texts = [pair[0] for pair in train_pairs]
train_spa_texts = [pair[1] for pair in train_pairs]
eng_vectorization.adapt(train_eng_texts)
spa_vectorization.adapt(train_spa_texts)
```

接著使用 TensorFlow 的 Dataset 物件來格式化資料集並批次載入訓練和驗證資料，首先在下方的 format_dataset() 函式建立 TextVectorization 層來執行文字向量化，再回傳格式化資料集，如下所示：

```
def format_dataset(eng, spa):
    eng = eng_vectorization(eng)
    spa = spa_vectorization(spa)
    return (
        {
            "encoder_inputs": eng,
            "decoder_inputs": spa[:, :-1],
        },
        spa[:, 1:],
    )
```

　　上述函式的回傳格式是（**字典，標籤**）**元組**，字典的 "encoder_inputs" 鍵是向量化英文句子，"decoder_inputs" 鍵是向量化目標的西班牙文句子，並且刪除最後 1 個單字，以便從 0~N 預測下一個單字；而 spa[:, 1:] 是位移一個單字的目標西班牙文句子（即刪除第 1 個單字），這就是標籤資料，可以用來提供預測的下一個單字。

　　筆者準備使用英文句子 "This is a pen" 代替 spa 西班牙文句子來說明，在下方的第 1 行是刪除最後 1 個單字 pen（"decoder_inputs"），第 2 行是刪除第 1 個單字 This（標籤），如右所示：

| spa[:, :-1]： | This | is | a |
| spa[:, 1:]： | is | a | pen |

　　上述範例就是從第 1 行的 0~N 預測第 2 行的下一個單字，首先從 This 預測下一個標籤單字 is，然後從 This is 預測下一個標籤單字 a，最後從 This is a 預測下一個標籤單字 pen。

　　在下方的 make_dataset() 函式就是使用 TensorFlow 的 Dataset 物件來批次載入資料集，並且使用 map() 函式呼叫 format_dataset() 函式來處理文字向量化和格式化資料集，如下所示：

```
def make_dataset(pairs):
    eng_texts, spa_texts = zip(*pairs)
    eng_texts = list(eng_texts)
    spa_texts = list(spa_texts)
    dataset = tf_data.Dataset.from_tensor_slices((eng_texts, spa_texts))
```

```
dataset = dataset.batch(batch_size)
dataset = dataset.map(format_dataset)
return dataset.cache().shuffle(2048).prefetch(16)
```

```
train_ds = make_dataset(train_pairs)
val_ds = make_dataset(val_pairs)
```

上述程式碼呼叫 2 次 make_dataset() 函式建立訓練和驗證資料集，接下來，就是宣告 Transformer 編碼器的 TransformerEncoder 類別（支援遮罩），以及實作位置編碼與詞嵌入層的 PositionalEmbedding 類別，因為這 2 個類別和第 16-6-1 節相似，筆者就不重複說明。

在 Transformer 解碼器部分是繼承 Layer 類別的 TransformerDecoder 類別，這是實作第 16-5-3 節 Transformer 模型的第 2 部分，如下所示：

```
class TransformerDecoder(Layer):
    def __init__(self, embed_dim, latent_dim, num_heads, **kwargs):
        super().__init__(**kwargs)
        self.embed_dim = embed_dim
        self.latent_dim = latent_dim
        self.num_heads = num_heads
        self.attention_1 = MultiHeadAttention(num_heads=num_heads,
                                              key_dim=embed_dim)
        self.attention_2 = MultiHeadAttention(num_heads=num_heads,
                                              key_dim=embed_dim)
        self.dense_proj = Sequential(
            [
                Dense(latent_dim, activation="relu"),
                Dense(embed_dim)
            ]
        )
        self.layernorm_1 = LayerNormalization()
        self.layernorm_2 = LayerNormalization()
        self.layernorm_3 = LayerNormalization()
        self.supports_masking = True
```

上述 __init__() 建構函式建立 Transformer 解碼器所需的神經層,共有 1 個 MultiHeadAttention 多頭自注意力層和 1 個 Masked MultiHeadAttention 遮罩多頭注意力層,Sequential 模型的 Feed Forward 神經網路,和 3 個 Add & Norm 的 LayerNormalization 層。

在下方 call() 函式使用 Functional API 建立各神經層之間的資料轉換,首先使用 get_causal_attention_mask() 函式生成自注意力機制的對角遮罩矩陣,這是用來實作 Masked Multi-Head Attention,如下所示:

```python
def call(self, inputs, encoder_outputs, mask=None):
    causal_mask = self.get_causal_attention_mask(inputs)
    if mask is not None:
        padding_mask = ops.cast(mask[:, None, :], dtype="int32")
        padding_mask = ops.minimum(padding_mask, causal_mask)
    else:
        padding_mask = None
    attention_output_1 = self.attention_1(
        query=inputs, value=inputs, key=inputs,
        attention_mask=causal_mask)
    out_1 = self.layernorm_1(inputs + attention_output_1)
    attention_output_2 = self.attention_2(
        query=out_1,
        value=encoder_outputs,
        key=encoder_outputs,
        attention_mask=padding_mask,
    )
    out_2 = self.layernorm_2(out_1 + attention_output_2)
    proj_output = self.dense_proj(out_2)
    return self.layernorm_3(out_2 + proj_output)

def get_causal_attention_mask(self, inputs):
    input_shape = ops.shape(inputs)
    batch_size, sequence_length = input_shape[0], input_shape[1]
    i = ops.arange(sequence_length)[:, None]
    j = ops.arange(sequence_length)
    mask = ops.cast(i >= j, dtype="int32")
```

▶▶

```
    mask = ops.reshape(mask, (1, input_shape[1], input_shape[1]))
    mult = ops.concatenate(
        [ops.expand_dims(batch_size,-1), ops.convert_to_tensor([1,1])],
        axis=0,
    )
    return ops.tile(mask, mult)
```

在類別最後是 **get_config()** 函式，其回傳的 JSON 資料可以讓 Keras 儲存客製化神經層的結構。現在，我們就可以使用 Functional API 定義第 16-5-3 節的 Transformer 模型，首先是編碼器結構，如下所示：

```
encoder_inputs = Input(shape=(None,), dtype="int64",
                       name="encoder_inputs")
x = PositionalEmbedding(max_words, top_words, embed_dim)(encoder_inputs)
encoder_outputs = TransformerEncoder(embed_dim, latent_dim, num_heads)(x)
encoder = Model(encoder_inputs, encoder_outputs)
```

上述程式碼建立編碼器結構的 Model 物件 encoder，接著，在下方建立解碼器結構的 Model 物件 decoder，如下所示：

```
decoder_inputs = Input(shape=(None,), dtype="int64",
                       name="decoder_inputs")
encoded_seq_inputs = Input(shape=(None, embed_dim),
                           name="decoder_state_inputs")
x = PositionalEmbedding(max_words, top_words, embed_dim)(decoder_inputs)
x = TransformerDecoder(embed_dim, latent_dim,
                       num_heads)(x, encoded_seq_inputs)
x = Dropout(0.5)(x)
decoder_outputs = Dense(top_words, activation="softmax")(x)
decoder = Model([decoder_inputs, encoded_seq_inputs], decoder_outputs)
```

最後，建立 Model 物件 transformer 的 Transformer 模型，如下所示：

```
decoder_outputs = decoder([decoder_inputs, encoder_outputs])
transformer = Model([encoder_inputs, decoder_inputs],
                    decoder_outputs, name="transformer")
```

在成功編譯和訓練模型後（至少需訓練 30 個週期），就可以測試模型，從 "[start]" 開始預測下一個單字，直到 "[end]" 為止。首先取得西班牙文字彙表的單字索引字典並建立西班牙文的詞索引轉換表，即可建立 decode_sequence() 解碼函式，如下所示：

```
spa_vocab = spa_vectorization.get_vocabulary()
spa_index_lookup = dict(zip(range(len(spa_vocab)), spa_vocab))
max_decoded_sentence_length = 20

def decode_sequence(input_sentence):
    tokenized_input_sentence = eng_vectorization([input_sentence])
    decoded_sentence = "[start]"
```

上述函式的參數是英文句子，在向量化英文句子和初始化翻譯後的西班牙文句子後，就可以使用下方 for 迴圈預測下一個單字直到最大翻譯句子長度為止，在向量化翻譯後的西班牙文句子並刪除最後一個單字（因為 spa_vectorization() 填補成 max_words+1）後，就可以使用 Transformer 模型來預測下一個單字，其參數依序是向量化英文句子和翻譯後的西班牙文句子，如下所示：

```
for i in range(max_decoded_sentence_length):
    tokenized_target_sentence = spa_vectorization(
                               [decoded_sentence])[:, :-1]
    predictions = transformer([tokenized_input_sentence,
                              tokenized_target_sentence])
    sampled_token_index = ops.convert_to_numpy(
        ops.argmax(predictions[0, i, :])
    ).item(0)
```

上述程式碼呼叫 argmax() 函式取得最有可能單字的詞索引，即可在下方使用詞索引來轉換成西班牙文的單字，並將預測出的西班牙文單字附加至翻譯後西班牙文句子的最後，如下所示：

```
sampled_token = spa_index_lookup[sampled_token_index]
```

```
        decoded_sentence += " " + sampled_token
        if sampled_token == "[end]":
            break

    return decoded_sentence
```

　　上述 if 條件判斷是否到達 "[end]"，如果是，就跳出 for 迴圈，回傳翻譯結果的西班牙文句子，否則繼續預測下一個單字。在下方是使用 for 迴圈隨機選擇 30 個英文句子來測試翻譯模型，首先從測試資料集的句字對取出英文句子，如下所示：

```
test_eng_texts = [pair[0] for pair in test_pairs]
for _ in range(30):
    input_sentence = random.choice(test_eng_texts)
    print(">", input_sentence)
    translated = decode_sequence(input_sentence)
    print(">>", translated)
```

　　上述 for 迴圈呼叫 decode_sequence() 函式翻譯英文句子成為西班牙文句子，其執行結果只顯示部分翻譯成果，如下所示：

```
> I won't be here tomorrow.
>> [start] no estaré aquí mañana [end]
> I feel very comfortable with you.
>> [start] me siento muy cómodos contigo [end]
> There is no reason why I shouldn't do it.
>> [start] no hay razón por la que no debería hacer que lo hiciera [end]
> Would you at least consider my idea?
>> [start] al menos había considerar mi idea [end]
> Tom was waiting for Mary.
>> [start] tom estaba esperando a mary [end]
```

英文翻譯成中文的 Transformer 翻譯模型：ch16-6-2a.py

　　Python 程式：ch16-6-2a.py 的程式結構和 ch16-6-2.py 相同，只有剖析中英文語料部分有差異，而且是直接開啟 cmn.txt 檔案（Colab 需上傳至 Python 子目錄），並沒有呼叫 get_file() 函式自動下載和解壓縮檔案。

請先開啟「Anaconda Prompt」命令提示字元視窗，啟動 keras_tf 虛擬環境後，輸入 pip install 指令安裝 Jieba 結巴中文斷詞（或稱中文分詞）和 OpenCC 簡繁轉換套件，如下所示：

```
(keras_tf) C:\Users\hueya>pip install jieba [Enter]
(keras_tf) C:\Users\hueya>pip install opencc [Enter]
```

在中英文語料處理部分是剖析每一行語料資料成為 (eng, cht) 元組的串列，並且在 cht 句子前後加上 "[start]" 和 "[end]" 標示文字。首先讀取文字檔案的每一行成為 lines 串列後，建立 OpenCC 物件 cc，其參數值 "s2tw.json" 是簡體字轉繁體字，如下所示：

```
text_file = "cmn.txt"
with open(text_file, encoding='utf-8') as f:
    lines = f.read().split("\n")[:-1]
text_pairs = []
cc = OpenCC("s2tw.json")
for line in lines:
    line, _ = line.split("CC-BY")   # 分割字串
    line = line.strip()             # 刪除空白字元
    eng, cht = line.split("\t")
```

上述程式碼先刪除每一行最後從 "CC-BY" 開始的多餘文字後，再刪除空白字元，就可以分割成英文和中文句子，然後在下方呼叫 convert() 函式轉換簡體中文句子成為繁體中文後，使用 jieba.lcut() 函式執行中文句子的斷詞，將中文句子分割成中文的字詞，如下所示：

```
    cht = jieba.lcut(cc.convert(cht))
    cht = ' '.join(cht)
    cht = "[start] " + cht + " [end]"
    text_pairs.append((eng, cht))
print(random.choice(text_pairs))
```

上述最後 1 行程式碼是隨機顯示 1 筆句字對的訓練資料，其執行結果可以看到中文句子已經使用空白字元分割成一個一個字詞（對比英文的單字），如下所示：

```
('Could we have a table outside?', '[start] 我們 在 外面 可以 有 一張 桌子 嗎 ？ [end]')
```

而在文字向量化標準化函式的差異，只有刪除 strip_chars 變數的一些全形中文符號字元，並沒有轉換小寫英文，如下所示：

```
def cht_custom_standardization(input_string):
    strip_chars = """ ！？。 ” # $ … ‘’　　 “”　„… ‧ ～"""
    return tf_strings. \
           regex_replace(input_string,
                         "[%s]" % re.escape(strip_chars),"")
```

接下來的格式化和載入資料集、定義和建立 Transformer 模型、訓練模型（至少需訓練 30 個週期）以及預測模型的方法都和 ch16-6-2.py 相同，其執行結果只顯示部分英譯中的翻譯成果，如右所示：

```
> Can I have a bottle of red wine?
>> [start] 我能 有 一瓶 葡萄酒 嗎 [end]
> What languages do you speak?
>> [start] 你 說 什麼 語言 [end]
> Days are getting longer.
>> [start] 白天 越來 越長 了 [end]
> They granted his request.
>> [start] 他們 會 盡 了 他 的 請求 [end]
```

16-7　實作案例：微調 KerasNLP 的 GPT-2 生成唐詩

微調（Fine Tuning）就是讓神經網路的預訓練模型，在基於已完成訓練的權重上，再次使用不同的樣本資料來訓練並微調模型的權重。在第 15-3 節我們已經使用 IMDb 資料集來微調 BERT 語言模型，可以建立針對 IMDb 資料集的情感分析。

在這一節我們準備微調 KerasNLP 的 GPT-2 語言模型，使用簡體中文唐詩的樣本資料來微調 GPT-2 模型，可以讓 GPT-2 模型成為 AI 詩人來生成唐詩。簡體中文唐詩資料的 GitHub 網址，如下所示：

https://github.com/chinese-poetry/chinese-poetry

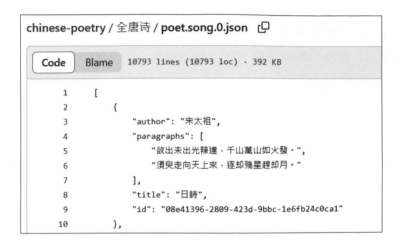

上述 GitHub 網站提供各朝代分類的詩詞曲目，我們使用的樣本資料是「全唐詩」目錄下的唐詩集，其檔案格式是 poet.song.???.json 的 JSON 檔案，每一首唐詩是位在每一個 JSON 陣列元素的 JSON 物件，即 paragraphs 鍵的值，其值是一個 JSON 字串陣列。

 請注意！ KerasNLP 程式需要在 Colab 安裝與執行，在 Colab 筆記本：ch16-7-colab.ipynb 是使用 !git 指令複製 GitHub 網站的檔案資料，如下所示：

```
!git clone https://github.com/chinese-poetry/chinese-poetry.git
```

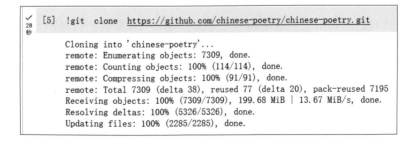

　　上述執行結果可以看到已經完成網站複製，接著，取得「全唐詩」目錄下的唐詩資料，這是剖析 JSON 檔案來取出訓練資料的唐詩字串，並轉換成繁體中文，如下所示：

```
poem_collection = []
for file in os.listdir("chinese-poetry/ 全唐詩 "):
    if ".json" not in file or "poet" not in file:
        continue
    full_filename = "%s/%s" % ("chinese-poetry/ 全唐詩 ", file)
```

　　上述 for 迴圈取出「chinese-poetry/ 全唐詩」目錄下的檔案清單後，使用 if 條件篩選出包含 "poet" 的 JSON 檔案，即可取得此檔案的完整路徑。在下方開啟 JSON 檔案後，呼叫 json.load() 函式來剖析檔案內容的 JSON 資料，然後將剖析結果新增至 poem_collection 串列，如下所示：

```
    with open(full_filename, "r") as f:
        content = json.load(f)
        poem_collection.extend(content)
```

　　成功將唐詩資料剖析並新增至串列後，就可以轉換成段落文字串列，接著建立 OpenCC 物件，將簡體字轉換成繁體字，如下所示：

```
cc = OpenCC("s2tw.json")
paragraphs = [cc.convert("".join(data["paragraphs"]))
                        for data in poem_collection]
print(paragraphs[0])
```

　　上述串列推導建立 paragraphs 串列，其項目是取出 "paragraphs" 鍵的唐詩段落文字，並且呼叫 convert() 函式轉換成繁體中文，在完成後就可以顯示第 1 個段落的唐詩內容，如下所示：

　　　　　　至日書雲，雲作何色。眼裡無筋，青黃赤白。

由於 GPT-2 模型支援中文斷詞（或稱分詞），因此我們可以直接使用字串內容的唐詩段落資料來進行模型微調，這是使用 TensorFlow 的 Dataset 物件來批次載入唐詩的段落資料，批次尺寸是 16，如下所示：

```
train_ds = (
    tf.data.Dataset.from_tensor_slices(paragraphs)
    .batch(16)
    .cache()
    .prefetch(tf.data.AUTOTUNE)
)
train_ds = train_ds.take(500)
```

然而，唐詩的資料量並不小，如果使用完整資料需花費非常多的訓練時間，所以，呼叫 take() 函式只取出 500 批次的樣本資料來作為訓練資料的範例。在下方建立 GPT-2 模型的預處理，為了加速訓練，將文字長度改成 128（預設值是 1024），如下所示：

```
preprocessor = GPT2CausalLMPreprocessor.from_preset(
    "gpt2_base_en",
    sequence_length=128,
)
gpt2_lm = GPT2CausalLM.from_preset(
    "gpt2_base_en",
    preprocessor=preprocessor
)
```

上述程式碼載入 GPT-2 模型並指定預處理後，就可以設定訓練週期，因為只是在展示如何微調大型語言模型，所以只有訓練 2 次，如下所示：

```
num_epochs = 2
learning_rate = schedules.PolynomialDecay(
    5e-4,
    decay_steps=train_ds.cardinality() * num_epochs,
    end_learning_rate=0.0,
)
```

上述程式碼建立學習率指數衰減物件 learning_rate 後，在下方呼叫 compile() 函式編譯 GPT-2 模型，如下所示：

```
gpt2_lm.compile(
    optimizer=Adam(learning_rate),
    loss=SparseCategoricalCrossentropy(from_logits=True),
    weighted_metrics=["accuracy"],
)
```

上述 Adam 優化器使用自訂參數 learning_rate，損失函數是 SparseCategoricalCrossentropy 物件的稀疏分類交叉熵，from_logits=True 指定模型輸出是 logits，而不是經 Softmax 轉換的機率分佈，weighted_metrics 參數是參考樣本權重的評估標準。接著，在下方呼叫 fit() 函式訓練模型，即微調 GPT-2 模型，在完成訓練後，就可以使用 GPT-2 模型來生成唐詩，如下所示：

```
gpt2_lm.fit(train_ds, epochs=num_epochs)
output = gpt2_lm.generate("昨夜雨疏風驟", max_length=200)
print(output)
```

上述程式碼呼叫 **generate()** 函式來生成唐詩，第 1 個參數是提示文字，max_length 參數是 GPT-2 模型生成文字的最大長度，其執行結果可以看到 GPT-2 模型接龍所生成的唐詩內容，如下所示：

```
Epoch 1/2
500/500 ━━━━━━━━━━━━━━━━━━━━━ 258s 248ms/step - accuracy: 0.2676 - loss: 2.4311
Epoch 2/2
500/500 ━━━━━━━━━━━━━━━━━━━━━ 163s 249ms/step - accuracy: 0.3285 - loss: 2.0774
昨夜雨疏風驟消，百下花陰畫色靜。苔苔塵坐城靜，清陰自絕霜霜霞。
```

學習評量

1 請問 Keras 如何將深度學習模型儲存成圖檔？在 Jupyter Notebook 如何顯示模型圖？

2 請舉例說明什麼是 Functional API 的共享層模型？

3 請問共享輸入層和共享特徵萃取層有什麼不同？什麼是 Functional API 的多輸入和多輸出模型？

4 請參閱第 16-1 節，說明安裝模型視覺化所需的軟體與套件。

5 請問 Keras 如何客製化神經網路？

6 請簡單說明什麼是 Seq2Seq 模型？自注意力機制與位置編碼？Transformer 模型結構？

7 請修改 Python 程式 ch16-6-2.py，從 Anki 網站找一種語料庫樣本資料來訓練其他語言的 Transformer 翻譯模型。

8 請修改 Colab 筆記本 ch16-7-colab.ipynb，從此節的 GitHub 網站找一個其他目錄的詩詞曲目，然後微調 GPT-2 語言模型來寫出此目錄的詩詞曲目。

重磅回歸！ 新一代 **Keras** 3.x